高职高专“十二五”规划教材

数控铣加工技术

SHUKONG XIJIAGONG JISHU

主 编 王文凯

上海科学技术出版社

图书在版编目(CIP)数据

数控铣加工技术/王文凯主编. 一上海:上海科学技术出版社,2011.8
高职高专"十二五"规划教材
ISBN 978-7-5478-0829-0

Ⅰ. ①数… Ⅱ. ①王… Ⅲ. ①数控机床:铣床-加工-高等职业教育-教材 Ⅳ. ①TG547

中国版本图书馆 CIP 数据核字(2011)第 128063 号

上海世纪出版股份有限公司
上海科学技术出版社 出版、发行
(上海钦州南路71号 邮政编码200235)
新华书店上海发行所经销
常熟市兴达印刷有限公司印刷
开本 787×1092 1/16 印张:12.75
字数:280 千字
2011年8月第1版 2011年8月第1次印刷
ISBN 978-7-5478-0829-0/TG·42
定价:28.50元

内容提要
Synopsis

本书是按照模块化项目体系进行编写的，适合项目案例教学。全书共分9个项目，项目内容由简单到复杂、由单一到综合逐渐提高，主要内容包括简单铣削加工、有刀补的简单轮廓加工、多孔零件加工、型腔零件加工、局部相似型零件的加工、规律曲线及曲面零件的加工、简单零件加工、中级工零件加工及高级工零件加工等。本书内容取材新颖，注重实用性、针对性。在每个项目中，都按照由案例引出问题、补充相关知识、解决问题的基本思路进行。每个项目后都有适当的思考与练习。

本书可以作为高职数控技术专业、机电一体化专业、模具设计与制造专业以及机械制造及自动化专业等的教材，也可作为从事数控制造领域工作的工程技术人员的参考书。

作者名单

Authors

主　编　王文凯
副主编　胡细东　陈　涛
参　编　张迎春　黄　杰　魏本建

前 言

Preface

为了适应高等职业教育的特点与培养目标，培养数控铣床加工的高技能人才，进一步提高学生的数控铣加工理论知识与实际操作技能，在数控铣加工技术课程的教学过程中编者结合企业的工作模式与工作过程，通过项目引领、任务驱动的教学方式，采用"学做合一"的教学模式，使学生能熟练掌握数控铣加工的知识点，并配合数控铣加工的综合实训环节，使学生能达到机械制造企业"准员工"标准。

本书的主要内容就是围绕具体的教学与实际典型案例展开的，运用数控铣加工的基本知识，结合实际企业的生产过程，具体描述解决案例问题的基本步骤与过程，并举一反三解决问题。书中内容都是按照由简单到复杂、由单一到综合的基本思路编写的，最终达到数控铣加工的高级工水平。

本书具有以下主要特点：

(1) 项目化教学思路；

(2) 突出实际编程与加工能力；

(3) 课程与实训练习紧密结合；

(4) 深入浅出地分析、解决问题。

本书由南京工业职业技术学院王文凯任主编并负责统稿，张家界航空工业职业技术学院胡细东、南京工业职业技术学院陈涛任副主编。具体编写分工为：张迎春、王文凯编写项目一、项目二，陈涛、王文凯、南京工业职业技术学院黄杰编写项目三、项目七，沙洲职业工学院魏本建、王文凯编写项目四、项目五，胡细东、王文凯编写项目六、项目八，王文凯编写项目九。在编写教材过程中，参阅了大量资料、文献和图片，在此，特向参考文献的原作者表示衷心的感谢。

本教材的所有实例都通过编者针对性选择，按照实际加工过程进行编程，并进行了仿真加工与检验，尽量做到准确。由于编者的水平有限，书中难免有错漏之处，恳请读者批评指正。

编 者

目 录
Contents

项目一　简单铣削加工

任务一　无刀补的简单轮廓加工

【学习目标】

1. 了解数控铣床的基本知识。
2. 掌握基本准备功能G指令的使用。
3. 掌握基本辅助功能M指令的使用。
4. 能编制简单数控铣程序。

【案例】

图1-1所示零件1材料为铝，毛坯尺寸长×宽×高为60 mm×30 mm×30 mm。要求编制轮廓加工程序(不考虑刀具补偿)。

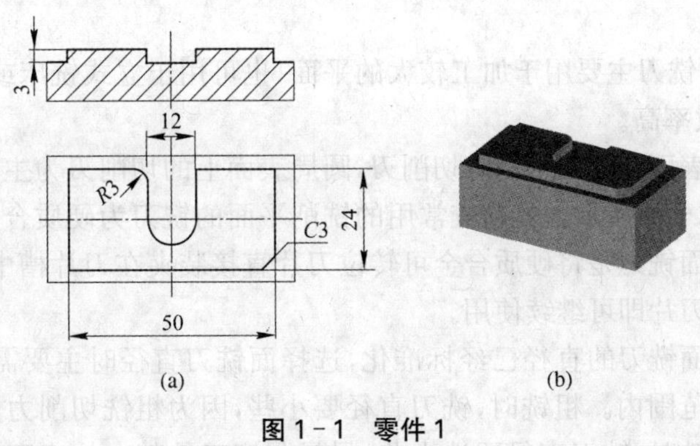

图1-1　零件1

(a) 零件图；(b) 模型图

一、相关知识

(一) 铣刀

1. 数控铣削对刀具的要求

数控机床具有加工精度高、加工效率高、加工工序集中和零件装夹次数少的特点，对所使用的数控刀具提出了更高的要求。从刀具性能上讲，数控刀具应高于普通机床所使用的刀具。数控铣削对刀具的要求如下：

(1) 高刚度、高强度；

(2) 切削性能好；

(3) 精度高；

(4) 可靠性高；

(5) 耐用度高；

(6) 数控刀具应能快速更换；

(7) 断屑及排屑性能好。

2. 常用铣刀

铣刀是刀齿分布在旋转表面或端面上的多刃刀具，其几何形状较复杂，种类较多。按铣刀切削部分的材料分为高速钢铣刀、硬质合金铣刀。按铣刀结构形式分为整体式铣刀、镶齿式铣刀、可转位式铣刀。按铣刀的安装方法分为带孔铣刀、带柄铣刀。按铣刀的形状和用途又可分为圆柱铣刀、端铣刀、立铣刀、键槽铣刀、球头铣刀等，如图 1 - 2 所示。

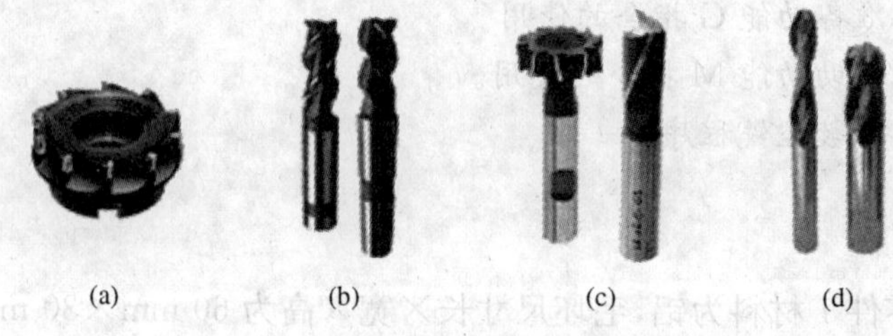

图 1 - 2 常用铣刀

(a) 面铣刀；(b) 立铣刀；(c) 键槽铣刀；(d) 球头铣刀

1) 面铣刀　面铣刀主要用于加工较大的平面，也可用于立式铣床或卧式铣床上加工台阶面和平面，生产效率高。

面铣刀的圆周表面和端面上都有切削刃，圆周表面上的切削刃为主切削刃，端面切削刃为副切削刃，如图 1 - 2a 所示。目前较常用的铣削平面的铣刀为硬质合金可转位式面铣刀。硬质合金可转位式面铣刀是将硬质合金可转位刀片直接装夹在刀片槽中，切削刃用钝后，将刀片转位或更换新刀片即可继续使用。

标准可转位式面铣刀的直径已经标准化，选择面铣刀直径时主要需考虑刀具所需功率应在机床额定功率范围内。粗铣时，铣刀直径要小些，因为粗铣切削力大，选小直径铣刀可减小切削扭矩。精铣时，铣刀直径要选大些，尽量包容工件整个加工宽度，以提高加工精度和效率，并减小相邻两次进给之间的接刀痕迹。

2) 立铣刀　立铣刀是数控加工中用的最多的一种铣刀，主要用于加工凹槽较小的台阶面以及平面轮廓。

立铣刀的圆柱表面和端面上都有切削刃，如图 1 - 2b 所示，它们既可以同时进行切削，也可以单独进行切削。圆柱表面的切削刃为主切削刃，端面上的切削刃为副切削刃。副切削刃主要用来加工与侧面垂直的底平面，普通立铣刀的端面中心处无切削刃，故一般不宜作轴向进给。

立铣刀直径的选择主要应考虑工件加工尺寸的要求，并保证刀具所需功率在机床额定功率范围内。

3）键槽铣刀　键槽铣刀主要用于立式铣床上加工型腔及圆头封闭键槽等，不能用来加工底面。

键槽铣刀外形似立铣刀，端面无顶尖孔，端面刀齿从外圆开至轴心，且螺旋角较小，增强了端面刀齿强度，如图1－2c所示。端面刀齿上的切削刃为主切削刃，圆柱面上的切削刃为副切削刃。加工键槽时，每次先沿铣刀轴向进给较小的量，然后再沿径向进给，这样反复多次，就可完成键槽的加工。

键槽铣刀的直径和宽度应根据加工工件尺寸选择，并保证刀具所需功率在机床额定功率范围以内。

4）球头铣刀　球头铣刀是刀刃类似球头的装配于铣床上用于铣削各种曲面、圆弧沟槽的刀具，球头铣刀也叫R刀。

球头铣刀的球部布满切削刃，圆周刃与球部刃圆弧连接，可以作径向和轴向进给，如图1－2d所示。加工曲面类零件时，为了保证刀具切削刃与加工轮廓在切削点相切，而避免刀刃与工件轮廓发生干涉，一般采用球头刀，粗加工用2刃铣刀，半精加工和精加工用4刃铣刀。

球头铣刀可以铣削模具钢、铸铁、碳素钢、合金钢、工具钢、一般铁材，属于立铣刀。球头铣刀可以在高温环境下正常作业，维持切削性能的最高温度对于高速钢刀为450～550 ℃，对于硬质钢刀为500～600 ℃。

（二）工件坐标系与机床坐标系

1. 机床坐标系

为简化编程和保证程序的通用性，用“右手直角笛卡儿坐标”对数控机床的坐标轴和方向命名制定了统一的标准，数控铣床的坐标系如图1－3所示。

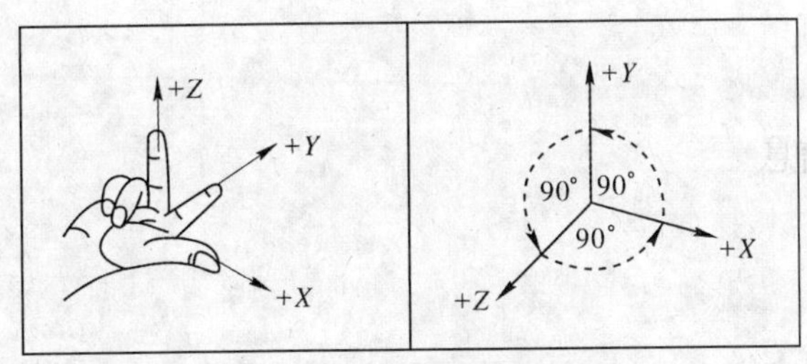

图1－3　数控铣床的坐标系

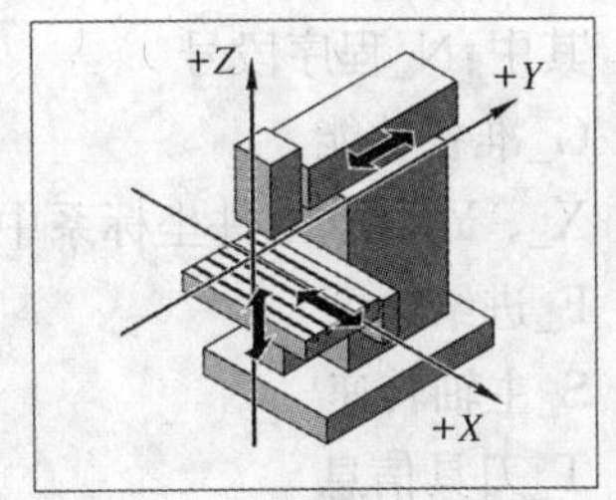

图1－4　立式铣床机床坐标系

机床坐标系的建立与机床的类型有关，对于立式铣床坐标系的确定如图1－4所示。机床坐标系的原点定在机床零点，它也是所有坐标轴的基准位置，该点仅作为参考点，由机床生产厂家确定。

机床开机后必须回机床原点，机床坐标轴可以在坐标系负值区域内运行。

2. 工件坐标系

编程人员在编程时选择工件上的某一已知点为原点，建立一个新的坐标系，称为工件坐标系，如图1－5所示。工件坐标系设定时要尽量满足编程简单、尺寸换算少、引起的加工误差小等条件。

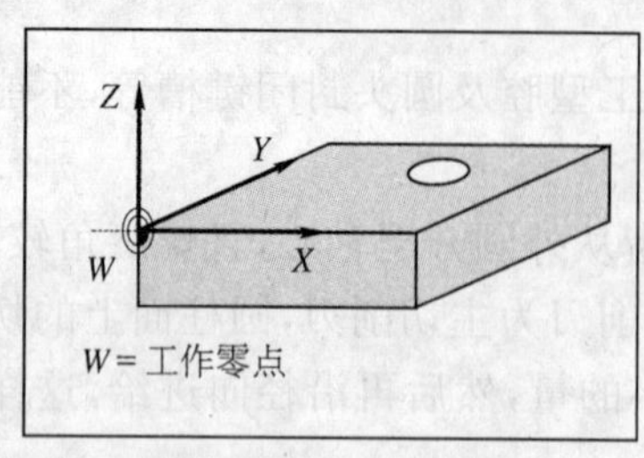

图 1-5 工件坐标系

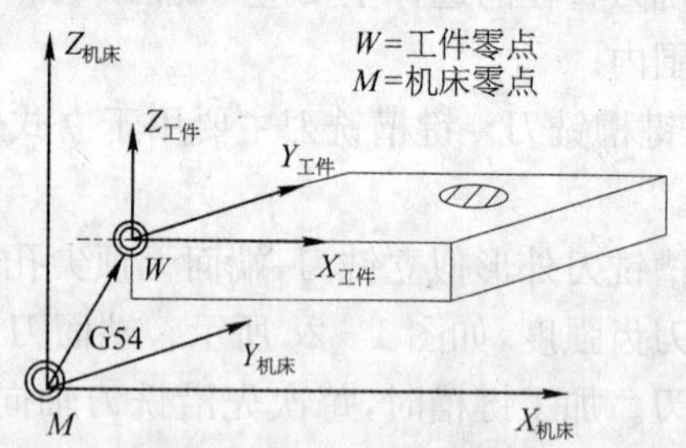

图 1-6 机床坐标系与工件坐标系

3. 机床坐标系与工件坐标系的关系

当被加工零件夹压在机床工作台上以后，操作者通过对刀等方式来确定工件坐标系原点在机床坐标系中的位置，即在数控机床上建立工件坐标系，如图 1-6 所示。

当 NC 程序运行时，工件坐标系就用编程的指令 G54～G59 进行设置。工件坐标系一旦设置便一直有效，直到被新的工件坐标系所取代。

(三) 数控铣加工程序的基本格式

一个零件程序是一组被传送到数控装置中去的指令和数据，它是由遵循一定结构、句法和格式规则的若干个程序段组成的，而每个程序段是由若干个指令字组成的。

一个程序段包括控制 CNC 机床的一个动作所需要所有的信息。信息内容包括准备功能、位置信息、进给速度、主轴功能、刀具功能、辅助功能等。

把程序段按机床动作的顺序排列起来就是程序。一个零件程序是按程序段的输入顺序执行的，而不是按程序段号的顺序执行的，但书写程序时，建议按升序书写程序段号。

程序段的构成如下：

N_G_X_Y_Z_F_S_T_M_;

其中：N_程序段号

G_准备功能

X_、Y_、Z_工件坐标系中的位置信息

F_进给速度

S_主轴转速

T_刀具信息

M_辅助功能

;程序段结束

(四) 绝对值编程与增量值编程

1. 绝对值编程指令 G90

G90 指令从程序坐标原点到目标点(绝对坐标系的坐标值)的坐标值。用 G90 指定的编程方式是模态指令，在新的指令被指定之前，一直有效。

1) 指令格式：

G90 X_Y_Z;

2) 应用举例 如图 1-7 所示编程实例为：

N1 G90G00X25Y20；

N2 X80Y70；

N3 Y20；

N4 X0Y0；

2. 增量值编程指令 G91

G91 指令从刀具的当前点到目标点的距离(位移量)。用 G91 指定的编程方式是模态指令，在新的指令被指定之前，一直有效。

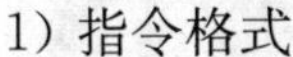
1) 指令格式

G91 X_Y_Z；

2) 应用举例　如图 1-7 所示编程实例为：

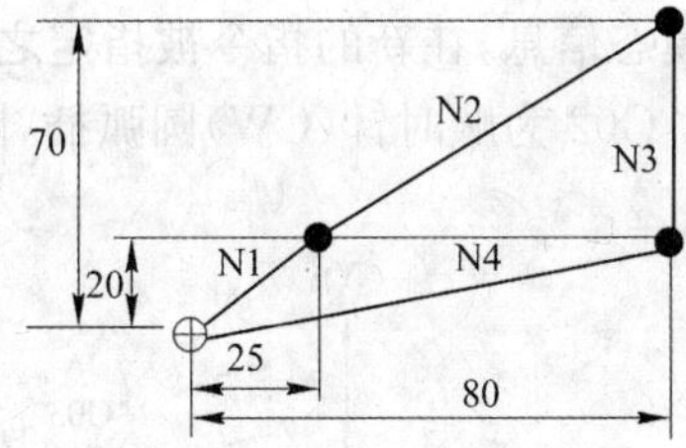

图 1-7　G90/G91 编程实例

N1 G91G00X25Y20；

N2 X55Y50；

N3 Y-50；

N4 X-80Y-20；

(五) 基本指令的格式与使用

1. 快速定位 G00

G00 指令刀具按快速移动速度移动到指定位置实现定位。刀具轨迹一般为非直线。快速进给速度是由机床厂用参数设定。G00 与 G01、G02、G03 是同一组模态指令，可以互相取消。

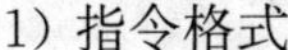
1) 指令格式

G00 X_Y_Z；

2) 应用举例　如图 1-8 所示编程实例为：

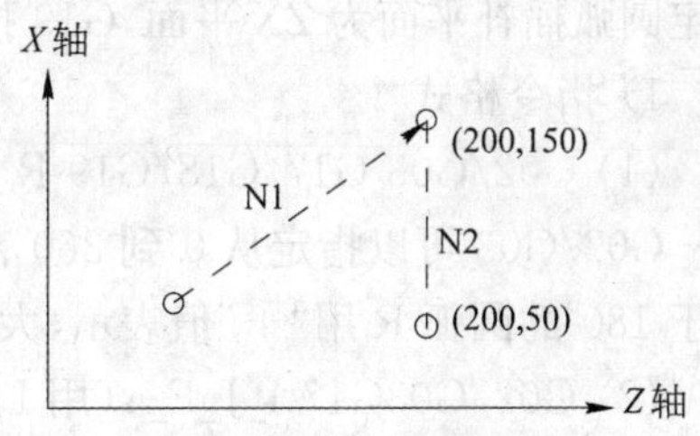

图 1-8　G00 编程实例

N1 G00G90X200Y150；

N2 Y50；

2. 直线插补 G01

G01 指令刀具以 F 指令的进给速度沿直线移动到指定的位置。用 F 指令的进给速度是模态信息，在新的指令被指定之前，一直有效。

1) 指令格式

G01 X_Y_Z_F_；

2) 应用举例　如图 1-9 所示编程实例为：

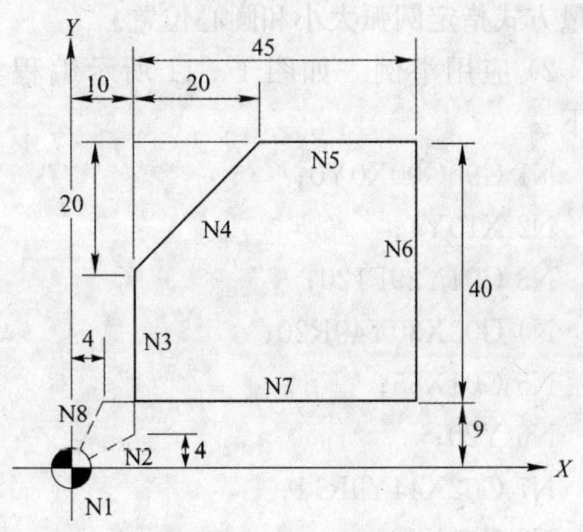

图 1-9　G01 编程实例

N1 G90G00X0Y0；

N2 X10Y4；

N3 G01Y29F120；

N4 X30Y49；

N5 X55；

N6 Y9；

N7 X4；

N8 G00X0Y0；

3. 圆弧插补 G02/G03

G02/G03 指令刀具以 F 指令的进给速度沿圆弧运动到指定位置。用 F 指令的进给速度是模态信息，在新的指令被指定之前，一直有效。

G02 为顺时针(CW)圆弧插补，G03 为逆时针(CCW)圆弧插补，如图 1－10 所示。

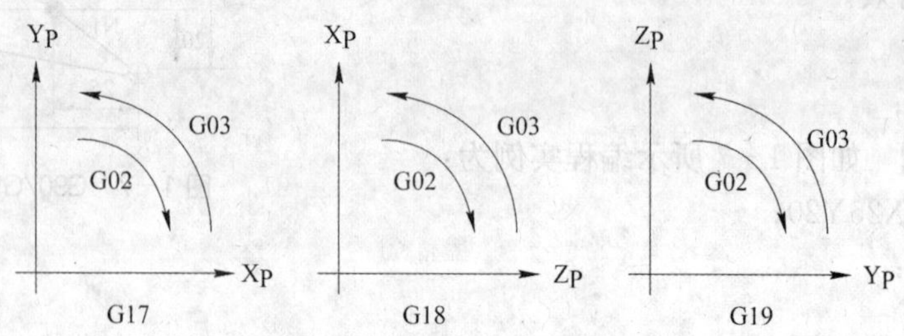

图 1－10 圆弧插补 G02/G03

G17、G18、G19 指令用来指定圆弧插补平面。G17 指定圆弧插补平面为 XY 平面，G18 指定圆弧插补平面为 ZX 平面，G19 指定圆弧插补平面为 YZ 平面。

1) 指令格式

(1) G02/G03 G17/G18/G19 R_ F_；(用 R 指定圆弧大小及圆心位置)

G02/G03 可以指定从 0°到 360°范围内任意角度的圆弧插补。指令圆弧大小的方法为：小于 180°的圆弧 R 用"＋"值表示，大于 180°小于 360°的圆弧 R 用"－"值表示。

(2) G02/G03G17 I_J_F_；(用 I、J 指定圆弧大小及圆心位置)

G02/G03G18 I_K_F_；(用 I、K 指定圆弧大小及圆心位置)

G02/G03G19 J_K_F_；(用 J、K 指定圆弧大小及圆心位置)

I 表示 *X* 轴圆弧起点到圆心的增量，J 表示 *Y* 轴圆弧起点到圆心的增量，K 表示 *Z* 轴圆弧起点到圆心的增量。编程加工整圆时必须用增量方式指定圆弧大小和圆心位置。

2) 应用举例 如图 1－11 所示编程实例如下：

N1 G90G00X0Y0；

N2 X10Y4；

N3 G01Y29F120；

N4 G03X30Y49R20；

N5 G01X55；

N6 Y20；

N7 G02X44Y9R11；

N8 G01X4；

N9 G00X0Y0；

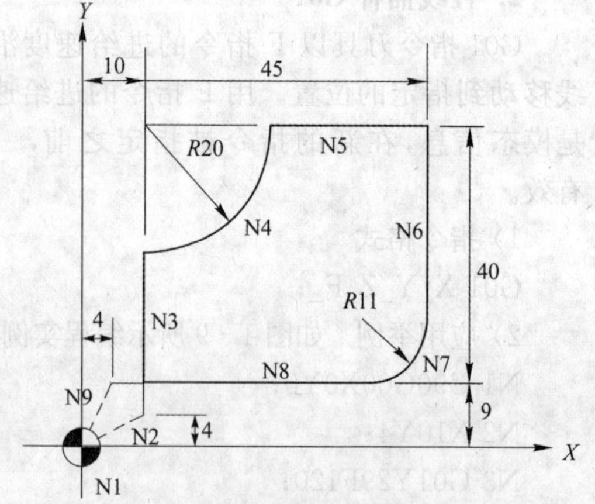

图 1－11 G02/G03 编程实例

4. 暂停 G04

G04 指令停止刀具移动，在两个程序段之间产生一段时间的暂停，暂停时间等于被指令的时间。

指令格式为：G04P_或 G04X_；

地址 P 或 X 给定暂停的时间，以秒为单位，地址 P 不能用小数点。

5. 程序停止 M00

在包含 M00 指令的程序段执行之后，自动运行停止，在此之前的模态信息全部被保存，按下循环起动可以继续执行程序。

6. 主轴正转 M03

从 Z 轴的正方向向下看主轴，主轴按顺时针的方向旋转。

指令格式为：M03S_；

S 表示主轴的转速。

7. 主轴停止 M05

M05 指令停止主轴转动。

8. 程序结束 M30

M30 指令表示主程序的结束，自动运行停止，CNC 单元复位。在指定程序结束的程序段执行之后，控制返回到程序的开头。

二、相关实践

编制图 1－1 所示数控加工程序 O1000 如下，加工路线如图 1－12 所示。

N1 M03S800；

N2 G90G00X40Y20Z－3；

N3 G01X25Y15F150；

N4 Y－9；

N5 G91X－3Y－3；

N6 G90X－25；

N7 Y12；

N8 X－9；

N9 G02X－6Y9R3；

N10 G01Y0；

N11 G03X6R6；

N12 G01Y12；

N13 X35；

N14 G00X40Y20；

N15 Z30M05；

N16 M30；

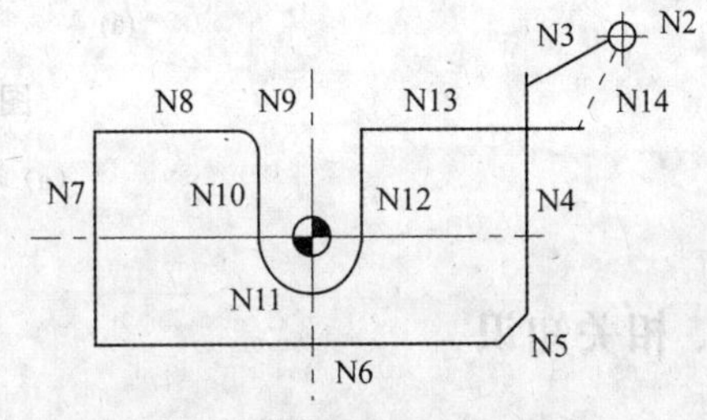

图 1－12 零件 1 加工路线

任务二　平面的铣削

【学习目标】

1. 掌握数控加工加工工序的制定。
2. 掌握数控加工切削用量的选择。

【案例】

图 1-13 所示零件 2 材料为 45 钢，毛坯尺寸长×宽×高为 60 mm×50 mm×30 mm。零件上表面表面粗糙度要求为 $Ra3.2$。要求编制上表面加工程序。

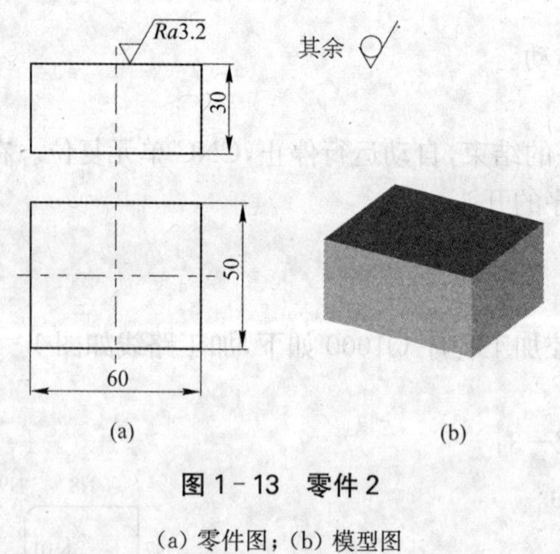

图 1-13　零件 2

(a) 零件图；(b) 模型图

一、相关知识

(一) 数控铣削加工的加工工序

1. 数控铣加工工序的划分原则

在数控铣床上加工的零件，一般按工序集中原则划分工序，划分方法如下：

1) 按所用刀具划分　以同一把刀具完成的那一部分工艺过程为一道工序，这种方法适用于工件的待加工表面较多，机床连续工作时间较长，加工程序的编制和检查难度较大等情况。

2) 按安装次数划分　以一次安装完成的那一部分工艺过程为一道工序，这种方法适用于加工内容不多的工件，加工完成后就能达到待检状态。

3) 按粗、精加工划分　以粗加工中完成的那一部分工艺过程为一道工序，精加工中完成的那一部分工艺过程为另一道工序。这种划分方法适用于加工后变形较大，需粗、精加工分开的零件，如毛坯为铸件、焊接件或锻件。

4) 按加工部位划分　以完成相同型面加工的那一部分工艺过程为一道工序，对于加工表面多而复杂的零件，可按其结构特点(如内形和外形、曲面和平面等)划分成多道工序。

2. 数控铣削加工工序安排原则

数控铣削加工工序通常按下列原则安排：

1) 基面先行原则　用作精基准的表面应优先加工出来，因为定位基准的表面越精确，装夹误差就越小。

2) 先粗后精原则　各个表面的加工顺序按照粗加工—半精加工—精加工—光整加工的顺序依次进行，逐步提高表面的加工精度和减小表面粗糙度值。

3) 先主后次原则　零件的主要工作表面、装配基面应先加工，次要表面可穿插进行，放在主要加工表面加工到一定程度后、最终精加工之前进行。

4) 先面后孔原则　平面轮廓尺寸较大的零件，一般先加工平面，再加工孔和其他尺寸，这样安排加工顺序，一方面用加工过的平面定位，稳定可靠；另一方面在加工过的平面上加工孔，比较容易，并能提高孔的加工精度。

3. 数控加工工序与普通工序的衔接

数控加工工序前后一般都穿插有其他普通工序，如果衔接不好就容易产生矛盾，因此要解决好数控工序与非数控工序之间的衔接问题。最好的办法是建立相互状态要求，例如：要不要为后道工序留加工余量，留多少；定位面与孔的精度要求及几何公差等。其目的是达到相互能满足加工需要的要求，且质量目标与技术要求明确。

(二) 数控加工切削用量的选择

铣削时采用的切削用量，应在保证工件加工精度和刀具耐用度、不超过数控铣床允许的动力和转矩前提下，获得最高的生产率和最低的成本。

切削用量选择的原则为：根据侧吃刀量 a_e 先选大的背吃刀量 a_p，如图 1-14 所示，再选大的进给速度 F，最后再选大的铣削速度 v(最后转换为主轴转速 S)。

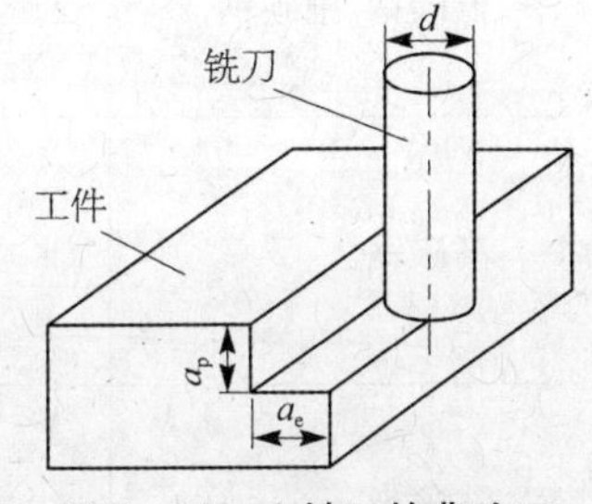

图 1-14　立铣刀的背吃刀量与侧吃刀量

1. 背吃刀量 a_p 的选择

当侧吃刀量 $a_e < d/2$(d 为铣刀直径) 时，取 $a_p = (1/3 \sim 1/2)d$；当侧吃刀量 $d/2 \leqslant a_e < d$ 时，取 $a_p = (1/4 \sim 1/3)d$；当侧吃刀量 $a_e = d$(即满刀切削) 时，取 $a_p = (1/5 \sim 1/4)d$。当机床的刚性较好，且刀具的直径较大时，a_p 可取得更大。

2. 进给量 f 的选择

粗铣时铣削力大，进给量的提高主要受刀具强度、机床、夹具等工艺系统刚性的限制，根据刀具形状、材料以及被加工工件材质的不同，在强度刚度许可的条件下，进给量应尽量取大。精铣时限制进给量的主要因素是加工表面的粗糙度，为了减小工艺系统的弹性变形，减小已加工表面的粗糙度，一般采用较小的进给量。

铣刀每齿进给量 f 推荐值见表 1-1。进给速度 F 与铣刀每齿进给量 f、铣刀齿数 z 及主轴转速 S(r/min)的关系为：

$$F = fz(\text{mm/r}) \text{ 或 } F = Sfz(\text{mm/min})$$

表 1-1 铣刀每齿进给量 f 推荐值 (mm/z)

工件材料	工件材料硬度 HB	硬质合金		高速钢	
		端铣刀	立铣刀	端铣刀	立铣刀
低碳钢	150～200	0.2～0.35	0.07～0.12	0.15～0.3	0.03～0.18
中、高碳钢	220～300	0.12～0.25	0.07～0.1	0.1～0.2	0.03～0.15
灰铸铁	180～220	0.2～0.4	0.1～0.16	0.15～0.3	0.05～0.15
可锻铸铁	240～280	0.1～0.3	0.06～0.09	0.1～0.2	0.02～0.08
合金钢	220～280	0.1～0.3	0.05～0.08	0.12～0.2	0.03～0.08
工具钢	HRC36	0.12～0.25	0.04～0.08	0.07～0.12	0.03～0.08
镁合金铝	95～100	0.15～0.38	0.08～0.14	0.2～0.3	0.05～0.15

3. 铣削速度 v_c 的选择

在背吃刀量和进给量选好后，应在保证合理的刀具耐用度、机床功率等因素的前提下确定铣削速度，具体见表 1-2。

表 1-2 铣刀的铣削速度 v_c

工件材料	硬度 HBW	铣削速度/(m/min)	
		硬质合金铣刀	高速工具钢铣刀
低碳钢、中碳钢	<220 225～290 300～425	80～150 60～115 40～75	21～40 15～36 9～20
高碳钢	<220 225～325 325～375 375～425	60～130 53～105 36～48 35～45	18～36 14～24 9～12 9～10
合金钢	<220 225～325 325～425	55～120 40～80 30～60	15～35 10～24 5～9
工具钢	200～225	45～83	12～23
灰铸铁	100～140 150～225 230～290 300～320	110～115 60～110 45～90 21～30	24～36 15～21 9～18 5～10
可锻铸铁	110～160 160～200 200～240 240～280	100～200 83～120 72～110 40～60	42～50 24～33 15～24 9～21
铝镁合金	95～100	360～600	180～300

铣削速度确定之后，用下式计算主轴转速：

$$S = 1\,000 v_c / (\pi d)$$

式中　v_c——切削速度（m/min）；

d——铣刀直径（mm）；

S——刀具的转速（r/min）。

（三）数控加工的刀具轨迹的设定

1. 顺铣和逆铣

用立铣刀铣削时有顺铣和逆铣两种方式，如图 1－15 所示。在铣刀与工件已加工面的切点处，铣刀旋转切削刃的运动方向与工件进给方向相同的铣削称为顺铣。在铣刀与工件已加工面的切点处，铣刀旋转切削刃的运动方向与工件进给方向相反的铣削称为逆铣。

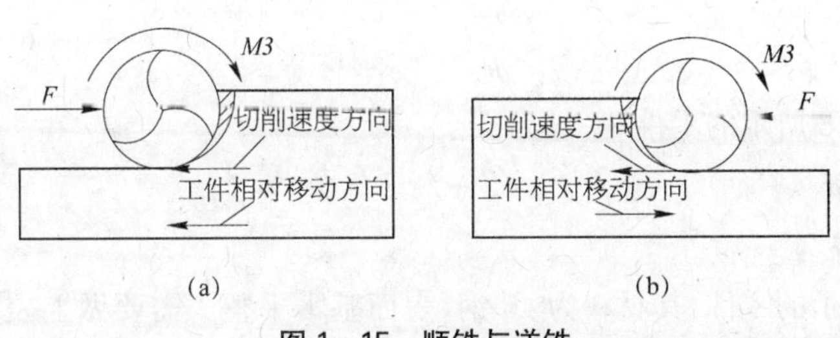

图 1－15　顺铣与逆铣

(a) 顺铣；(b) 逆铣

当工件表面无硬皮，机床进给机构无间隙时，应选用顺铣，按照顺铣安排进给路线。采用顺铣加工后，零件已加工表面质量好，刀齿磨损小。精铣时，应尽量采用顺铣。

当工件表面有硬皮，机床的进给机构有间隙时，应选用逆铣，按照逆铣安排进给路线。逆铣时，刀齿是从已加工表面切入，不会崩刀，机床进给机构的间隙不会引起振动和爬行。

2. 周铣和端铣

在铣床上获得平面的方法有两种，即周铣和端铣。以立式数控铣床为例，用分布于铣刀圆柱面上的刀齿进行的铣削称为周铣（即铣削垂直面），如图 1－16a 所示；用分布于铣刀端面上的刀齿进行的铣削称为端铣，如图 1－16b 所示。

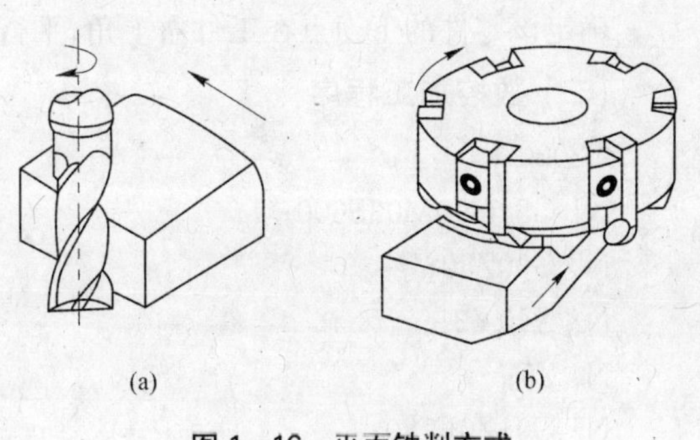

图 1－16　平面铣削方式

(a) 周铣；(b) 端铣

3. 外轮廓加工进给路线

当铣削平面轮廓时，一般采用立铣刀侧刃切削。刀具切入工件时，应避免从外轮廓的法向切入，而应沿外廓曲线延长线的切向切入，以避免在切入处产生刀具的刻痕而影响表面质量,保证零件外廓曲线平滑过渡。同理,在切离工件时,也应避免在工件的轮廓处直接退刀,而应该沿外轮廓延长线的切向逐渐切离工件,如图 1-17 所示。

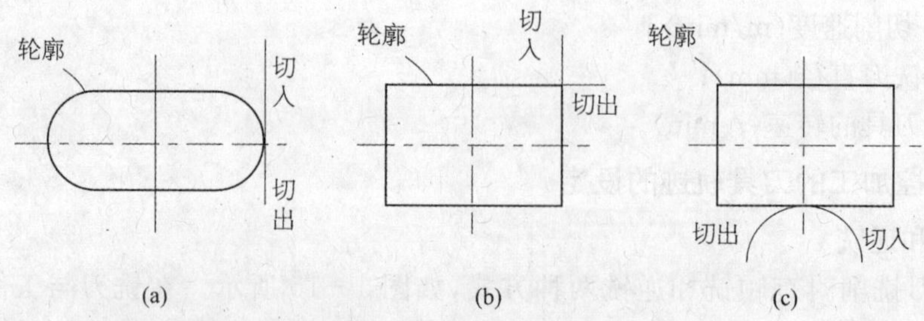

图 1-17 外轮廓加工进给路线

(a) 圆弧轮廓切线切入切出;(b) 直线轮廓切线切入切出;(c) 直线轮廓圆弧切入切出

二、相关实践

加工如图 1-13 所示的零件 2。

(一) 工艺分析

1. 零件图分析

如图 1-13 所示的零件,其材料为 45 钢,表面基本平整。需要做上表面的平面加工,加工表面有一定的精度和表面粗糙度要求。

2. 刀具及切削用量选择

该零件需加工平面为 60 mm×50 mm,加工平面较小,加工时选用 $\phi16$ 高速钢三刃立铣刀进行周铣。

查表 1-2,$\phi16$ 高速钢立铣刀加工 45 钢铣削速度取 30 m/min。换算后得 $S=600$ r/min。

查表 1-1,$\phi16$ 高速钢立铣刀每齿进给量 f 为 0.1 mm/z,换算后得 $F=180$ mm/min。

3. 加工路线

选该零件中心为 XY 编程原点,Z 轴零点设置在零件上表面。

确定该零件的下刀点在工件右上角,平行于 X 轴往复切削,加工路线如图 1-18 所示。

(二) 数控加工程序

```
O2000;
N1 G54G90M03S600;
N2 G00Z30;
N3 X40Y21;
N4 Z5;
N5 G01Z0F180;
N6 X-30;
N7 Y7;
N8 X30;
```

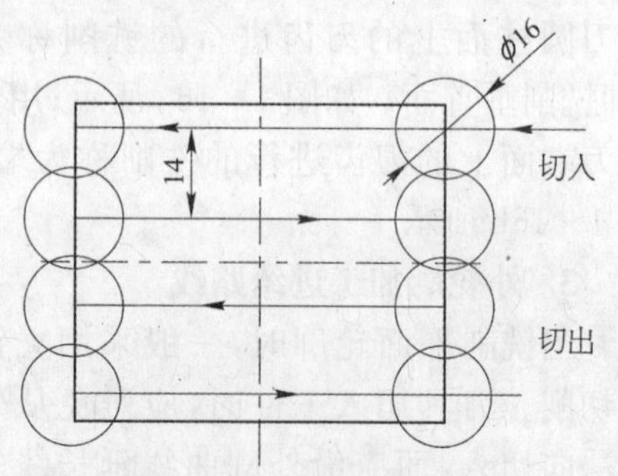

图 1-18 零件 2 加工路线

```
N9 Y-7;
N10 X-30;
N11 Y-21;
N12 X30;
N13 G0030;
N14 X260Y60M05;
N15 M30;
```

任务三　数控仿真加工

【学习目标】

1. 熟悉 FANUC 0iM 数控系统的面板。
2. 熟悉数控铣削加工的基本过程。
3. 能进行数控铣削仿真加工。

【案例】

如图 1-19 所示的零件 3,零件材料为 45 钢,表面基本平整。需要做上表面的平面加工和外轮廓加工,加工表面有一定的精度和表面粗糙度要求。

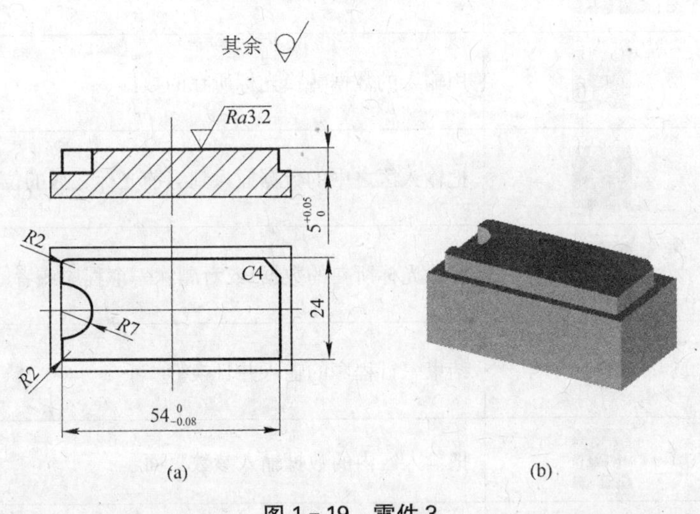

图 1-19　零件 3

(a) 零件图;(b) 模型图

一、相关知识

(一) FANUC 0iM 数控系统面板

各机床的生产厂家虽不同,但只要机床的操作系统相同,机床的数控系统面板是相同的。FANUC 0iM 数控系统面板如图 1－20 所示。数控系统面板主要用于程序的编辑、数据的输入和显示页面的切换，各按键的功能见表 1－3。

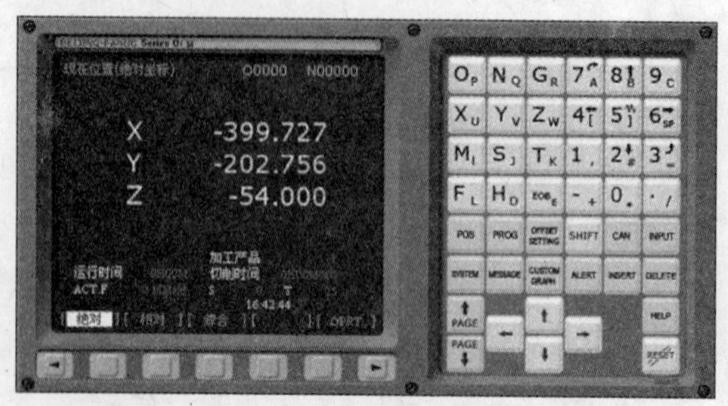

图 1－20　FANUC 0iM 数控系统面板

表 1－3　FANUC 0iM 数控系统面板按键功能

按键	图　形	功　　能
数字/字母键	O N G 7 8 9 X Y Z 4 5 6 M S T 1 2 3 F H EOB - 0 .	用于输入数据到输入区域
上档键	SHIFT	通过按键切换输入字母和数字
编辑键	CAN	消除输入区内的数据
	ALTER	用输入的数据替换光标所在的数据
	INSERT	把输入区之中的数据插入到当前光标之后的位置
	DELTE	删除光标所在的数据；或者删除一个程序或者删除全部程序
	EOB E	结束一行程序的输入并且换行
输入键	INPUT	把输入区内的数据输入参数页面
页面切换键	POS	位置显示页面。位置显示有三种方式，用 PAGE 按钮选择
	PROG	程序显示与编辑页面
	OFSET SET	参数输入页面。进入工件坐标系设置页面和刀具补偿参数页面

（续表）

按键	图　形	功　能
页面切换键	SYSTM	系统参数页面
	MESGE	信息页面，如“报警”
	CUSTM GRAPH	图形参数设置页面
	HELP	系统帮助页面
	RESET	复位键
翻页按键	↑ PAGE	向上翻页
	PAGE ↓	向下翻页
光标移动按键	← ↑ ↓ →	移动光标

（二）FANUC 0iM 数控系统的菜单

不同生产厂家的机床操作面板不同，济南机床厂 FANUC 0iM 铣床操作面板如图 1－21 所示。操作面板主要用于控制机床运行状态，由模式选择旋钮、运行控制开关按钮等多个部分组成，每一部分的详细说明见表 1－4。

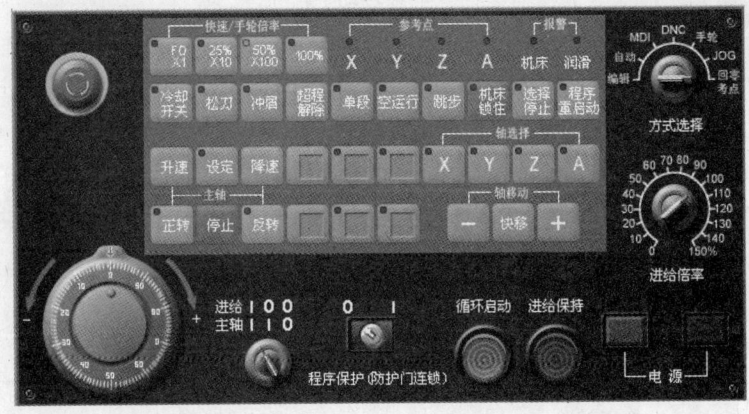

图 1－21　济南机床厂 FANUC 0iM 机床操作面板

表 1-4 FANUC 0iM 机床操作面板按键及功能

按 钮	名 称	功能说明
方式选择 	编辑	旋钮打至该位置后,系统进入程序编辑状态
	自动	旋钮打至该位置后,系统进入自动加工模式
	MDI	旋钮打至该位置后,系统进入 MDI 模式,手动输入并执行指令
	DNC	旋钮打至该位置后,系统进入 DNC 模式,可进行输入输出资料
	手轮	旋钮打至该位置后,系统进入手轮模式
	JOG	旋钮打至该位置后,系统进入手动模式,连续移动
	回参考点	旋钮打至该位置后,机床处于回零模式
	电源开	接通机床总电源
	电源关	关闭机床总电源
	急停按钮	按下急停按钮,使机床移动立即停止,并且所有的输出如主轴的转动等都会关闭
	循环启动	程序运行开始;系统处于“自动运行”或“MDI”位置时按下有效,其余模式下使用无效
	进给保持	程序运行暂停,在程序运行过程中,按下此按钮运行暂停。按“循环启动”恢复运行
	程序保护	暂不支持
	进给、主轴允许/禁止	暂不支持
	手轮	将光标移至此旋钮上后,通过点击鼠标的左键或右键来转动手轮
	快速/手轮倍率	在手动快速或手轮状态下,可调节步进倍率
	冷却开关	暂不支持
	刀具放松	暂不支持
	冲屑	暂不支持
	超程解除	在到达机床运动极限时,按此键可超程解除

（续表）

按 钮	名 称	功能说明
单段	单段	按下此按钮，运行程序时每次执行一条数控指令
空运行	空运行	按下此按钮，程序按 G00 速度执行
跳步	跳步	按下此按钮，数控程序中的注释符号"/"有效
机床锁住	机床锁住	锁住机床，机床各轴无法移动
选择停止	选择停止	此按钮被按下后，"M01"指令有效
程序重启动	程序重启动	暂不支持
升速 设定 降速	升速	按此键后可提高主轴转速
	设定	按此键后主轴转速恢复至原设定值
	降速	按此键后可降低主轴转速
正转 停止 反转	主轴正转	按此键后主轴正转
	主轴停止	按此键后主轴停止转动
	主轴反转	按此键后主轴反转
X Y Z A	X	点击该按钮，机床将在 X 轴向移动
	Y	点击该按钮，机床将在 Y 轴向移动
	Z	点击该按钮，机床将在 Z 轴向移动
	A	暂不支持
− 快移 +	负方向移动	点击该按钮，机床将向负方向移动
	快移	点击该按钮，机床将向快速移动
	正方向移动	击该按钮，机床将向正方向移动
0 10 20 30 40 50 60 70 80 90 100 110 120 130 140 150%	进给速率修调	按此旋钮可调节进给速度倍率

（三）FANUC 0iM 数控系统的基本操作

1. 开机关机

1）开机

（1）检查机床的初始状态，机床电气控制柜的门是否关好，急停按钮是否按下。

（2）打开机床电气控制柜侧面的电源开关，机床电气控制柜侧面上的电源指示灯亮，确认风扇电动机转动正常。

(3) 按下机床操作面板上绿色电源按钮,NC 电源接通。此时屏幕显示“POS”画面为开机默认画面,“回零”方式为默认操作方式。旋起“急停”按钮。

2) 关机

(1) 把 X 轴移动到左右对称位置,Y 轴移动到靠立柱位置,Z 轴移动到机床坐标 −20～−30 mm 范围。

(2) 按下急停按钮,再按下红色电源按钮,断开 NC 电源。

(3) 切断机床电气控制柜侧面的电源开关。

2. 操作方式

1) 回零方式　FANUC 0iM 铣床通电以后,不回参考点,机床无法自动运行。在选择“回零”操作方式时,按下“POS”键,进入位置显示页面。

(1) 系统启动后自动进入“回零”方式,也可旋转机床控制面板上“方式选择”旋钮至“回零”使系统进入“回零”方式。

(2) 回零时分别按＋Z、＋X、＋Y 键,某轴到达零点后,该轴“参考点”指示灯亮提示回到参考点。

2) JOG 操作方式　在选择“JOG”操作方式时,首先按下“POS”键,进入位置显示页面。

(1) 通过旋转机床控制面板上“方式选择”旋钮至“JOG”选择手动运行方式。

(2) 选择移动的轴,按下“＋”键,机床沿相应轴的正方向上移动;按“－”键,机床沿相应轴的负方向上移动。只要相应的键一直按着,坐标轴就一直连续不断地以设定的进给速度运行。松开按键,坐标轴就停止运行。

(3) 可以通过“进给倍率”旋钮调节进给速度。

(4) 如果同时按下“快移”键,则坐标轴以快进速度运行。可以通过“快速/手轮倍率”按钮调节快速移动速度。

3) 手轮方式　在选择“手轮”操作方式时,首先按下“POS”键,进入位置显示页面。

(1) 通过旋转机床控制面板上“方式选择”旋钮至“手轮”选择手轮运行方式。

(2) 选择移动的轴。

(3) 通过“快速/手轮倍率”按钮选择手轮倍率(×1、×10、×100)。

(4) 转动手轮实现进给。顺时针摇动手轮,进给轴正向移动,逆时针摇动手轮,进给轴反向移动。移动速度由手轮摇动转速决定。

4) MDI 手动输入方式　在 MDI 运行方式下可以编制一个零件程序段来执行。在选择“MDI”操作方式时,首先按下“PROG”键,进入程序显示与编辑页面。

(1) 通过旋转机床控制面板上“方式选择”旋钮至“MDI”选择 MDI 运行方式。

(2) 通过 MDI 面板输入程序段。

(3) 按下“循环启动”按钮执行输入的程序段。在程序执行时不可以再对程序段进行编辑。

5) 自动运行方式　在自动运行方式下可以执行一个程序来进行零件加工。在选择“自动”操作方式时,首先按下“PROG”键,进入程序显示与编辑页面。

(1) 预先录入或编辑好要执行的程序。

(2) 选择要执行的程序。

(3) 通过旋转机床控制面板上“方式选择”旋钮至“自动”选择自动运行方式。

(4) 按下“循环启动”按钮执行输入的程序，开始自动运行。

3. 程序的编辑

在选择“编辑”操作方式时，按下“PROG”键，进入程序显示与编辑页面。

1) 建立新程序

(1) 通过旋转机床控制面板上“方式选择”旋钮至“编辑”选择编辑方式。

(2) 通过数控系统面板输入程序名并按下“INSERT”按钮。新程序必须用字母“O”加“0～9 999”范围内的数字作为程序名。

(3) 依次录入各程序段并按下“INSERT”按钮。用“;”作为程序段结束符。录入结束后机床自动保存程序内容。

2) 检索程序

(1) 通过旋转机床控制面板上“方式选择”旋钮至“编辑”选择编辑方式。

(2) 通过数控系统面板输入需检索的程序名。

(3) 按软菜单“O 检索”检索出程序。

3) 编辑程序

(1) 通过旋转机床控制面板上“方式选择”旋钮至“编辑”选择编辑方式。

(2) 检索出需要编辑的程序。

(3) 移动光标至需要修改的位置，进行编辑。在程序执行时不可以再对程序段进行编辑。

4) 删除程序

(1) 通过旋转机床控制面板上“方式选择”旋钮至“编辑”选择编辑方式。

(2) 单一程序的删除：输入需要删除的程序名，按“DELETER”删除键删除程序。

(3) 多个程序的删除：输入“O ****，O# # # #”并按“DELETER”键，删除从“O ****”至“O# # # #”范围内的所有程序。

(4) 所有程序的删除：输入“O—9 999”按“DELETER”键，删除内存中所有程序。

4. 工件坐标系设置

在选择“手动”操作方式时，按下“OFFSET/SETTING”键，进入参数输入页面，如图 1-22 所示。

(1) 按菜单软键“坐标系”进入坐标系参数设定区域。

(2) 用光标移动键选择所需的坐标系和坐标轴。

(3) 利用键盘输入通过对刀所得到的工件坐标原点在机床坐标系中的坐标值，工件坐标系就设置好了。

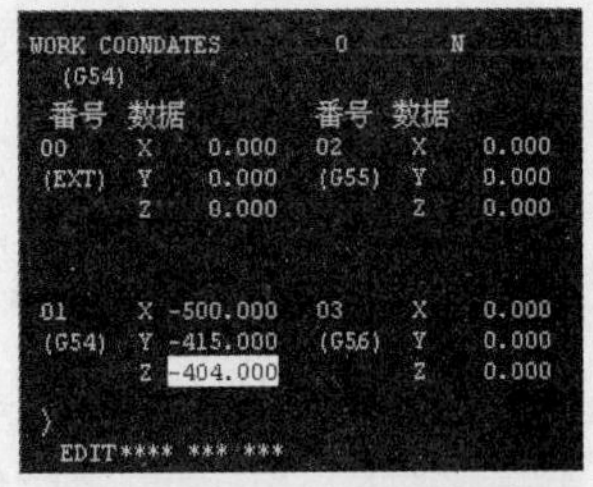

图 1-22　工件坐标系设置界面

5. 刀具补偿值设置

在选择“手动”操作方式时，按下“OFFSET/SETTING”键，进入参数输入页面。

FANUC 0iM 的刀具直径补偿包括形状直径补偿和摩耗直径补偿，刀具长度补偿包括形状长度补偿和摩耗长度补偿。参数补偿设定界面如图 1-23 所示。

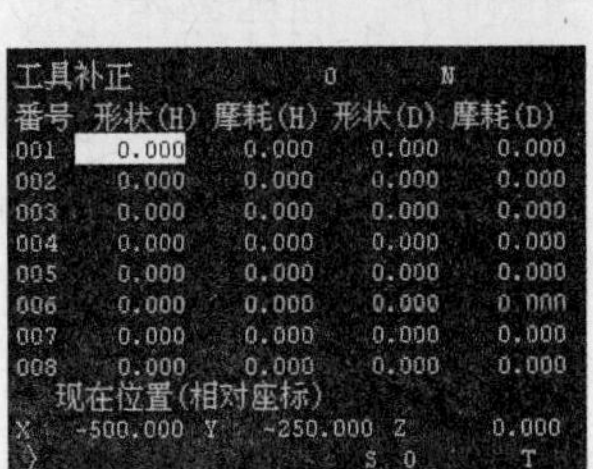

图 1-23　参数补偿设定界面

(1) 按菜单软键“补正”进入刀具补偿值参数设定区域。

(2) 用光标移动键选择需要设定补偿值的位置。

(3) 用键盘输入补偿值。

(4) 按菜单软键“输入”或按“INPUT”键，参数输入到指定位置。

6. 程序的调试

(1) 检索出需要调试的程序。

(2) 选择“自动”运行方式。

(3) 按下数控系统面板上“空运行”和“锁定”按键。

(4) 按下“CUSTM/GRAPH”键，进入图形参数设置页面。

(5) 按下“循环启动”按钮执行输入的程序，开始自动运行，并描画出刀具中心运动轨迹。

(四) 数控铣床仿真加工的基本过程

本书所有仿真都采用上海宇龙《宇龙数控仿真系统 V4.8》。

1. 选择机床

打开菜单“机床→选择机床”，在选择机床对话框中选择控制系统类型和相应的机床并按确定按钮，此时界面如图 1-24 所示。

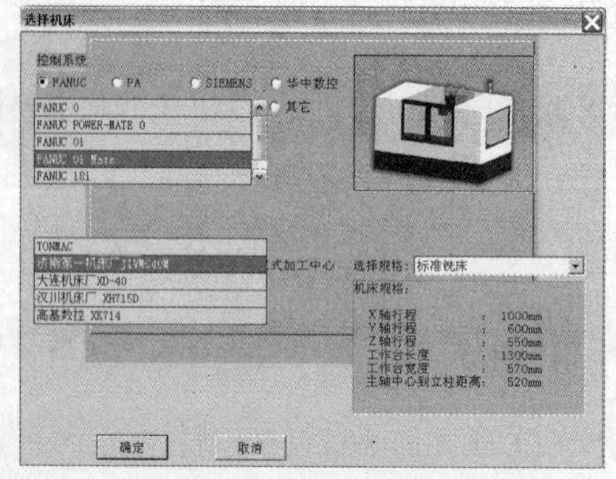

图 1-24 选择机床界面

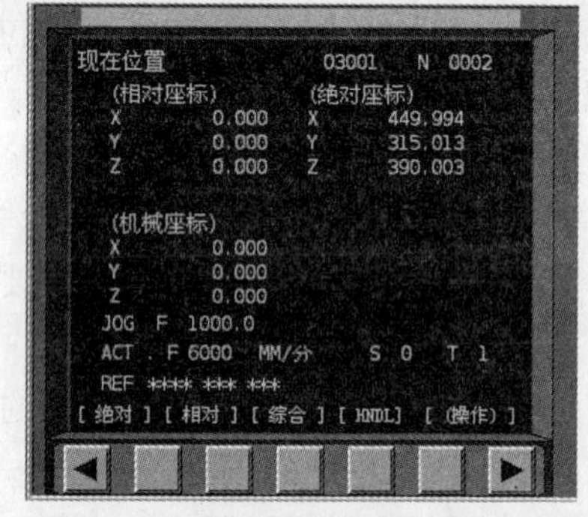

图 1-25 机床回参考点界面

2. 激活机床

点击“电源开”按钮，此时机床电源打开。点击“急停”按钮，将其松开。

3. 机床回参考点

旋转机床操作面板上的“方式选择”旋钮选择“回参考点”，点击操作面板上的“X”按钮，指示灯变亮，再按“+”按钮，此时 X 轴回参考点完成，显示屏上的“机械坐标”中 X 坐标变为“0.000”。同样操作完成 Y 轴、Z 轴回参考点。回参考点后，显示屏界面如图 1-25 所示。

4. 定义毛坯、放置毛坯

1) 定义毛坯　打开菜单“零件/定义毛坯”或在工具条上选择“▱”，系统打开图 1-26 所示对话框。

(1) 名字输入。在毛坯名字输入框内输入毛坯名，也可使用缺省值。

(2) 选择毛坯形状。在“形状”下拉列表中选择毛坯形状：长方形毛坯和圆柱形毛坯。

(3) 选择毛坯材料。在“材料”下拉列表中选择毛坯材料。

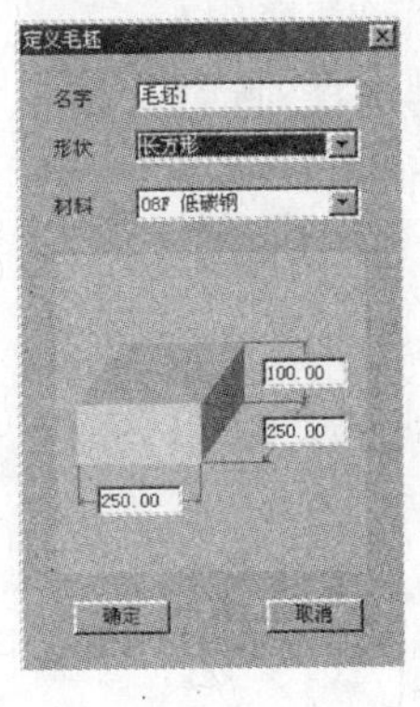

(a)

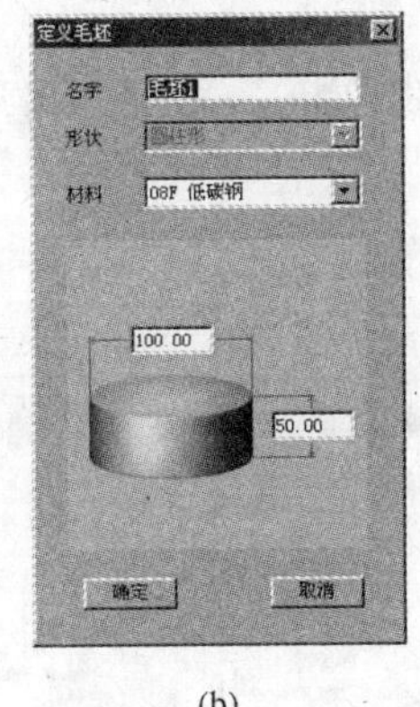

(b)

图 1 - 26　定义毛坯界面

(a) 长方形毛坯定义；(b) 圆形毛坯定义

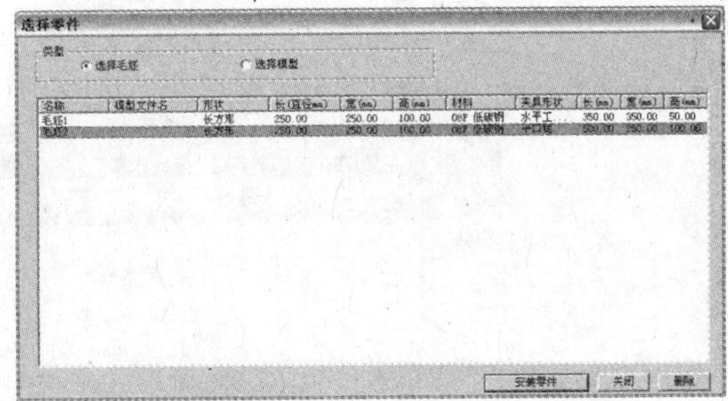

图 1 - 27　“选择零件”对话框

(4) 参数输入。尺寸输入框用于输入尺寸，单位：mm。

(5) 保存退出。按“确定”按钮，保存定义的毛坯并且退出本操作。

(6) 取消退出。按“取消”按钮，退出本操作。

2) 放置毛坯　打开菜单“零件/放置零件”命令或者在工具条上选择图标，系统弹出操作对话框，如图 1 - 27 所示。

在列表中点击所需的零件，选中的零件信息加亮显示，按下“安装零件”按钮，系统自动关闭对话框，零件和夹具(如果已经选择了夹具)将被放到机床上。

5. 导入程序

数控程序可以通过记事本或写字板等编辑软件输入并保存为文本格式文件(注意：必须是纯文本文件)，也可直接用 FANUC 系统的 MDI 键盘输入。

通过记事本或写字板等编辑软件输入并导入程序的步骤如下：

(1) 旋转“方式选择”旋钮选择“编辑”方式，系统操作面板选择“PROG”；

(2) 点击菜单“机床→DNC 传送”，在打开文件对话框中选取文件。如图 1 - 28 所示，在文件名列表框中选中所需的文件，按“打开”确认；

(3) 点击软键“操作→READ”，通过键盘输入程序名 O＊＊＊＊，点击“EXEC”键，即可输入预先编辑好的数控程序。

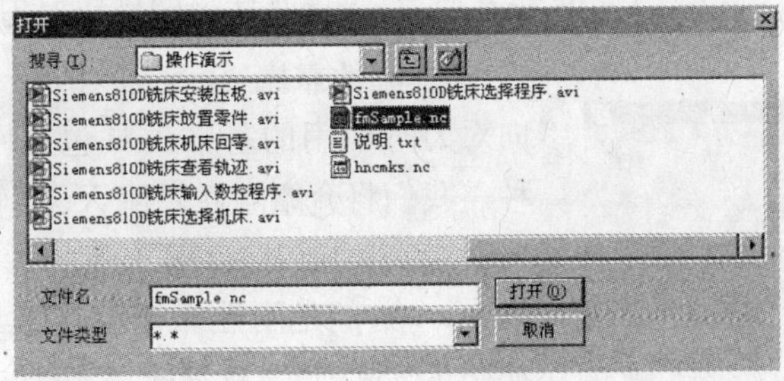

图 1 - 28　导入程序界面

6. 选择刀具

打开菜单“机床/选择刀具”或者在工具条中选择“ ”，系统弹出刀具选择对话框，如图1-29所示。

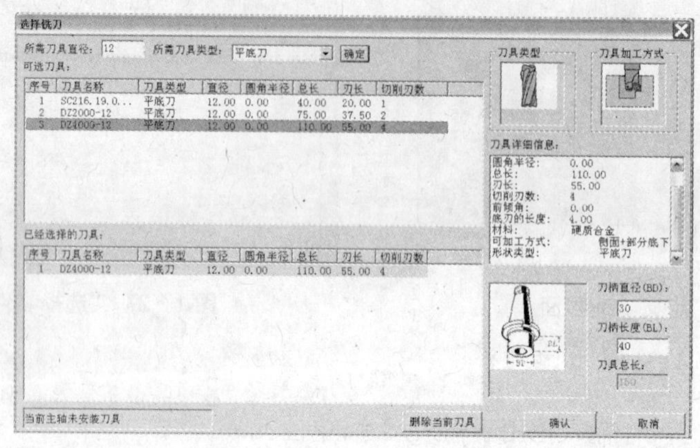

图1-29 选择刀具界面

1) 按条件列出工具清单

(1) 在“所需刀具直径”输入框内输入直径，如果不把直径作为筛选条件，请输入数字“0”。

(2) 在“所需刀具类型”选择列表中选择刀具类型。可供选择的刀具类型有平底刀、平底带R刀、球头刀、钻头、镗刀等。

(3) 按下“确定”，符合条件的刀具在“可选刀具”列表中显示。

2) 选择需要的刀具　用鼠标点击“可选刀具”列表中的所需刀具，选中的刀具对应显示在“已经选择刀具”列表中。

3) 输入刀柄参数　操作者可以按需要输入刀柄参数。参数有直径和长度两个。总长度是刀柄长度与刀具长度之和。

4) 删除当前刀具　按“删除当前刀具”键可删除此时“已选择的刀具”列表中光标所在行的刀具。

5) 确认选刀　选择完全部刀具，按“确认”键完成选刀操作，或者按“取消”键退出选刀操作。

7. 对刀

将工件上表面中心点设为工件坐标系原点，下面具体说明铣床对刀的方法。

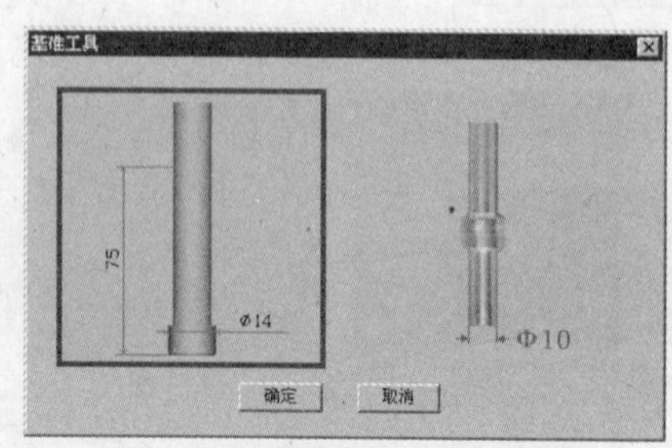

图1-30 选择基准工具界面

1) 刚性靠棒 X、Y 轴对刀　一般铣床在 X、Y 方向对刀时使用的基准工具包括刚性靠棒和寻边器两种。我们将介绍刚性靠棒 X、Y 轴对刀。

点击菜单“机床/基准工具”，弹出的基准工具对话框中，左边的是刚性靠棒基准工具，右边的是寻边器，如图1-30所示，选择刚性靠棒。

刚性靠棒采用检查塞尺松紧的方式对刀，具体过程如下：我们采用将零件放置在基准工具的左侧(前视

图)情况下。以 X 轴方向对刀为例:

机床操作面板中,按鼠标左/右键选择方式至"手动",系统进入手动操作模式。

点击数控系统面板上的 POS ,使界面显示坐标值,借助"视图"菜单中的动态旋转、动态放缩、动态平移等工具,适当点击 快移 、 X 、 Y 、 Z 及 + 、 - 按钮,将机床移动到如图 1-31所示的大致位置。

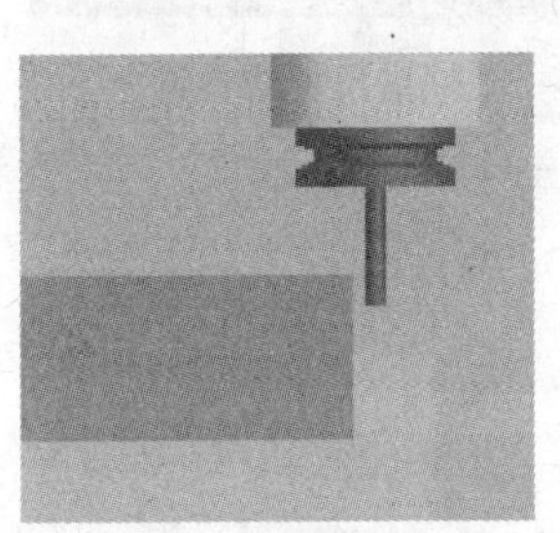

图 1-31　X 轴对刀界面

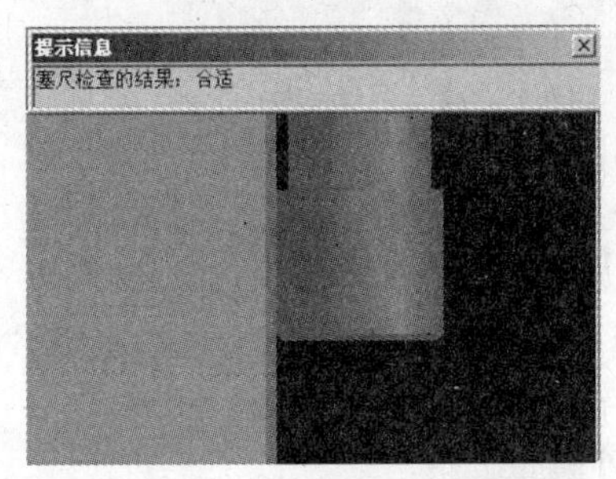

图 1-32　X 轴塞尺检查界面

点击菜单"塞尺检查/1 mm",基准工具和零件之间被插入塞尺,显示如图 1-32 所示(紧贴零件的红色物件为 1 mm 塞尺)。

点击操作面板的方式选择旋钮至"手轮"方式,按鼠标左右键调节手轮,点击 X 键将手轮对应轴置于 X 档,调节手轮步长 F0 X1 、 25% X10 、 50% X100 、 100% 按钮,在手轮上点击鼠标左键,机床向负方向运动;点击鼠标右键,机床向正方向运动,通过点击鼠标左键或右键精确移动零件,直到提示信息对话框显示"塞尺检查的结果:合适"如图 1-32 所示。

将工件坐标系原点到 X 方向基准边的距离记为 X_2;将塞尺厚度记为 X_3(此处为1 mm);将基准工具直径记为 X_4("刚性靠棒"基准工具的直径为 14 mm),将界面显示的机械坐标 X 坐标值记为 X_5;将 $X_2+X_3+X_4/2$ 记为 X_1, X_5-X_1 记为 DX。

点击数控系统面板上 OFFSET SETTING 按钮,进入参数设置界面,点击软键"坐标系",移动光标到 G54,输入 X(DX)的值,点击 INPUT 按钮,此数据将被自动记录到 G54 的 X 参数表中。

完成 X 方向对刀后,需将塞尺和基准工具收回。

Y 方向对刀与 X 方向对刀方法相同。

2) 塞尺法 Z 轴对刀　铣床 Z 轴对刀时采用的是实际加工时所要使用的刀具。

点击菜单"机床/选择刀具"或点击工具条上的小图标,选择所需刀具。

点击面板上的 POS ,回到位置界面,选择"手动"操作方式,适当点击 快移 、 X 、 Y 、 Z 及 + 、 - 按钮,将机床移动到大致位置,如图 1-33 所示。

选择 1 mm 塞尺检查,调整铣刀位置至得到"塞尺检查:合适"如图 1-34 所示,Z 的坐标值记为 Z_1;塞尺厚度记为 Z_2。将 Z_1-Z_2 记为 DZ。点击数控系统面板上 OFFSET SETTING 按钮,进入参数设置,点击软键"坐标系",移动光标到 G54,输入 Z(DZ)的值,点击 INPUT 按钮,此数据将被自动记录到"G54"Z 参数处。完成 Z 方向对刀后,需将塞尺收回。

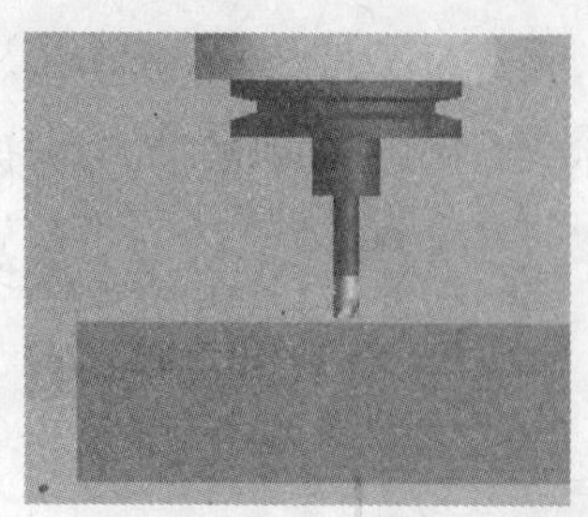

图 1－33　*Z* 轴对刀

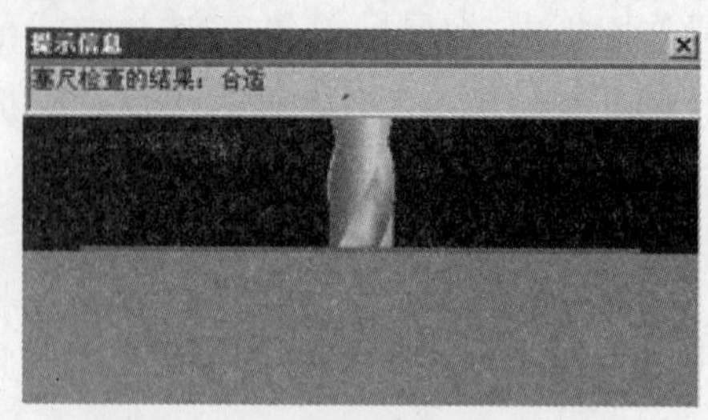

图 1－34　*Z* 轴塞尺检查界面

8. 输入刀具补偿值

见本章节(三)5 内容所述。

9. 自动加工

见本章节(三)2 内容所述。

10. 零件测量

点击菜单“测量\剖面图测量”弹出对话框，如图 1－35 所示。剖面图测量是指通过选择零件上某一平面，利用卡尺测量该平面上的尺寸。

图 1－35　零件测量界面

测量时首先选择一个平面，如图 1－35 所示，绿色的透明表面表示所选的测量平面。在右侧测量对话框上部，显示的是零件的截面形状。

零件截面形状中的线性标尺模拟了现实测量中的卡尺。如图 1－36 所示测量对话框，“测量工具”可选择“内卡”或“外卡”。当箭头由卡尺外侧指向卡尺中心时，为外卡测量，通常用于测量外径，测量时卡尺内收直到与零件接触；当箭头由卡尺中心指向卡尺外侧时，为内卡测量，通常用于测量内径，测量时卡尺外张直到与零件接触。对话框“读数”处显示的是两个卡爪的距离，相当于卡尺读数。

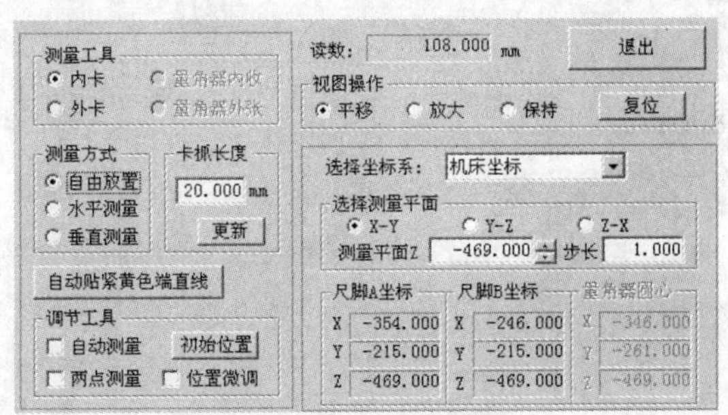

图 1－36　测量对话框

当“测量方式”为“自由放置”且非两点测量时，为了调节卡尺使之于零件相切，提供了“自动贴紧黄色端直线”的功能。按下按钮“自动贴紧黄色端直线”，卡尺的黄色端卡爪自动沿尺身方向移动直到碰到零件，然后尺身旋转使卡尺与零件相切，这时再选择“自动测量”，就能得到工件轮廓线间的精确距离，防止自由放置卡尺时产生的角度误差导致测量误差。

二、相关实践

加工如图 1－19 所示的零件。

(一) 工艺分析

1. 零件图分析

如图 1－19 所示的零件，其材料为 45 钢，表面基本平整。需要做上表面的平面加工和外轮廓加工，加工表面有一定的精度和表面粗糙度要求。

2. 刀具及切削用量选择

该零件需加工平面为 60 mm × 30 mm，加工平面较小，加工时选用硬质合金立铣刀周铣平面。

外轮廓形状中有 $R7$ 内圆弧加工，刀具选用 $\phi12$ 硬质合金四刃立铣刀。

查表 1－2，$\phi12$ 硬质合金立铣刀加工 45 钢铣削速度取 70 m/min。换算后得 $S=$ 1 800 r/min。

查表 1－1，$\phi12$ 硬质合金立铣刀每齿进给量 f 为 0.08 mm/z，换算后得 $F=400$ mm/min。

3. 加工路线

选该零件中心为 XY 编程原点，Z 轴零点设置在零件上表面。

平面加工时确定该零件的下刀点在工件右上角，平行于 X 轴往复切削，程序号 O3001。

外轮廓加工时，确定该零件的下刀点在工件右下角，切向切入切出，G41 顺铣加工，程序号 O3002，加工路线如图 1－37 所示。

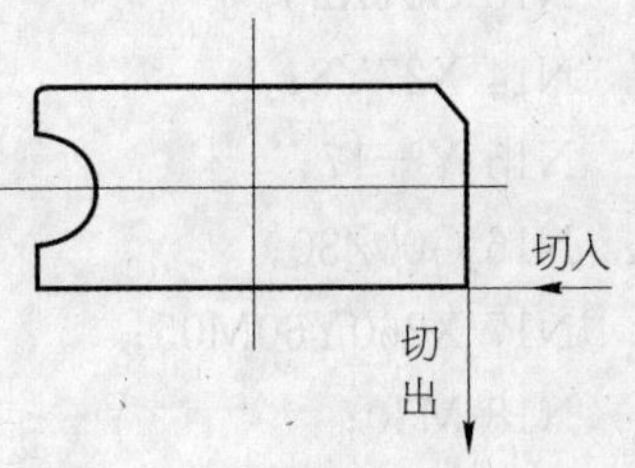

图 1－37　零件 3 加工路线

(二) 数控加工程序

```
O3001;
N1 G54G90M03S1800;
N2 G00Z30;
N3 X40Y10;
N4 Z5;
N5 G01Z0F400;
N6 X-30;
N7 Y0;
N8 X30;
N9 Y-10;
N10 X-30;
N11 G00Z30;
N12 X260Y60M05;
N13 M30;

O3002;
N1 G54G90M03S1800;
N2 G00Z30;
N3 X40Y-25;
N4 Z5;
N5 G01Z-5F400;
N6 Y-12;
N7 X-25;
N8 G02X-27Y-10R2;
N9 G01Y-7;
N10 G03Y7R7;
N11 G01Y10;
N12 G02X-25Y12R2;
N13 G01X23;
N14 X27Y8;
N15 Y-17;
N16 G00Z30;
N17 X260Y60M05;
N18 M30;
```

(三) 数控仿真

1. 选择机床

打开菜单“机床→选择机床”,在选择机床对话框中选择 FANUC 0iM 控制系统,再选择

"济南第一机床厂 J1VMC40M"标准铣床，选择好后按"确定"按钮。

2. 激活机床

点击机床操作面板上"电源开"按钮，打开机床电源。点击"急停"按钮，将其松开。

3. 回参考点

依次点击机床操作面板上"X"、"Y"、"Z"轴，再点击"＋"键，将机床回零。

4. 设置并安装毛坯

打开菜单"零件→定义毛坯"选择长方形毛坯，材料为 45 钢，尺寸为 60 mm × 30 mm × 30 mm，并安装毛坯，如图 1－38 所示。

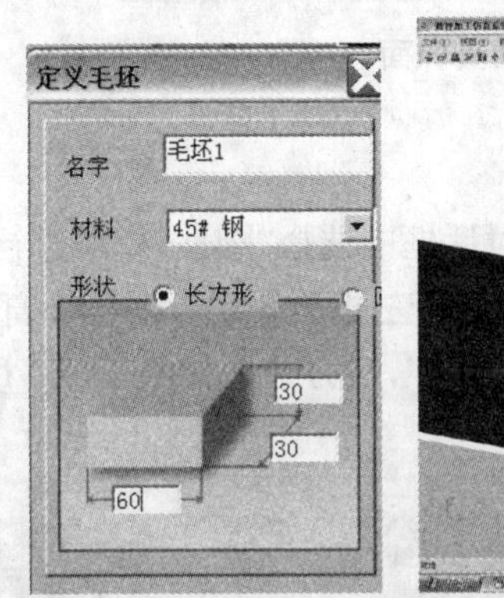

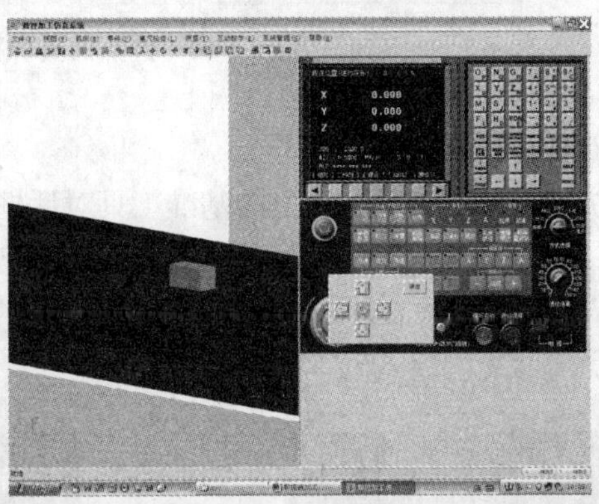

图 1－38 设置并安装毛坯

5. 导入数控程序

用记事本编辑程序 O3001 和 O3002，保存为纯文本格式，并导入程序。

旋转"方式选择"旋钮选择"编辑"方式，系统操作面板选择"PROG"。点击菜单"机床→DNC 传送"，在打开文件对话框中选取文件。点击软键"操作→READ"，通过键盘输入程序名 O3001，点击"EXEC"键，即可输入数控程序 O3001。操作结果如图 1－39 所示。

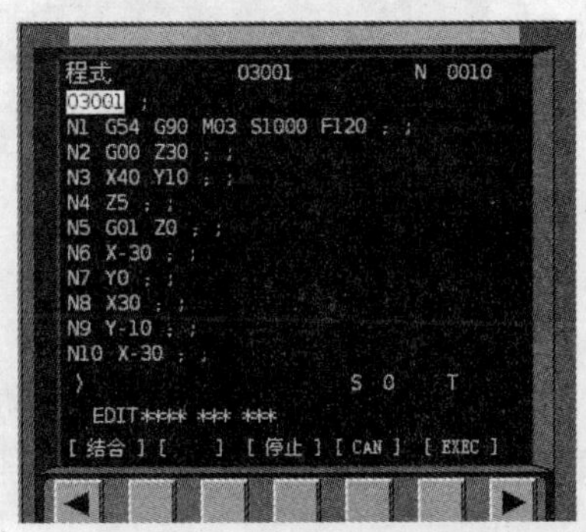

图 1－39 程序导入界面

采用相同的方法导入程序 O3002。

6. 选择刀具

打开菜单"机床→选择刀具"，在"所需刀具直径"输入框内输入"12"，在"所需刀具类型"选择列表中选择刀具类型"平底刀"，按下"确定"，符合条件的刀具在"可选刀具"列表中显示。

用鼠标点击"可选刀具"列表中的刀具"DZ4000－12"，选中的刀具对应显示在"已经选择刀具"列表中。

输入刀柄参数，"刀柄直径"为 30 和"刀柄长度"为 40。

选择好刀具后按"确认"键完成选刀操作，如图 1－40 所示。

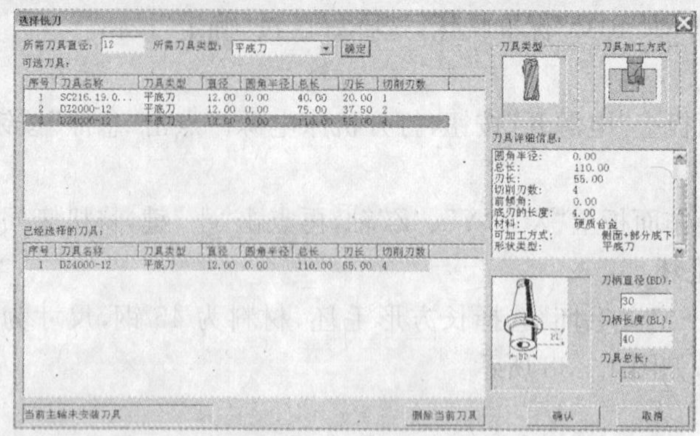

图 1－40 选择刀具界面

7. 设定工件坐标系

点击菜单“机床→基准工具”，弹出的基准工具对话框中选择“刚性靠棒”进行 X、Y 轴对刀，安装刀具采用塞尺法 Z 轴对刀。对刀方法如项目一任务三相关知识（四）第 7 部分内容所述，X 值为“－449.994”，Y 值为“－315.013”Z 值为“－390.003”，对刀结果如图 1－41 所示。

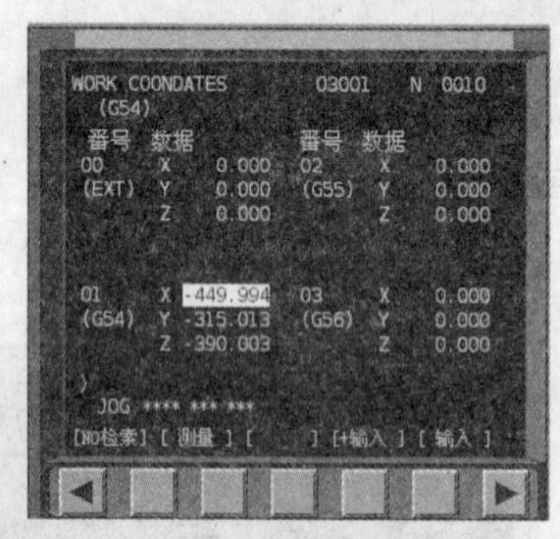

图 1－41 设定工件坐标系

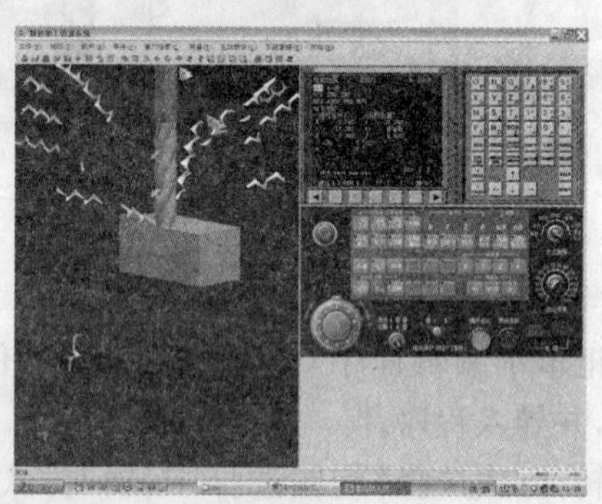

图 1－42 O3001 程序加工上表面

8. 自动加工

使用“方式选择”旋钮选择“自动”方式，键盘录入“O3001”按软键“O 检索”调用上表面加工程序，按下“循环启动”按钮进行自动加工，加工过程如图 1－42 所示。

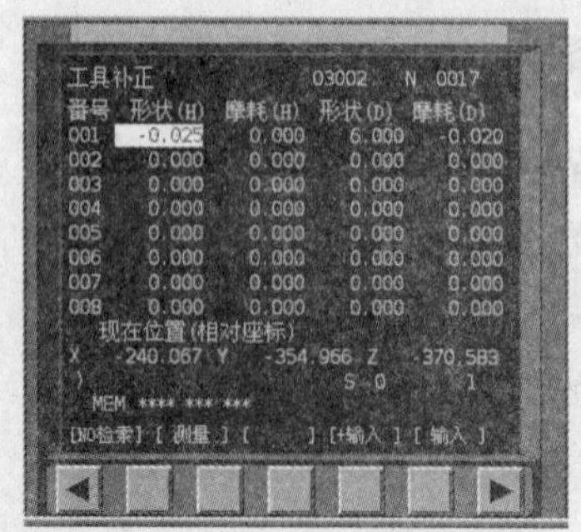

图 1－43 刀具补偿值设置

9. 输入刀具补偿值

在选择“手动”操作方式时，按下“OFFSET/SETTING”键，进入参数输入页面。

按菜单软键“补正”进入刀具补偿值参数设定区域。移动光标选择“形状（D）”“番号”“001”输入补偿值“6”，按菜单软键“输入”参数输入到指定位置。

相同方法输入“形状（H）”“番号”“001”补偿值“－0.025”和“摩耗（D）”“番号”“001”输入补偿值“－0.02”，结果如图 1－43 所示。［注：番号（即序号）、摩耗（即磨损）为日本汉字，出自日本计算机软件］

10. 自动加工

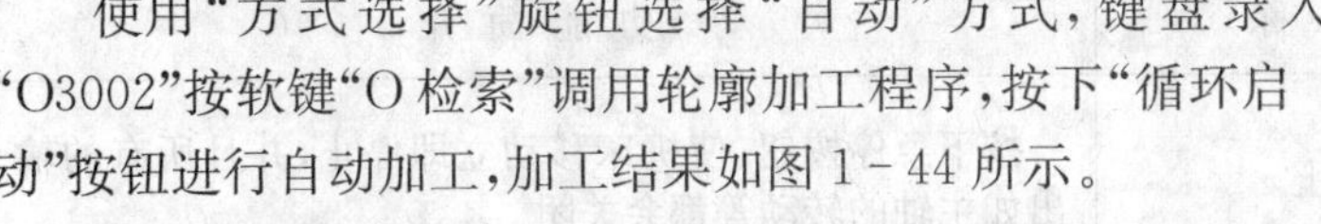

使用“方式选择”旋钮选择“自动”方式，键盘录入“O3002”按软键“O 检索”调用轮廓加工程序，按下“循环启动”按钮进行自动加工，加工结果如图 1－44 所示。

图 1－44　O3002 程序加工结果

11. 零件测量

点击菜单“测量→剖面图测量”弹出对话框，首先选择 X－Y 测量平面，将测量平面 Z 移动到零件所在平面，再选择“测量工具”点击“外卡”测量零件外轮廓尺寸，选择“测量方式”点击“自由放置”，选择“调节工具”选择“自动测量”，测量结果“读数”为 53.96，零件尺寸合格，零件测量结果如图 1－45 所示。

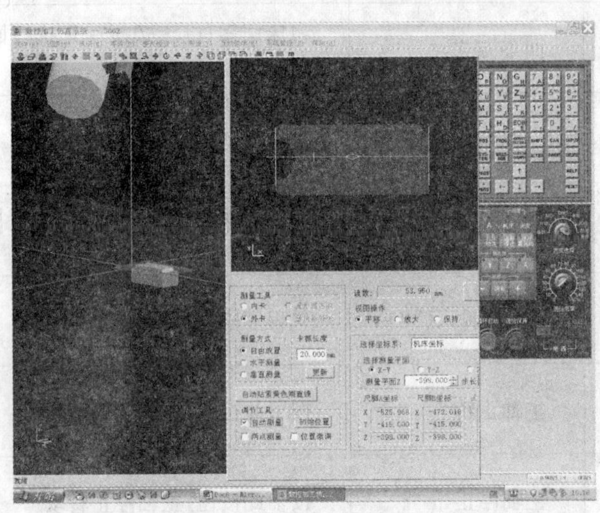

图 1－45　零件 3 测量界面

三、拓展提高

(一) SIEMENS 802D 数控系统

SIEMENS 802D MDI 操作面板如图 1－46a 所示，机床控制面板如图 1－46b 所示，各操作按键功能见表 1－5。

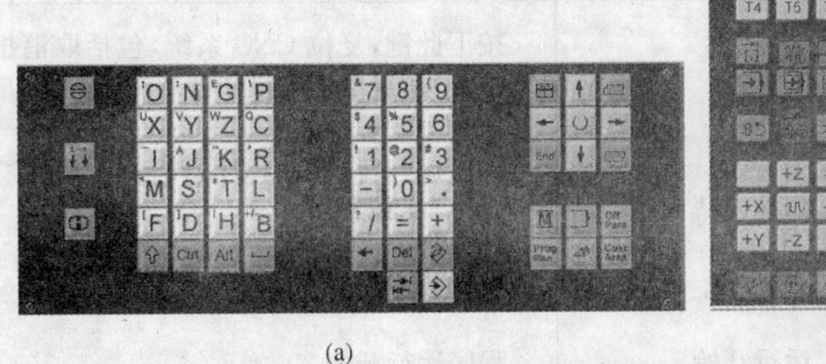

(a)　(b)

图 1－46　SIEMENS 802D 数控系统操作面板

(a) 数控系统操作面板；(b) 机床控制面板

表 1-5 SIEMENS 802D 数控系统 MDI 操作面板、机床控制面板按键功能

按 钮	名 称	功 能 简 介
	紧急停止	按下急停按钮,使机床移动立即停止,并且所有的输出如主轴的转动等都会关闭
	点动距离选择按钮	在单步或手轮方式下,用于选择移动距离
	手动方式	手动方式,连续移动
	回零方式	机床回零;机床必须首先执行回零操作,然后才可以运行
	自动方式	进入自动加工模式
	单段	当此按钮被按下时,运行程序时每次执行一条数控指令
	手动数输入(MDA)	单程序段执行模式
	主轴正转	按下此按钮,主轴开始正转
	主轴停止	按下此按钮,主轴停止转动
	主轴反转	按下此按钮,主轴开始反转
	快速按钮	在手动方式下,按下此按钮后,再按下移动按钮则可以快速移动机床
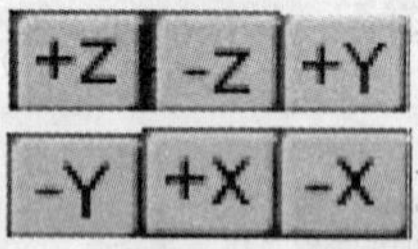 +Z -Z +Y -Y +X -X	移动按钮	
	复位	按下此键,复位 CNC 系统,包括取消报警、主轴故障复位、中途退出自动操作循环和输入、输出过程等
	循环保持	程序运行暂停,在程序运行过程中,按下此按钮运行暂停。按  恢复运行
	运行开始	程序运行开始

（续表）

按 钮	名 称	功 能 简 介
	主轴倍率修调	将光标移至此旋钮上后，通过点击鼠标的左键或右键来调节主轴倍率
	进给倍率修调	调节数控程序自动运行时的进给速度倍率，调节范围为0～120%。置光标于旋钮上，点击鼠标左键，旋钮逆时针转动，点击鼠标右键，旋钮顺时针转动
	报警应答键	
	通道转换键	
	信息键	
	上档键	对键上的两种功能进行转换。用了上档键，当按下字符键时，该键上行的字符(除了光标键)就被输出
	空格键	
	删除键(退格键)	自右向左删除字符
Del	删除键	自左向右删除字符
	取消键	
	制表键	
	回车/输入键	①接受一个编辑值；②打开、关闭一个文件目录；③打开文件
	翻页键	
M	加工操作区域键	按此键，进入机床操作区域

（续表）

按　钮	名　称	功 能 简 介
	程序操作区域键	
Off Para	参数操作区域键	按此键，进入参数操作区域
Prog Man	程序管理操作区域键	按此键，进入程序管理操作区域
	报警/系统操作区域键	
	选择转换键	一般用于单选、多选框

（二）华中世纪星数控系统

华中世纪星数控机床操作面板如图 1－47a 所示，机床控制面板如图 1－47b 所示，各操作按键功能见表 1－6。

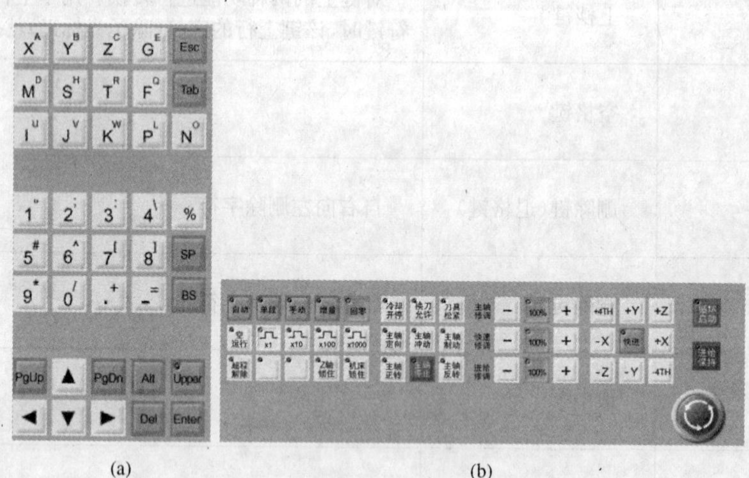

图 1－47　华中世纪星数控系统操作面板

(a) 数控系统操作面板；(b) 机床控制面板

表 1－6　华中世纪星数控系统 MDI 操作面板、机床控制面板按键功能

按　钮	名　称	功 能 简 介
	紧急停止	按下急停按钮，使机床移动立即停止，并且所有的输出如主轴的转动等都会关闭

（续表）

按 钮	名 称	功 能 简 介
回零	回零	机床回零；机床必须首先执行回零操作，然后才可以运行
增量	增量	在单步或手轮方式下，用于选择移动距离
手动	手动	手动方式，机床连续移动
单段	单段	当此按钮被按下时，运行程序时每次执行一条数控指令
自动	自动	进入自动加工模式
冷却开停	冷却开停	控制冷却液开停
换刀允许	换刀允许	按下此按钮，可以手动换刀
刀具松紧	刀具松紧	按下此按钮，主轴松刀，再按一次，主轴抓紧刀具
主轴正转	主轴正转	按下此按钮，主轴开始正转
主轴停止	主轴停止	按下此按钮，主轴停止转动
主轴反转	主轴反转	按下此按钮，主轴开始反转
空运行	空运行	按下此按钮，程序按 G00 速度执行
超程解除	超程解除	在到达机床运动极限时，按此键可超程解除
+4TH +Y +Z -X 快进 +X -Z -Y -4TH	移动按钮 快速按钮	在手动方式下，按下此按钮后，可以使机床相应轴移动。再按下快速按钮则可以快速移动机床
循环启动	循环启动	程序运行开始

（续表）

按 钮	名 称	功 能 简 介
进给保持	循环保持	程序运行暂停，在程序运行过程中，按下此按钮运行暂停。按 循环启动 恢复运行
x1 x10 x100 x1000	增量倍率按键	选择增量方式下移动的增量值
主轴修调 − 100% +	主轴倍率修调	调节调节主轴转速倍率
进给修调 − 100% +	进给倍率修调	调节数控程序自动运行时的进给速度倍率
快速修调 − 100% +	快速倍率修调	调节快速进给倍率
Z轴锁住	*Z* 轴锁住	锁住机床 *Z* 轴，机床 *Z* 轴无法移动
机床锁住	机床锁住	锁住机床，机床各轴无法移动
Esc	取消键	
Upper	上档键	用了上档键，当按下字符键时，该键上行的字符被输出
BS	删除键(退格键)	自右向左删除字符
Del	删除键	自左向右删除字符
Tab	制表键	
Enter	回车/输入键	①接受一个编辑值；②打开、关闭一个文件目录；③打开文件
PgUp ▲ PgDn ◀ ▼ ▶	翻页键 光标移动键	

（续表）

按　钮	名　称	功能简介
XA YB ZC GE MD SH TR FQ IU JV KW PL	字母编辑键	
1" 2; 3: 4\ 5# 6^ 7[8] 9* 0/ .+ -=	数字符号编辑键	

思考与练习

1. 图 1-48 所示为凸模零件 1，材料为 45 钢，毛坯尺寸长×宽×高为 55 mm×55 mm×30 mm。要求编制上表面加工程序和轮廓加工程序，并进行仿真加工。

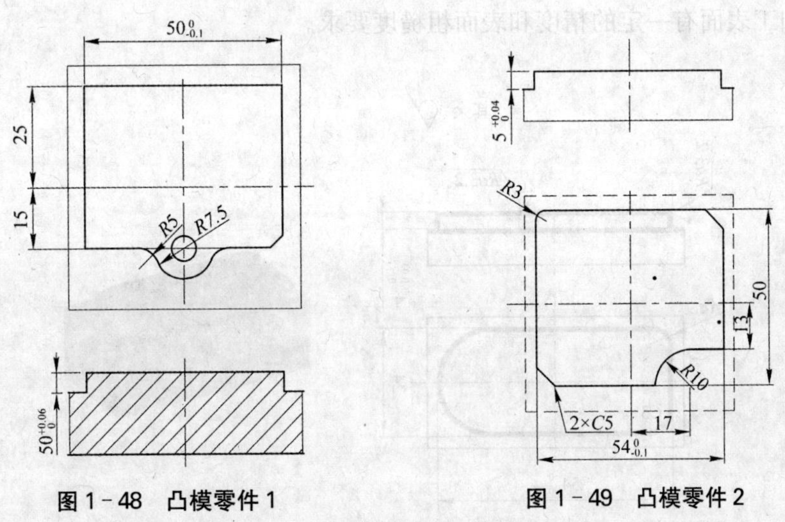

图 1-48　凸模零件 1　　　　图 1-49　凸模零件 2

2. 图 1-49 所示为凸模零件 2，材料为 45 钢，毛坯尺寸长×宽×高为 55 mm×55 mm×30 mm。要求编制上表面加工程序和轮廓加工程序，并进行仿真加工。

项目二　有刀补的简单轮廓加工

【学习目标】

1. 了解各类数控铣床刀具的基本知识。
2. 掌握工件坐标系的使用。
3. 掌握刀具长度补偿的基本知识。
4. 掌握刀具半径补偿的基本知识。
5. 数控仿真软件的使用。

【案例】

如图 2-1 所示的零件，其材料为 45 钢，表面基本平整。需要做上表面的平面加工和外轮廓加工，加工表面有一定的精度和表面粗糙度要求。

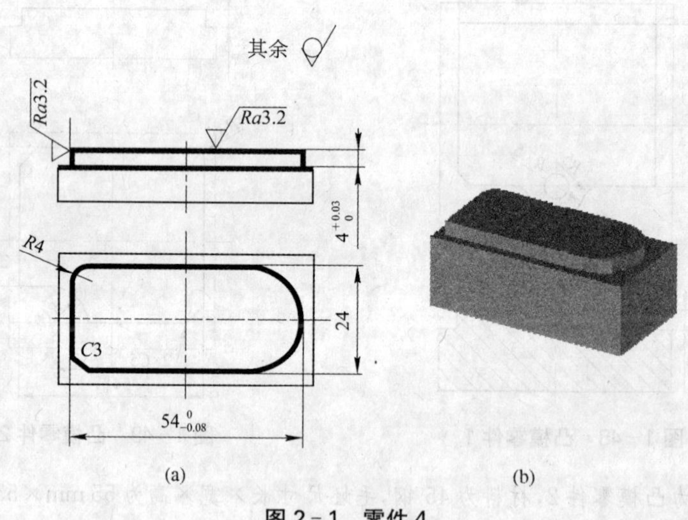

图 2-1　零件 4

(a) 零件图；(b) 模型图

一、相关知识

(一) 刀具补偿

刀具补偿包括刀具半径补偿和刀具长度补偿。

1. 刀具半径补偿 G40/G41/G42

当编程采用刀具半径补偿 G41、G42 代码时，在加工中刀具会偏移（远离轮廓）一个刀具半径补偿值的距离（图 2-2），这样编程人员可以用轮廓的坐标进行编程，加工时，只需要根据实际情况更改刀具半径补偿值的大小就可以保证零件尺寸精度。G40、G41、G42 为模态指令，机床开机时初始状态为 G40。

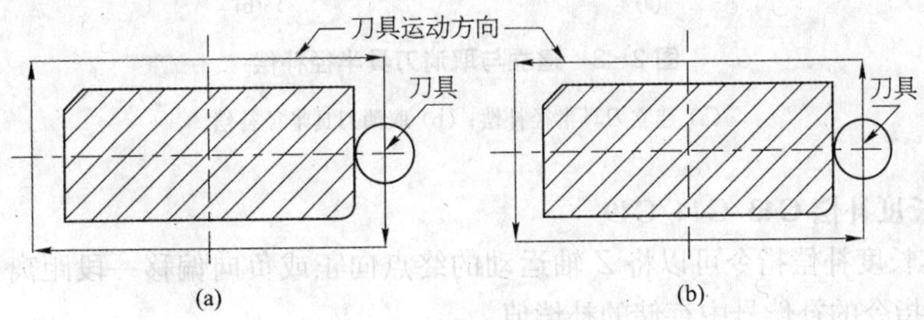

图 2-2 刀具半径补偿

(a) G41 刀具半径左补偿；(b) G42 刀具半径右补偿

G41 指令为刀具半径左补偿（向左移一个刀具半径量），G42 指令为刀具半径右补偿（向右移一个刀具半径量）。其判别的方法为：沿着刀具前进的方向看，当刀具在零件的左边时，为半径补偿左补偿 G41，如图 2-2a 所示；沿着刀具前进的方向看，当刀具在零件的右边时，为半径补偿右补偿 G42，如图 2-2b 所示。G40 指令为取消刀具半径补偿。

建立刀具半径补偿指令格式：G01/G00G41/G42X_Y_D_；（D_为指定的补偿号）

取消刀具半径补偿指令格式：G01/G00G40X_Y_；

如图 1-9 所示编程实例采用刀具半径补偿 G 代码时为：

```
N10 G92X0.0Y0.0;
N20 G90G17G00X10.0Y4.0G41D01;
N30 G01Y29.0F120;
N40 X30.0 Y49.0;
N50 X55.0;
N60 Y9.0;
N70 X4;
N80 G00X0.0Y0.0G40;
N90 M30;
```

在指令了刀具半径补偿模态及非零的补偿值后，第一个在补偿平面中产生运动的程序段为刀具半径补偿开始的程序段，在该程序段中，不允许出现圆弧插补指令。

在刀具半径补偿开始的程序段中，补偿值从零均匀变化到给定的值，同样的情况出现在刀具半径补偿被取消的程序段中，即补偿值从给定值均匀变化到零，所以在这两个程序段中，刀具不应接触到工件。刀具半径补偿的建立如图 2-3a 所示，刀具半径补偿的取消如图 2-3b 所示。

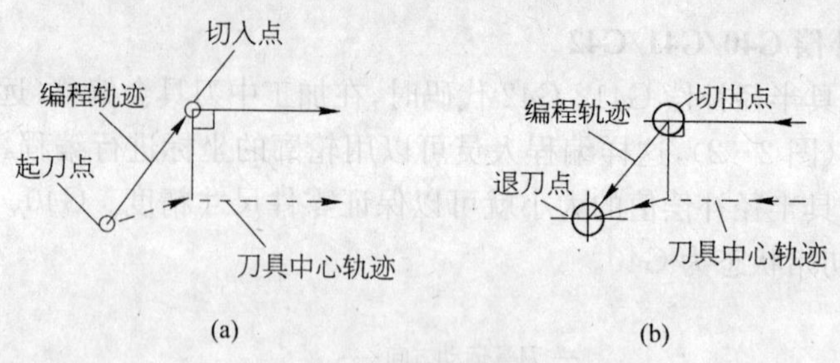

图 2-3 建立与取消刀具半径补偿

(a) 建立刀具半径补偿；(b) 取消刀具半径补偿

2. 刀具长度补偿 G43/G44/G49

使用刀具长度补偿指令可以将 Z 轴运动的终点向正或负向偏移一段距离，这段距离等于 G43、G44 指令的补偿号中存储的补偿值。

使用 G43、G44 指令，编程人员在编写加工程序时就可以不必考虑刀具的长度而只需考虑刀尖的位置，刀具磨损或损坏后更换新的刀具时也不需要更改加工程序，可以直接修改刀具补偿值。

G43、G44、G49 为模态指令，H_指定的补偿号也是模态的，H 的取值范围为 00～200。H00 意味着取消刀具长度补偿值。取消刀具长度补偿的另一种方法是使用指令 G49。NC 执行到 G49 指令或 H00 时，立即取消刀具长度补偿，并使 Z 轴运动到不加补偿值的指令位置。机床开机时初始状态为 G49。

建立刀具长度补偿指令格式：G43/G44Z_H_；(H_为指定的补偿号)

取消刀具长度补偿指令格式：G49Z_；或 H00；

G43 指令为刀具长度补偿＋，也就是说 Z 轴到达的实际位置为指令值与补偿值相加的位置；G44 指令为刀具长度补偿－，也就是说 Z 轴到达的实际位置为指令值减去补偿值的位置。

(二) 工件坐标系 G54～G59

在使用各工件坐标系时，选择 G54～G59 代码。G54～G59 都是模态指令。

指令格式：G54/G55/G56/G57/G58/G59；

如图 2-4 所示编程实例为：

N10 G54； （选择 G54 工件坐标系）

N20 G90G00X0.0Y0.0； （刀具快速定位到 G54 程序原点）

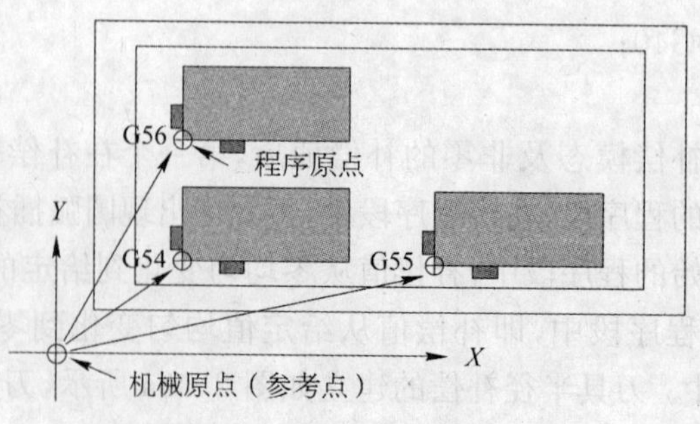

图 2-4 工件坐标系编程实例

N30 G00X80.0Y60.0；（从此程序段开始是加工程序）
……　　（加工程序）
N100 M01；
N110 G55；（指令了 G55 工件坐标系，刀具不移动）
N120 G90G00X0.0Y0.0；（刀具快速定位到 G55 程序原点）
N130 G00X80.0Y60.0；（从此程序段开始是加工程序）
……　　（加工程序）
N200 M01；
N210 G56；（指令了 G56 工件坐标系，刀具不移动）
N220 G90G00X0.0Y0.0；（刀具快速定位到 G56 程序原点）
N230 G00X80.0Y60.0；（从此程序段开始是加工程序）
……　　（加工程序）
N300 M30；

二、相关实践

加工图 2-1 所示零件 4。

（一）工艺分析

1. 零件图分析

如图 2-1 所示的零件，其材料为 45 钢，表面基本平整。需要做上表面的平面加工和外轮廓加工，加工表面有一定的精度和表面粗糙度要求。

2. 刀具及切削用量选择

该零件需加工平面为 60 mm×30 mm，加工平面较小，加工时选用硬质合金立铣刀周铣。外轮廓加工选用 $\phi16$ 硬质合金两刃立铣刀。

查表 1-2，$\phi16$ 硬质合金立铣刀加工 45 钢铣削速度取 70 m/min。换算后得 $S=1\,300$ r/min。

查表 1-1，$\phi16$ 硬质合金立铣刀每齿进给量 f 为 0.08 mm/z，换算后得 $F=200$ mm/min。

3. 加工路线

选该零件中心为 XY 编程原点，Z 轴零点设置在零件上表面。

1）平面加工时确定该零件的下刀点在工件右上角，平行于 X 轴往复切削。程序号 O4001。

2）外轮廓加工时，确定该零件的下刀点在工件左下角，切向切入切出，G41 顺铣加工。程序号O4002。加工路线如图 2-5 所示。

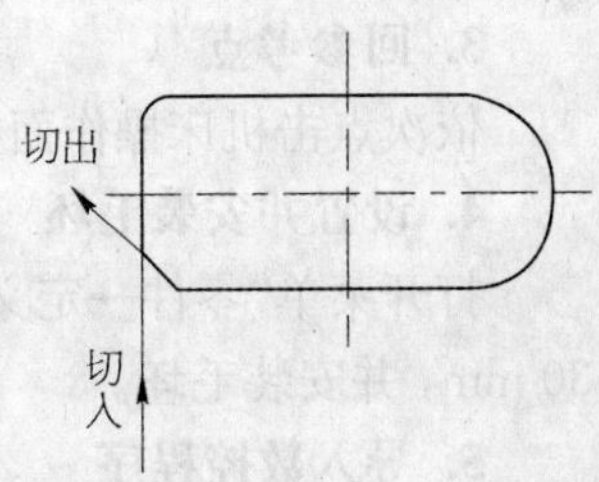

图 2-5　零件 4 加工路线

（二）数控加工程序

O4001；
N1 G54G90M03S1300；
N2 G00Z30；
N3 X40Y7；
N4 Z5；
N5 G01Z0F200；

```
N6 X−30;
N7 Y−7;
N8 X30;
N9 G00Z30;
N10 X260Y60M05;
N11 M30;

O4002;
N1 G54G90M03S1300;
N2 G00Z30;
N3 X−40Y−20;
N4 Z5;
N5 G01Z−4F200;
N6 G41D01X−27;
N7 Y8;
N8 G02X−23Y12R4;
N9 G01X15;
N10 G02Y−12R12;
N11 G01X−24;
N12 X−34Y−2;
N13 G00Z30;
N14 X260Y60M05G40;
N15 M30;
```

(三) 数控仿真

1. 选择机床

打开菜单"机床→选择机床",在选择机床对话框中选择 FANUC 0iM 控制系统,再选择"济南第一机床厂 J1VMC40M"标准铣床,选择好后按"确定"按钮。

2. 激活机床

点击机床操作面板"电源开"按钮,打开机床电源。点击"急停"按钮,将其松开。

3. 回参考点

依次点击机床操作面板"X"、"Y"、"Z"轴,再点击"+"键,将机床回零。

4. 设置并安装毛坯

打开菜单"零件→定义毛坯"选择长方形毛坯,材料为 45 钢,尺寸为 60 mm × 30 mm × 30 mm,并安装毛坯。

5. 导入数控程序

通过记事本编辑程序 O4001 和 O4002,保存为纯文本格式,并导入程序。

旋转"方式选择"旋钮选择"编辑"方式,系统操作面板选择"PROG"。点击菜单"机床→DNC 传送",在打开文件对话框中选取文件。点击软键"操作→READ",通过键盘输入程序名 O4001,点击"EXEC"键,即可输入数控程序 O4001。

采用相同的方法导入程序 O4002。

6. 选择刀具

打开菜单“机床→选择刀具”，在“所需刀具直径”输入框内输入“16”，在“所需刀具类型”选择列表中选择刀具类型“平底刀”，按下“确定”，符合条件的刀具在“可选刀具”列表中显示。用鼠标点击“可选刀具”选中的刀具对应显示在“已经选择刀具”列表中。

输入刀柄参数，“刀柄直径”为 30 和“刀柄长度”为 40。

选择好刀具后按“确认”键完成选刀操作，如图 2-6 所示。

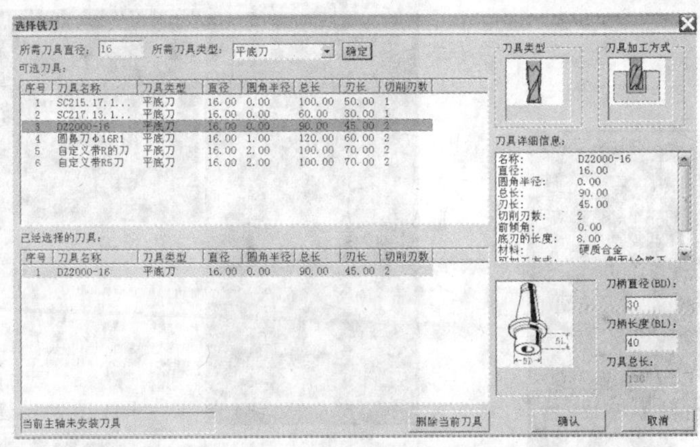

图 2-6　选择刀具界面

7. 设定工件坐标系

点击菜单“机床→基准工具”，弹出的基准工具对话框中选择“刚性靠棒”进行 X、Y 轴对刀，安装刀具采用塞尺法 Z 轴对刀。对刀方法如项目一任务三相关知识（四）第 7 部分内容所述，X 值为“－500.034”，Y 值为“－415.016”Z 值为“－438.033”，对刀结果如图 2-7 所示。

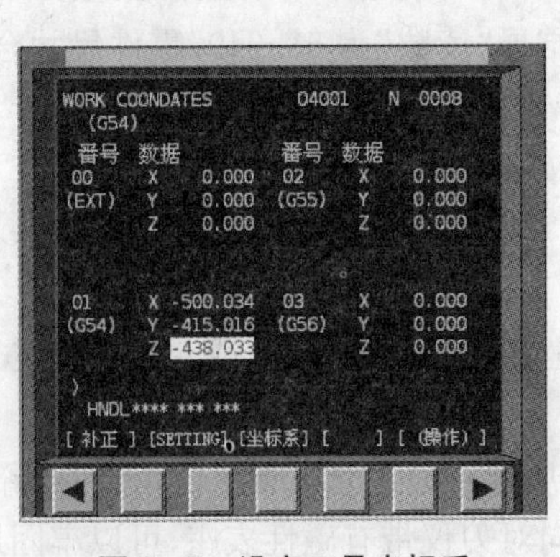

图 2-7　设定工具坐标系

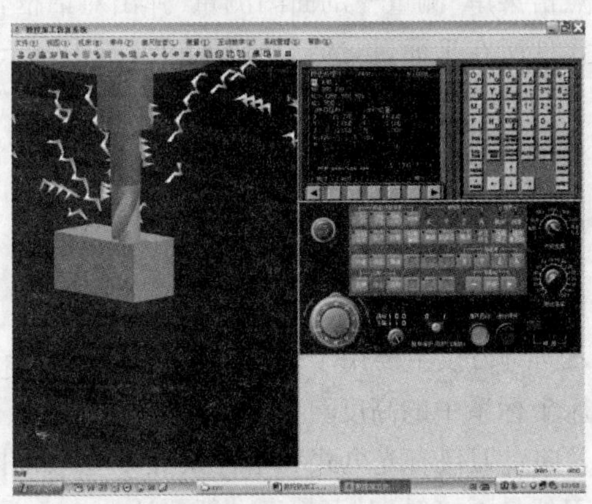

图 2-8　O4001 程序加工平面

8. 自动加工

使用“方式选择”旋钮选择“自动”方式，键盘录入“O4001”，按软键“O 检索”调用上表面加工程序，按下“循环启动”按钮进行自动加工，加工过程如图 2-8 所示。

9. 输入刀具补偿值

在选择“手动”操作方式时，按下“OFFSET/SETTING”键，进入参数输入页面。按菜单软键“补正”进入刀具补偿值参数设定区域。移动光标选择“形状(D)”“番号”“001”输入补偿值“8”，按菜单软键“输入”参数输入到指定位置。

相同方法输入“形状(H)”“番号”“001”补偿值“－0.025”和“摩耗(D)”“番号”“001”输入补偿值“－0.02”，结果如图 2－9 所示。

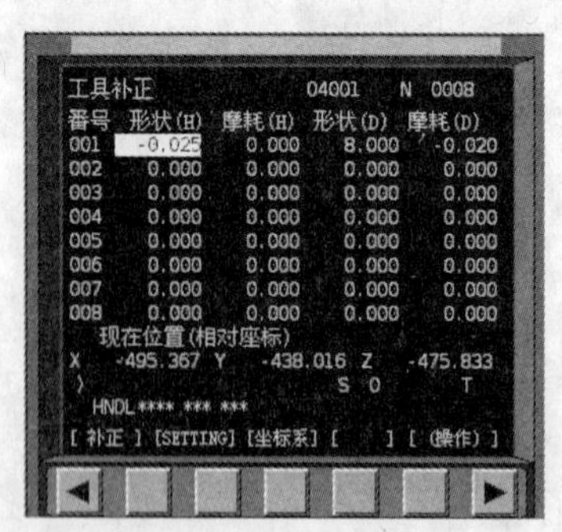

图 2－9 刀具补偿值设定

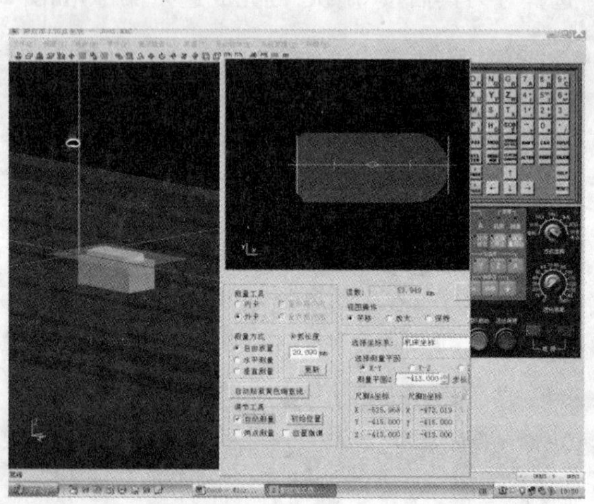

图 2－10 O4002 程序加工结果及零件测量

10. 自动加工

使用“方式选择”旋钮选择“自动”方式，键盘录入“O4002”按软键“O 检索”调用轮廓加工程序，按下“循环启动”按钮进行自动加工，加工结果如图 2－10 所示。

11. 零件测量

点击菜单“测量→剖面图测量”弹出对话框，首先选择 $X-Y$ 测量平面，将测量平面 Z 移动到零件所在平面，再选择“测量工具”点击“外卡”测量零件外轮廓尺寸，选择“测量方式”点击“自由放置”，选择“调节工具”选择“自动测量”，测量结果“读数”为 53.949，零件尺寸合格。零件测量结果如图 2－10 所示。

三、拓展提高

1. Z 向对刀仪

Z 向对刀仪主要用于确定工件坐标系原点在机床坐标系的 Z 轴坐标，或者说是确定刀具在机床坐标系中的高度。

Z 向对刀仪有光电式和指针式等类型，如图 2－11 所示。通过光电指示或指针判断刀具与对刀仪是否接触，对刀精度一般可达 0.005 mm。Z 向对刀仪带有磁性表座，可以牢固地附着在工件或夹具上。Z 向对刀仪高度一般为 50 mm 或 100 mm。

Z 向对刀仪的使用方法如下：

(1) 将刀具装在主轴上，将 Z 向对刀仪附着在已经装夹好的工件或夹具平面上。

(2) 快速移动工作台和主轴，让刀具端面靠近 Z 向对刀仪上表面。

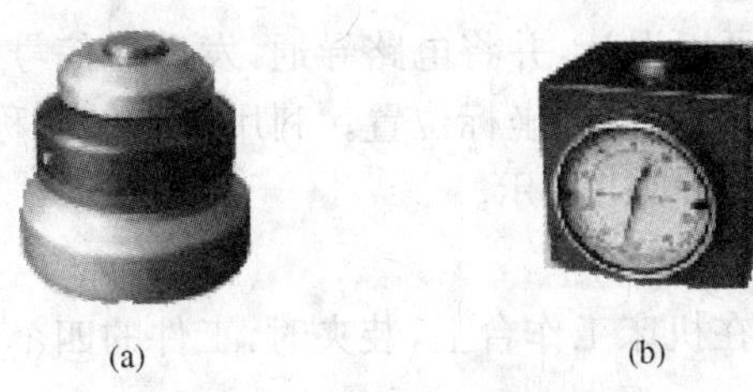

图 2-11　Z 向对刀仪
(a) 光电式 Z 向对刀仪；(b) 指针式 Z 向对刀仪

(3) 改用微调操作，让刀具端面慢慢接触到 Z 向对刀仪上表面，直到 Z 向对刀仪发光或指针指示到零位。

(4) 记下此时机床坐标系中的 Z 值。

(5) 在当前刀具情况下，工件或夹具平面在机床坐标系中的 Z 坐标为此值再减去 Z 向对刀仪的高度。

(6) 若工件坐标系 Z 坐标零点设定在工件或夹具的对刀平面上，则此值即为工件坐标系 Z 坐标零点在机床坐标系中的位置，也就是 Z 坐标零偏值，应输入到机床相应的工件坐标系存储地址中。如果对刀精度要求不高，也可以用固定高度的对刀块来设定 Z 坐标。

2. 寻边器

寻边器主要用于确定工件坐标系原点在机床坐标系中的 X、Y 值，也可以测量工件的简单尺寸。有偏心式和光电式等类型，如图 2-12 所示。

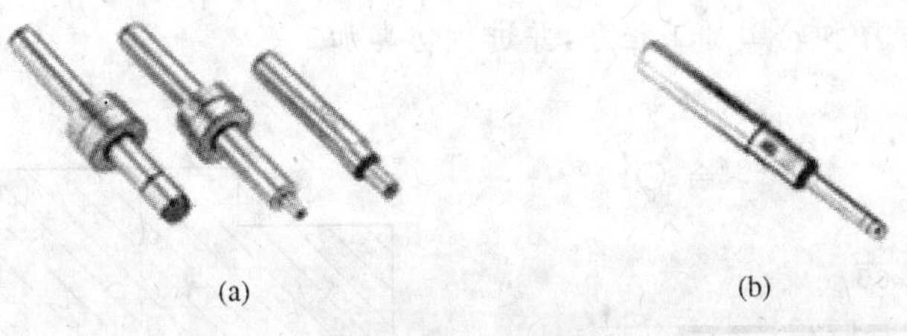

图 2-12　寻边器
(a) 偏心式寻边器；(b) 光电式寻边器

1) 偏心式寻边器　偏心式寻边器是利用可偏心旋转的两部分圆柱进行工作的，当这两部分圆柱在旋转时调整到同心，此时机床主轴中心距被测表面的距离为测量圆柱的半径值。偏心式寻边器如图 2-12a 所示。

偏心式寻边器的使用方法如下：

(1) 将偏心式寻边器用刀柄装到主轴上。

(2) 启动主轴旋转，一般取 500 r/min。

(3) 在 X 方向手动控制机床使偏心式寻边器靠近被测表面并缓慢与之接触。

(4) 进一步仔细调整位置，直至偏心式寻边器上下两部分同轴。

(5) 此时被测表面的 X 坐标为机床当前 X 坐标值加(或减)圆柱半径。

(6) Y 方向同理可得。

2) 光电式寻边器　光电式寻边器的测头一般为 10 mm 的钢球，用弹簧拉紧在光电式寻边器的测杆上，碰到工件时可以退让，并将电路导通，发出光信号。通过光电式寻边器的指示和机床坐标位置可得到被测表面的坐标位置。利用测头的对称性，还可以测量一些简单的尺寸。光电式寻边器如图 2-12b 所示。

光电式寻边器的使用方法如下：

(1) 将工件通过夹具装在机床工作台上，装夹时，工件的四个侧面都应留出寻边器的测量位置。

(2) 快速移动主轴，让寻边器测头靠近工件的左侧，改用微调操作，让测头慢慢接触到工件左侧，直到寻边器发光。记下此时测头在机床坐标系中的 X 坐标值，如 -358.300。

(3) 抬起测头至工件上表面之上，快速移动主轴，让测头靠近工件右侧，改用微调操作，让测头慢慢接触到工件右侧，直到寻边器发光。记下此时测头在机床坐标系中的 X 坐标值，如 -248.300。

(4) 两者差值再减去测头直径，即为工件长度。测头的直径一般为 10 mm，则工件的长度为 $L = -248.300 - (-358.300) - 10 = 100$ mm。

(5) 工件坐标系原点在机床坐标系中的 X 坐标为 $X = -358.3 + 100/2 + 5 = -303.3$，将此值输入到工件坐标系中(如 G54) 的 X 即可。

(6) 同样，工件坐标系原点在机床坐标系中的 Y 坐标也按上述步骤测定。

思考与练习

1. 图 2-13 所示凸模零件 3 材料为 45 钢，毛坯尺寸长×宽×高为 60 mm×60 mm×30 mm。要求编制上表面加工程序和轮廓加工程序，并进行仿真加工。

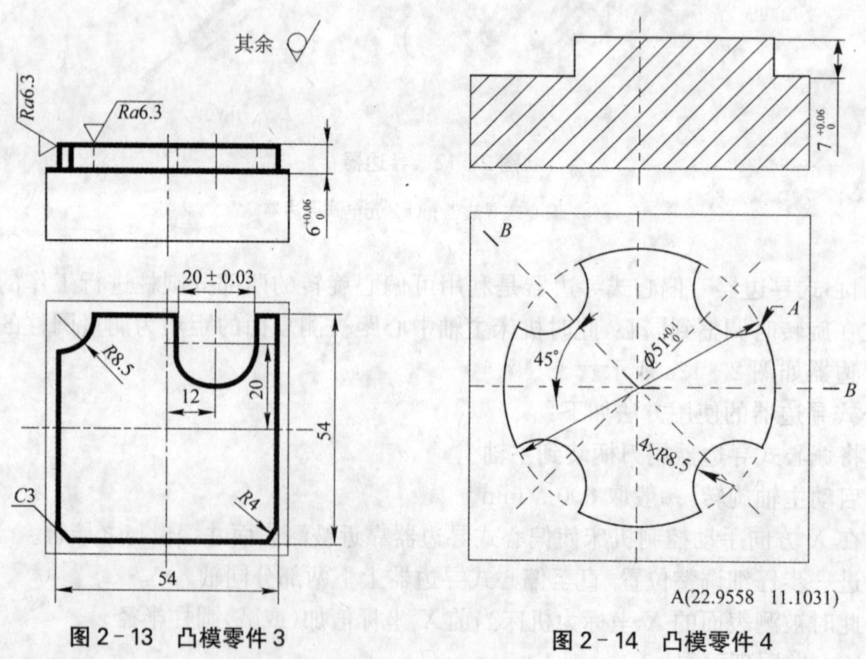

图 2-13 凸模零件 3

图 2-14 凸模零件 4

2. 图 2-14 所示凸模零件 4 材料为 45 钢，毛坯尺寸长×宽×高为 60 mm×60 mm×30 mm。要求编制上表面加工程序和轮廓加工程序，并进行仿真加工。

3. 图 2－15 所示凸模零件 5 材料为 45 钢，毛坯尺寸长×宽×高为 60 mm×60 mm×30 mm。要求编制上表面加工程序和轮廓加工程序，并进行仿真加工。

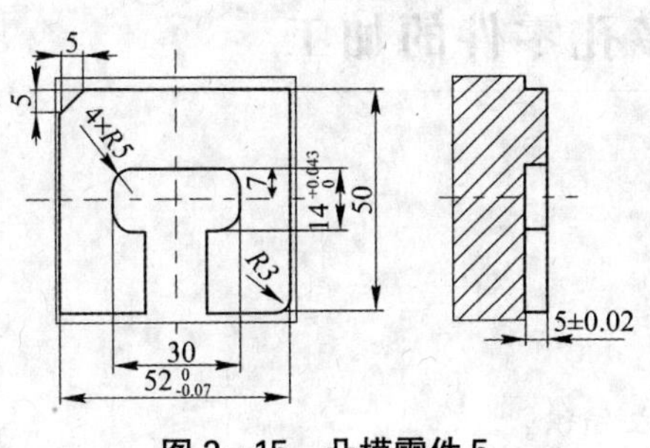

图 2－15　凸模零件 5

项目三　多孔零件的加工

【学习目标】

1. 了解各种孔的基本知识。
2. 了解各种孔加工刀具的基本知识。
3. 掌握孔加工的固定循环指令。
4. 数控仿真软件的使用。

【案例】

试加工多孔零件，图纸见图 3－1，毛坯为正方形板料，长、宽均为 150 mm，厚度 30 mm，加工 37 个 ϕ10 mm 的通孔。

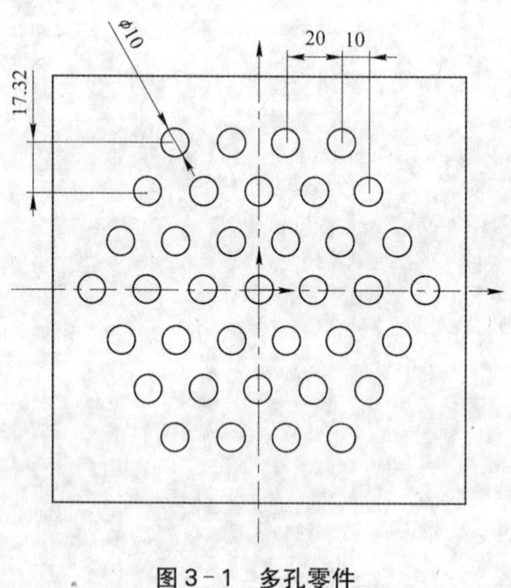

图 3－1　多孔零件

一、相关知识

（一）孔加工刀具

从实体材料上加工出孔或扩大已有孔的刀具称为孔加工刀具，如麻花钻、中心钻、深孔钻等可以在实体材料上加工出孔，而铰刀、扩孔钻、镗刀等可以在已有孔的材料上进行扩孔加工。

孔加工刀具及孔加工的特点：

(1) 大部分孔加工刀具为定尺寸刀具，刀具本身的尺寸精度和形状精度不可避免地对孔的加工精度有重要影响。

(2) 孔加工刀具尺寸由于受到被加工孔直径大小的限制，刀具横截面尺寸较小，特别是用于加工小直径孔和深径比(孔的深度与直径之比)较大孔的刀具，其横截面尺寸更小，所以刀具刚性差，切削不稳定，易产生振动。

(3) 孔加工刀具是在工件已加工表面的包围之中进行切削加工的，切削呈封闭或半封闭状态，因此排屑困难，切削液不宜进入切削区，难以观察切削中的实际情况，对工件质量、刀具寿命都有不利影响。

(4) 孔加工刀具种类多、规格多。在某些情况下孔加工的难度要比外圆加工的难度大得多。孔加工刀具的材料、结构、几何要素等将会直接影响被加工孔的质量。

下面简单介绍孔加工刀具。

1. 中心钻

中心孔一般出现在轴类零件的轴端，用作本道工序或后续工序的装夹定位基准。钻孔前打中心孔，主要用作定心，防止钻削时钻尖打滑，而导致孔钻偏或影响孔的位置精度。

2. 麻花钻头

麻花钻头形似麻花，常标记为 HSS，是使用最广泛的一种孔加工刀具，不仅可以在一般材料上钻孔，经过修磨还可以在一些难加工材料上钻孔。

3. 铰刀

铰刀是对已有孔进行精加工的一种刀具，应用十分普遍。铰削切除余量很小，一般只有 0.1～0.5 mm。铰削后的孔径精度可达 IT6～IT9，表面粗糙度可达 *Ra*0.4～*Ra*1.6。铰刀加工孔直径的范围从 $\phi10$～$\phi100$ mm，可以加工圆柱孔、圆锥孔、通孔和盲孔。它可以在钻床、车床等多种机床上进行铰削，也可以手工铰削。

4. 镗刀

镗孔是使用镗刀对已钻出的孔或毛坯进行进一步加工的方法。镗孔的通用性较强，可以粗加工、精加工不同尺寸的孔，以及镗通孔、盲孔、阶梯孔，镗加工同轴孔系、平行孔系等。粗镗孔的精度为 IT11～IT13，表面粗糙度为 *Ra*6.3～*Ra*12.5；半精镗的精度为 IT9～IT10，表面粗糙度为 *Ra*1.6～*Ra*3.2；精镗的精度可达 IT6，表面粗糙度为 *Ra*0.4～*Ra*0.1。

5. 丝锥

丝锥是加工内螺纹的工具，分手用丝锥和机用丝锥两种，有粗牙和细牙之分，又有头锥、二锥之分。手用丝锥的材料一般用合金工具钢或轴承钢制造，机用丝锥用高速钢制造。

(二) 孔加工的相关知识

根据零件在机械产品中的作用不同，内孔有不同的精度和表面质量要求，以及不同的结构尺寸。常见的孔有通孔、盲孔、阶梯孔、深孔、浅孔、大直径孔和小直径孔等。非回转体零件，如箱体、机体、支架等，其内孔常在立式钻床、摇臂钻床及镗床上加工。对于一些形状复杂、加工表面多的中小批量零件，为提高生产效率，保证孔的位置精度，可在数控铣床或加工中心上加工，大批量生产还可以在拉床上拉孔。

1. 孔的加工方法

根据孔加工刀具的不同，孔的加工方法分为钻孔、扩孔、铰孔、镗孔和磨孔等。

1）钻孔　采用钻头对实心材料加工孔的一种方法，常用钻头是麻花钻头。采用合理的钻削用量，是保证孔加工质量与精度的前提，合理的钻削用量见表3-1、表3-2。

表3-1　高速钢钻头加工铸铁的切削用量

	160～200HBS		200～400HBS		300～400HBS	
	v_c/(m/min)	v_f/(mm/r)	v_c/(m/min)	v_f/(mm/r)	v_c/(m/min)	v_f/(mm/r)
1～6	16～24	0.07～0.12	10～18	0.05～0.1	5～12	0.38～0.08
6～12	16～24	0.12～0.2	10～18	0.1～0.18	5～12	0.08～0.15
12～22	16～24	0.2～0.4	10～18	0.18～0.25	5～12	0.15～0.2
22～50	16～24	0.4～0.8	10～18	0.24～0.4	5～12	0.2～0.3

注：采用硬质合金钻头加工铸铁时取 $v_c = 20 \sim 30$ m/min。

表3-2　高速钢钻头加工钢件的切削用量

	$\sigma_b = 520 \sim 700$ MPa（35、45钢）		$\sigma_b = 700 \sim 900$ MPa（15 Cr、20 Cr）		$\sigma_b = 1\,000 \sim 1\,100$ MPa（合金钢）	
	v_c/(m/min)	v_f/(mm/r)	v_c/(m/min)	v_f/(mm/r)	v_c/(m/min)	v_f/(mm/r)
1～6	8～25	0.05～0.1	12～30	0.05～0.1	8～12	0.38～0.08
6～12	8～25	0.1～0.2	12～30	0.1～0.2	8～12	0.08～0.15
12～22	8～25	0.2～0.3	12～30	0.2～0.3	8～12	0.15～0.25
22～50	8～25	0.3～0.45	12～30	0.3～0.45	8～12	0.25～0.35

钻头不能钻、扩非整圆的孔，孔的四周应有均匀的背吃刀量，否则会钻偏，甚至折断钻头。钻孔不能纠正孔的形状精度和位置精度。

2）扩孔　采用扩孔钻对已钻出（或铸出、锻出）的孔进行进一步加工的方法，麻花钻头也常用于扩孔。对于大直径孔，由于使用刀具尺寸较大，故扩孔应用较少，而多采用镗孔加工。扩孔的切削速度和进给量应大于钻削用量。

3）铰孔　对为淬硬孔进行精加工的一种方法。铰孔主要用于加工中小尺寸的孔，铰孔不适宜于加工短孔、深孔和断续孔。合理选择切削用量能减少铰孔的扩孔量，表面粗糙度也能得到提高。为防止切削区温度增加后产生积屑瘤，使表面粗糙度降低，切削速度和进给量不能太大，通常取切削速度为5 m/min。铰孔的切削用量见表3-3，供参考。

表3-3　高速钢铰刀铰孔的切削速度和进给量

	铸铁		钢及合金钢		铝及其合金	
	v_c/(m/min)	v_f/(mm/r)	v_c/(m/min)	v_f/(mm/r)	v_c/(m/min)	v_f/(mm/r)
1～6	2～6	0.3～0.5	1.2～5	0.3～0.4	8～12	0.3～0.5
10～15	2～6	0.5～1	1.2～5	0.4～0.5	8～12	0.5～1
15～25	2～6	0.8～1.5	1.2～5	0.5～0.6	8～12	0.8～1.5

（续表）

	铸铁		钢及合金钢		铝及其合金	
	v_c/(m/min)	v_f/(mm/r)	v_c/(m/min)	v_f/(mm/r)	v_c/(m/min)	v_f/(mm/r)
25～40	2～6	0.8～1.5	1.2～5	0.4～0.6	8～12	0.8～1.5
40～60	2～6	1.2～1.8	1.2～5	0.5～0.6	8～12	1.5～2

注：采用硬质合金铰刀铰铸铁时，取 $v_c = 8 \sim 10$ m/min；铰铝时，$v_c = 12 \sim 15$ m/min。

4）镗孔　应用很广泛，在单件、小批生产中，镗孔是很经济的孔加工方法。镗孔既可以作为粗加工，也可以作为精加工。镗孔是修正孔中心线偏斜的有效方法，也有利于保证孔的坐标位置。镗孔的尺寸精度一般可达 IT7～IT8 级，表面粗糙度为 $Ra0.4 \sim Ra3.2$。镗孔刀具因受孔径尺寸限制（特别是小直径深孔），一般刚性较差，镗孔时容易产生振动，限制了切削用量的提高，故生产率较低。

但镗孔结构简单，刃磨方便，又可以在多种机床上进行，应用广泛。小批量生产中非标准孔、大直径孔、精确的短孔、不通孔和有色金属孔等，一般多采用镗孔。镗孔的切削用量见表 3－4，供参考。

表 3－4　镗孔的切削用量

<table>
<tr><th rowspan="2"></th><th colspan="2">铸铁</th><th colspan="2">钢及合金钢</th><th colspan="2">铝及其合金</th></tr>
<tr><th>v_c/(m/min)</th><th>v_f/(mm/r)</th><th>v_c/(m/min)</th><th>v_f/(mm/r)</th><th>v_c/(m/min)</th><th>v_f/(mm/r)</th></tr>
<tr><td>1～6</td><td>20～25</td><td rowspan="2">0.4～0.15</td><td>15～30</td><td rowspan="2">0.35～0.7</td><td>100～150</td><td rowspan="2">0.5～0.15</td></tr>
<tr><td>10～15</td><td>35～50</td><td>50～70</td><td>100～250</td></tr>
<tr><td>15～25</td><td>20～35</td><td rowspan="2">0.15～0.45</td><td>15～50</td><td rowspan="2">0.15～0.45</td><td rowspan="2">100～200</td><td rowspan="2">0.2～0.5</td></tr>
<tr><td>25～40</td><td>50～70</td><td>95～135</td></tr>
<tr><td>40～60</td><td>70～90</td><td>D1 级<0.08
D级 0.12～0.15</td><td>100～135</td><td>0.12～0.15</td><td>150～400</td><td>0.06～0.1</td></tr>
</table>

注：当采用高精度的镗刀镗孔时，由于余量较小，直径余量不大于 0.2 mm，切削速度可提高些，铸铁件为 100～150 m/min，钢件 150～250 m/min，铝合金为 200～400 m/min，巴氏合金为 250～500 m/min，进给量可在 0.03～0.1 mm/I 范围内。

5）攻螺纹　也叫攻丝，用丝锥攻螺纹。

（1）普通螺纹攻丝前的底孔钻头直径计算。

当 $P \leqslant 1$ 时

$$d_0 = d - P \tag{3-1}$$

当 $P > 1$ 时

$$d_0 = d - (1.04 \sim 1.08)P \tag{3-2}$$

式中：P——螺距（mm）；

d——螺纹公称直径（mm）；

d_0——攻丝前钻头直径（mm）。

(2) 普通螺纹底孔钻头直径的推荐值。

普通螺纹底孔钻头直径的推荐值见表 3-5,其中常用的 M6、M8、M10、M12、M16 的螺距和底孔钻头直径应记住,因为这会对工作带来极大方便。

表 3-5 普通螺纹底孔钻头直径

螺纹公称直径	螺距/mm		螺纹内径		推荐钻头直径/mm	螺纹公称直径/mm	螺距/mm		螺纹内径		推荐钻头直径/mm
			最大/mm	最小/mm					最大/mm	最小/mm	
M2	粗	0.4	1.677	1.567	1.60	M8	细	0.75	7.378	7.118	7.20
	细	0.25	1.809	1.729	1.75	M10	粗	1.5	8.626	8.376	8.50
M3	粗	0.5	2.599	2.459	2.5		细	1.25	8.867	8.647	8.70
	细	0.35	2.721	2.621	2.65			1.0	9.118	8.918	9.00
M4	粗	0.7	3.422	3.242	3.30			0.75	9.378	9.118	9.20
	细	0.5	3.599	3.459	3.50	M12	粗	1.75	10.386	10.106	10.20
M5	粗	0.8	4.334	4.134	4.20		细	1.5	10.626	10.376	10.50
	细	0.5	4.599	4.459	4.50			1.25	10.867	10.647	10.70
M6	粗	1.0	5.118	4.918	5.00			1.0	11.118	10.918	11.00
	细	0.75	5.378	5.118	5.20	M16	粗	2	14.135	13.835	13.90
M8	粗	1.25	6.877	6.647	6.70		细	1.5	14.626	14.376	14.50
	细	1.0	7.118	6.918	7.00			1.0	15.118	14.918	15.00

(3) 攻螺纹转速。丝锥攻螺纹时,进给速度的选择决定于螺距。对于刚性攻螺纹和用攻螺纹夹头的浮动攻螺纹,进给速度计算如下:

$$v_f = P \times S \tag{3-3}$$

式中:v_f——进给速度(mm/min),一般不要带小数;

P——螺距(mm);

S——主轴转速(r/min)。

攻螺纹的 S、F 必须严格按公式 3-3 计算,防止出现乱牙质量问题。攻螺纹切削速度见表 3-6。

表 3-6 攻螺纹切削速度

加工材料	铸铁	钢及其合金	铝及其合金
v_c/(m/min)	2.5~5	1.5~5	5~15

2. 孔加工方案

孔加工方案可达到的经济精度及表面粗糙度见表 3－7。

表 3－7　孔加工方案可达到的经济精度及表面粗糙度

序号	加工方法	经济精度级	表面粗糙度值	适用范围
1	钻	IT11～12	12.5	加工未淬火钢及铸铁的实心毛坯，也可用于加工有色金属（但表面粗糙度较低，孔径小于 ϕ15～20 mm）
2	钻→铰	IT9	1.6～3.2	
3	钻→铰→精铰	IT7～8	0.8～1.6	
4	钻→扩	IT10～11	6.3～12.5	同上，但孔径大于 ϕ15～20 mm
5	钻→扩→铰	IT8～9	1.6～3.2	
6	钻→扩→粗铰→精铰	IT7	0.8～1.6	
7	钻→扩→机铰→手铰	IT6～7	0.1～0.4	
8	粗镗（或扩）	IT11～12	6.3～12.5	除淬火钢外各种材料，毛坯有铸出孔或锻出孔
9	粗镗（粗扩）→半精镗（精扩）	IT8～9	1.6～3.2	
10	粗镗（扩）→半精镗（精扩）→精镗（铰）	IT7～8	0.8～1.6	
11	粗镗（扩）→半精镗（精扩）→精镗→浮动镗	IT6～7	0.4～0.8	
12	粗镗→半精镗→精镗→金刚镗	IT6～7	0.05～0.4	主要用于精度要求高的有色金属的加工

（三）孔加工固定循环指令

孔加工固定循环是指加工刀具在 XY 平面内快速定位后，Z 向进给加工孔，加工完返回某个高度的平面的循环运动过程。

1. 固定循环的动作组成

孔加工固定循环的动作组成如图 3－2 所示，一般由下述六个动作组成：

① X、Y 坐标快速定位到孔加工位置；

② 快进到 R 点（参考平面）；

③ 孔加工；

④ 孔底动作，主要有进给暂停、主轴正反转、主轴定向、让刀等几种动作；

⑤ 返回到 R 点；

⑥ 快速返回到初始点。

孔的固定循环动作结束后，意味着执行完⑤⑥时，一切恢复到初始状态，如主轴转向、取消让刀等。

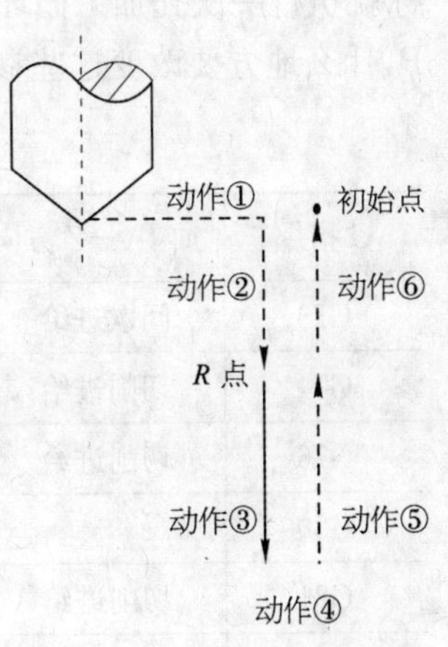

图 3－2　固定循环动作的组成

2. 固定循环指令格式

G90/G91 G98/G99 G□□ X_ Y_ R_ Z_ Q_ P_ F_ K_

(1) G90/G91 决定 X_ Y_ R_ Z_坐标值的编程尺寸是绝对方式还是相对方式。

(2) G98/G99 决定孔加工完成后动作⑤、⑥返回的位置，G98 返回动作⑥到初始平面，G99 返回动作⑤到 R 平面，如图 3-3 所示。如果孔加工完毕后需抬高刀具越过压板、凸台等加工下一孔，则在这一孔固定循环中用 G98，否则用 G99，以使路径最短。

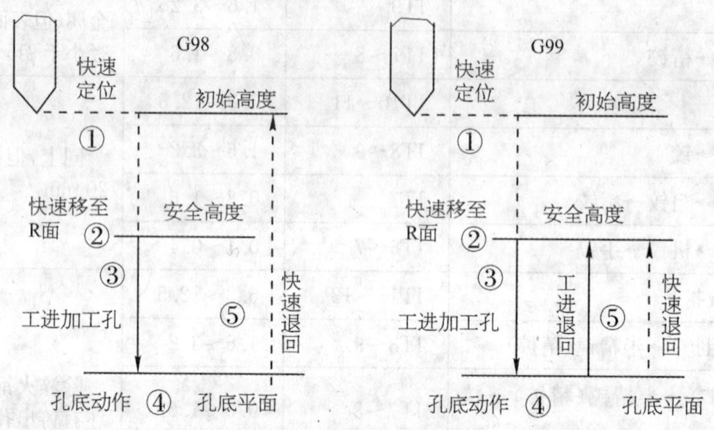

图 3-3 G98、G99 的应用

初始平面不是固定循环指令给定的，而是固定循环指令前通过刀具长度补偿给定，例：

……

N20 G43 H_ Z_；给定初始平面

N30 G90/G91 G98/G99 G□□ X_ Y_ R_ Z_ Q_ P_ F_ K_；固定循环

……

(3) G□□是指 G73～G89，孔加工固定循环共有 13 个 G 代码，表示 13 种固定循环，见表 3-8。G73～G89 是模态指令，多孔加工时只需指定一次，以后的程序段给定一个位置坐标就执行一次孔加工循环。G73～G89 还有一个重要功能就是存储固定循环参数 R、Z、Q、P，什么地方要改变这些参数重新赋值即可。

表 3-8 孔加工固定循环

G 指令	加工(−Z 方向)	孔底动作	返回(+Z 方向)	用 途
G73	间歇进给		快速移动	深孔孔底断屑钻削
G74	切削进给	主轴正转	切削进给	攻左旋螺纹
G76	切削进给	主轴定向、偏移让刀	快速移动	精镗循环
G80				取消固定循环
G81	切削进给		快速移动	钻孔循环
G82	切削进给	进给暂停	快速移动	钻孔、锪、镗循环
G83	间歇进给		快速移动	深孔孔口排屑钻削

（续表）

G 指令	加工（−Z 方向）	孔底动作	返回（+Z 方向）	用　途
G84	切削进给	主轴反转	切削进给	攻右螺纹循环
G85	切削进给		切削进给	铰孔循环
G86	切削进给	主轴停转	快速移动	精镗循环
G87	快速移动	主轴正转	切削进给	反镗循环
G88	切削进给	主轴停转	手动移动	镗孔循环
G89	切削进给	进给暂停	切削进给	正、反镗孔循环

(4) X、Y 用增量或绝对值指定孔在 XY 平面中的坐标位置，实现快速定位动作。

(5) R 指定参考点坐标值。在绝对值 G90 方式中是参考点 R 坐标值，在增量 G91 方式中是 R 点坐标与初始点坐标之差，如图 3－4 所示。R 给定 Z 向快速定位参考平面。

(6) Z 指定孔底坐标值。在绝对值 G90 方式中是孔底 Z 坐标值，在增量 G91 方式中是 Z 与 R 点坐标之差，如图 3－4 所示。

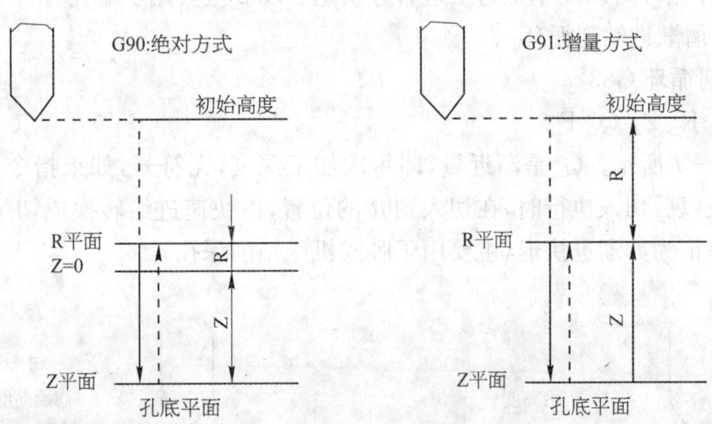

图 3－4　G90/G91 与 R、Z 的关系

R、Z 用 G90 编程简单，用 G91 编程容易出错。

(7) F 是进给速度，可以提前赋值，不一定要出现在固定循环程序段。

(8) K 指定固定循环的重复次数，如果省略 K，默认 K＝1，如果 K＝0，机床不动作，但存储孔加工固定循环参数 R、Z、Q、P。

3. 固定循环种类

(1) 钻削循环 G81

G81 X_ Y_ R_ Z_ F_；

动作如图 3－5 所示。G81 指令的动作：X、Y 轴定位→快速进给到 R 平面→以 F 速度工进到孔底 Z→快退到 R 平面或快退到起始平面。动作可以简单记为工进快退。G81 主要用于钻、扩、粗镗等。

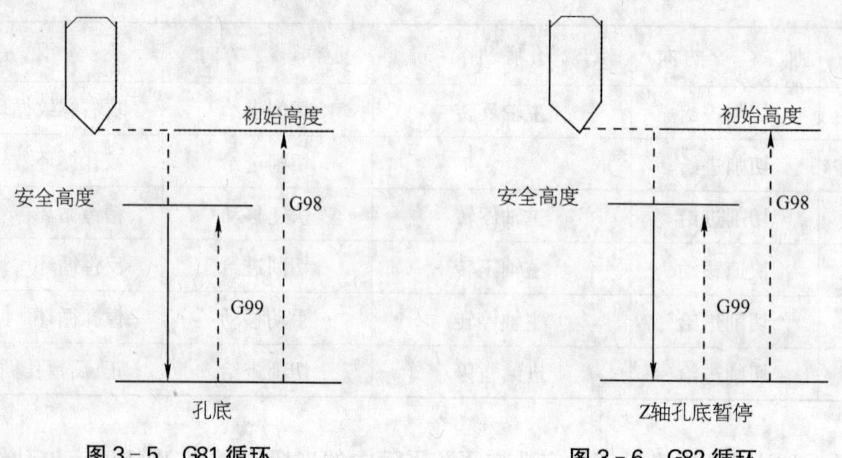

图 3-5 G81 循环

图 3-6 G82 循环

(2) 锪孔循环 G82

G82 X_ Y_ R_ Z_ P_ F_;

动作如图 3-6 所示。与 G81 的不同之处在于刀具在孔底暂停光整切削后退出,以改善孔底平面度,动作循环可以简单记为工进暂停快退。G82 主要用于锪孔、沉孔加工。

(3) 孔口排屑渐进钻削循环

① 孔口排屑循环 G83

G83 X_ Y_ R_ Z_ Q_ F_

动作如图 3-7 所示。Q_是渐近量,即每次加工深度,无符号,如果指令负值,则负号无效。在第二次及以后切入执行时,在切入到 d 的位置,由快速进给转换成切削进给。G83 动作循环可以简单记为如渐进快退,主要用于卧式机床钻削深孔。

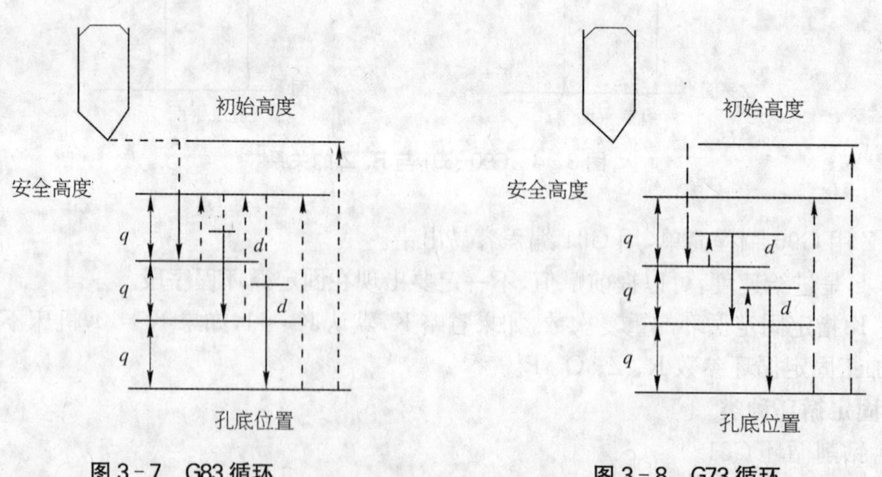

图 3-7 G83 循环

图 3-8 G73 循环

② 孔底断屑循环 G73

G73 X_ Y_ R_ Z_ Q_ F_;

动作如图 3-8 所示。实线箭头表示切削进给(工进),退刀量 d 同 G83,用参数设定一般为 0.5～1 mm，在钻深孔时，间歇进给退刀断屑。G73 动作循环可以简单记为孔底渐进退刀渐进快退，主要用于钻削深孔。

(4) 攻螺纹

① 攻右螺纹循环 G84

G84 X_ Y_ R_ Z_ P_ F_；

动作如图 3－9 所示。在孔底位置主轴自动反转，工出退刀到 R 平面主轴恢复正转或工出退刀至初始平面，动作循环可以简单记为工进反转工退。

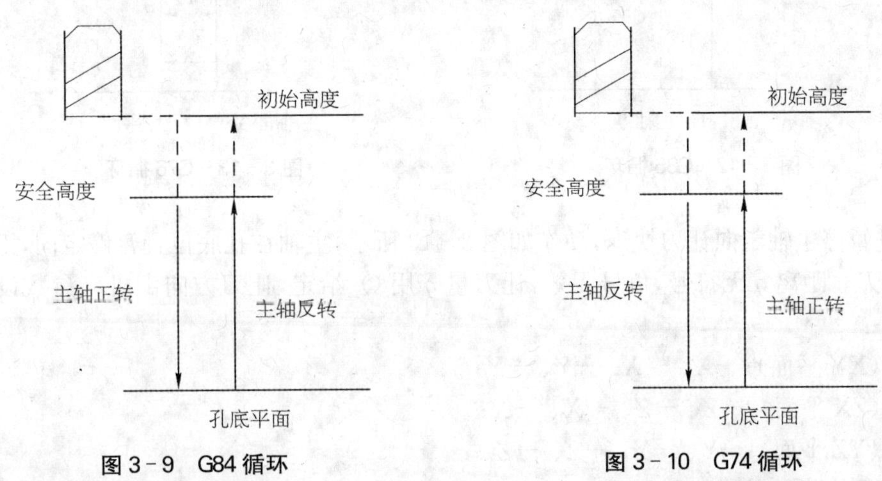

图 3－9 G84 循环　　图 3－10 G74 循环

② 攻左螺纹循环 G74

G74 X_ Y_ R_ Z_ P_ F_；

动作如图 3－10 所示。与 G84 的不同之处是孔底主轴为正转，动作循环可以简单记为工进正转工退。

在 G84、G74 作用时，进给倍率开关调整无效。进给速度和主轴转速必须同步，即进给速度 (F) = 主轴转速(S) × 螺距(P)，S 值最好是带零的数据，让计算得到的结果 F 为整数。浮动攻螺纹，进给暂停，P_ 最好不要赋值。

(5) 铰孔循环 G85

G85 X_ Y_ R_ Z_ F_；

工进工出，如图 3－11 所示。主要用于塑性材料铰孔。

(6) 精镗

① 孔底主轴停转精镗循环 G86

G86 X_ Y_ Z_ R_ F_；

G86 与 G81 类似，但进给到孔底后，主轴停转，快速返回到 R 平面后主轴再重新启动或快退至初始平面，动作如图 3－12 所示，简记为工进停转快退，主要用于无主轴定向功能的数控镗铣床的精镗加工。

② 孔底让刀精镗循环 G76

G76 X_ Y_ R_ Z_ Q_ P_ F_；

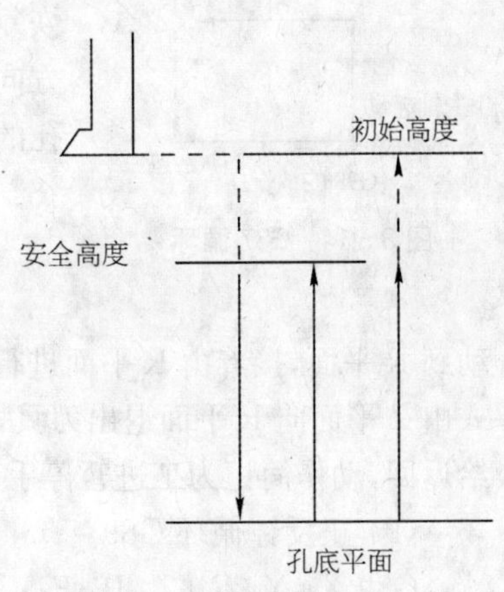

图 3－11 G85 循环

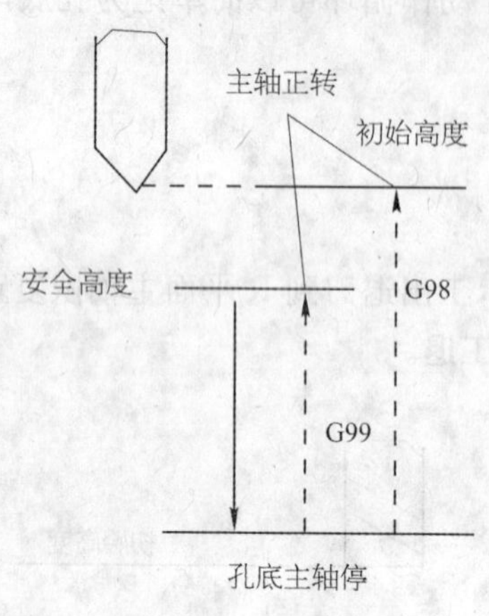

图 3-12 G86 循环

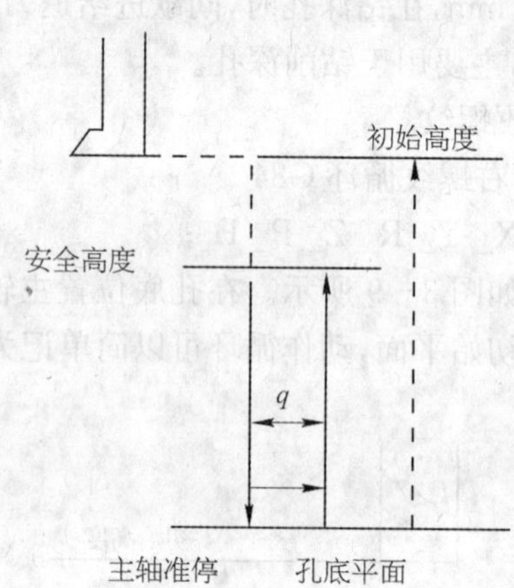

图 3-13 G76 循环

工进暂停主轴定向让刀快退，动作如图 3-13 所示，主轴在孔底位置暂停定向，刀具平移 q 距离让刀。距离 q 无符号，负号无效，让刀量 q 用 Q_给定，让刀方向由机床参数设定如下方向之一：

G17(XY 平面)；$+X$、$-X$、$+Y$、$-Y$；

G18(ZX 平面)；$+Z$、$-Z$、$+X$、$-X$；

G19(YZ 平面)；$+Y$、$-Y$、$+Z$、$-Z$。

让刀不会在工件表面上划痕，但主轴必须有定向准停功能，数控铣床一般没有，而加工中心有此功能。

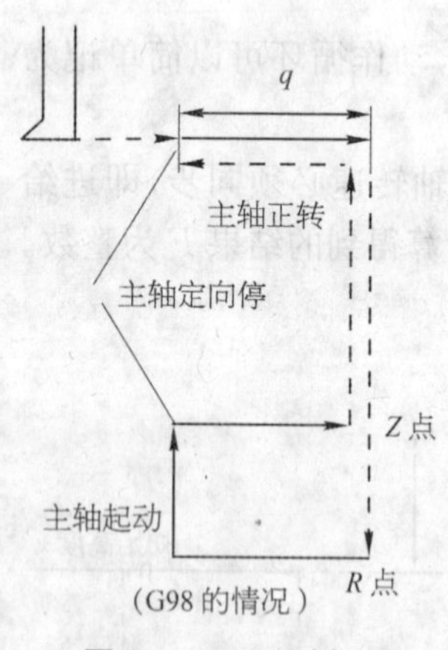

图 3-14 G87 循环

(7) 孔口让刀反镗循环 G87

G87 X_ Y_ R_ Z_ P_ F_；

G76 是孔底让刀，G87 是孔口让刀，动作如图 3-14 所示，简记为让刀快进工出让刀快退定位。刀具沿 X 及 Y 轴定位后，主轴定向让刀后，主轴让刀以快速进给速度在孔底位置定位(R 平面)，主轴正转。沿 Z 轴的正向到 Z 平面进行加工。在这个位置，主轴再度准停，刀具退出。刀具返回到起始平面(只能用 G98)后恢复定位、主轴旋转等，准备执行下一个程序段。该让刀量 q 及方向与 G76 相同。主轴必须有定向准停功能，主要用于口小肚大孔的加工。

(8) 手动返回镗孔循环 G88

G88 X_ Y_ R_ Z_ P_ F_；

动作如图 3-15 所示，G88 指令 X、Y 定位后，以快速进给移动到 R 平面，接着由 R 平面进行镗孔加工，达到深度要求后，进给暂停，主轴停止，以手动方式由 Z 平面向 R 平面退出刀具，主轴恢复运转。若由 R 平面向起始平面，主轴正转，快速进给返回，动作简记为工进暂停手动退回。

(9) 正反镗循环 G89

G89 X_ Y_ R_ Z_ P_ F_；

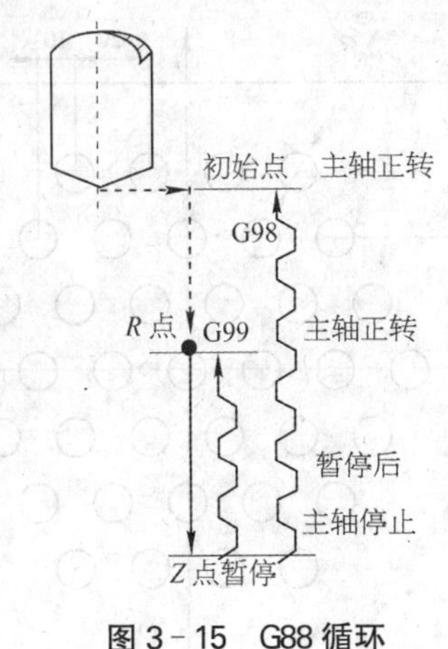

图 3－15　G88 循环

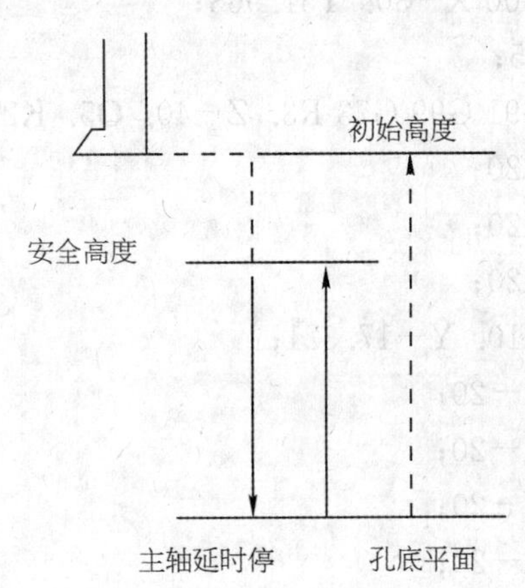

图 3－16　G89 循环

G89 与 G85 类似，从 Z 到 R 为切削进给，但在孔底时有暂停动作，动作如图 3－16 所示，简记为工进暂停工出。

4. 取消固定循环

G80 取消固定循环(G73、G74、G76、G81～G89)，孔加工信息全部取消，执行其他指令。

5. 固定循环注意事项

(1) 如果程序段包括 X、Y、Z、R 等信息，固定循环钻孔。如果程序段不包含 X、Y、Z、R 等信息，不执行钻孔。

(2) 在钻孔的固定循环程序段指定钻孔信息 Q、P。如果在不执行钻孔的程序段中指定这些信息，不保存为模态信息。

(3) 固定循环(G74、G84、G86)用主轴旋转控制功能时，如果孔位置(X、Y)间距很短或起始平面位置到 R 平面位置很近，主轴可能没有达到正常转速。这时必须在每个钻孔动作间插入一个暂停指令(G04)使时间延长，此时，不用 K 指定重复次数。

(4) 如果在同一固定循环程序段内指定 G00 至 G03 任一 G 指令时，将取消固定循环。

(5) 在固定循环中，刀具半径补偿无效，刀具长度补偿(G43、G44、G49)在 R 平面时生效。常在固定循环之前进行刀具长度补偿，以给定初始平面，程序可读性也好。

二、相关实践

1. 零件加工工艺分析

将图 3－17 所示工件用平口虎钳夹紧，并固定在工作台上，刀具加工起点位置可选为工件中心，选用 ϕ10 mm 麻花钻头进行通孔加工。

切削用量：主轴转速 600 r/min，进给速度 60 mm/min。

2. 程序编制

参考程序如下所示：

```
O0090;
N01 G54 G90 G00 X0. Y0. Z100;
N02 M03 S600;
```

```
N03 G00 X-30. Y51.963;
N04 Z5;
N05 G91 G99 G73 R3. Z-40. Q5. K2 F60;
N06 X20;
N07 X20;
N08 X20;
N09 X10. Y-17.321;
N10 X-20;
N11 X-20;
N12 X-20;
N13 X-20;
N14 X-10. Y-17.321;
N15 X20;
N16 X20;
N17 X20;
N18 X20;
N19 X20;
N20 X10. Y-17.321;
N21 X-20;
N22 X-20;
N23 X-20;
N24 X-20;
N25 X-20;
N26 X-20;
N27 X10. Y-17.321;
N28 X20;
N29 X20;
N30 X20;
N31 X20;
N32 X20;
N33 X-10. Y-17.321;
N34 X-20;
N35 X-20;
N36 X-20;
N37 X-20;
N38 X10. Y-17.321;
N39 X20;
N40 X20;
N41 X20;
```

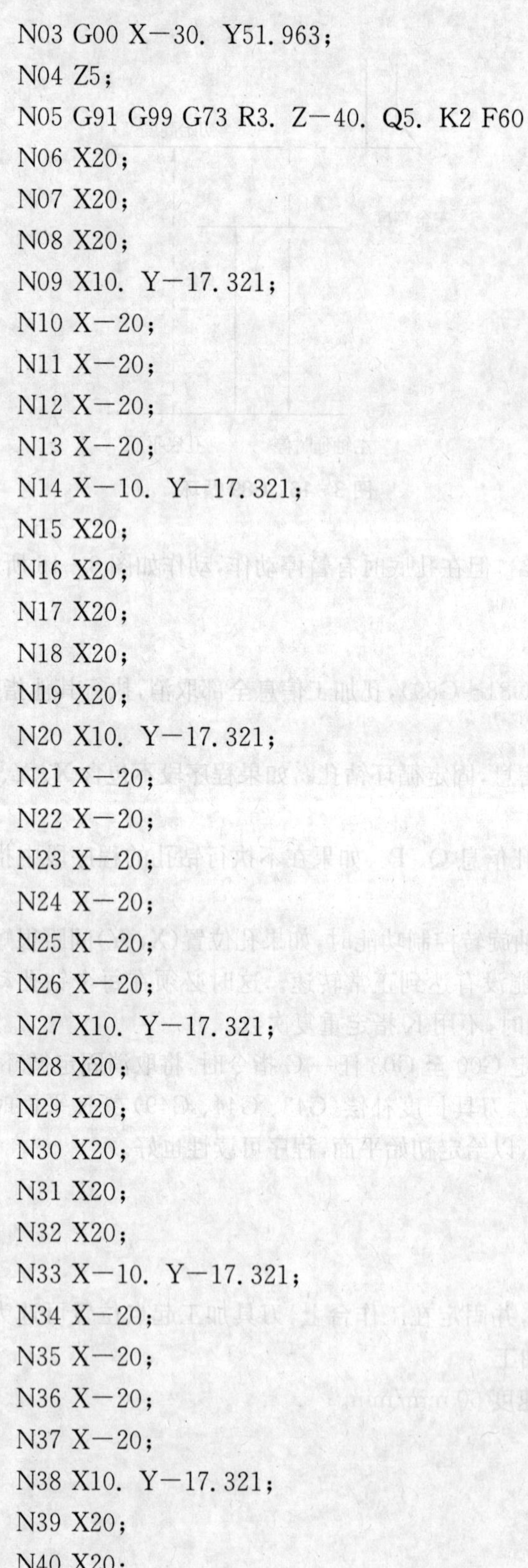

图 3-17 零件图

N42 G80；

N43 G90 G00 Z100；

N44 X0. Y0. M05；

N45 M30；

3. 仿真加工

选取直径为 10 mm 的钻头；选择高为 30 mm，长、宽均为 150 mm 的毛坯；采用 G54 定位坐标系。

加工步骤如下：选择系统；机床回零；安装工件建立工件坐标系；导入数控程序；检查运行轨迹；安装刀具；自动加工。

下面以“数控仿真系统(FANUC 0iM)”为例介绍具体操作过程。

1) 选择系统　如图 3－18 所示，点击“FANUC 0iM”，单击“运行”按钮，此时确定 FANUC 系统的立式铣床为加工设备，界面如图 3－19 所示。

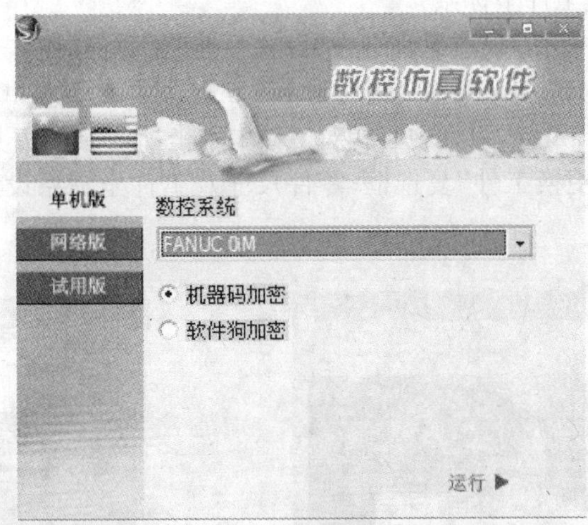

图 3－18　选择系统

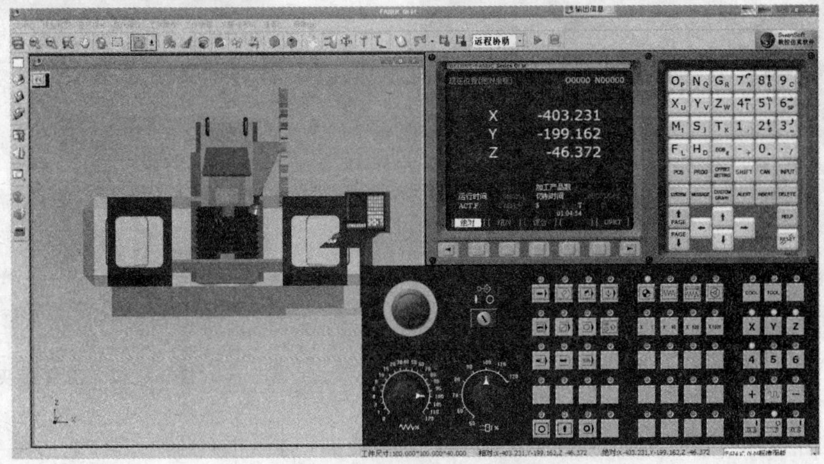

图 3－19　机床系统主界面

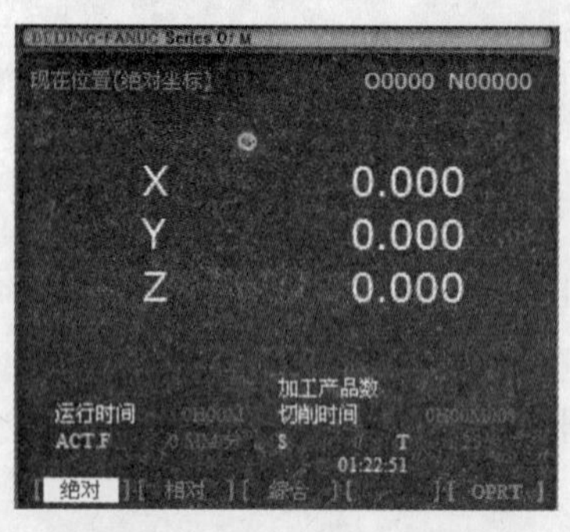

图 3-20 返回原点坐标

2) 机床回零

(1) 检查急停按钮是否为松开状态。若未松开，单击急停按钮，将其松开。

(2) 检查操作面板，回原点按钮上面指示灯是否亮。若指示灯亮，则进入回原点模式；若指示灯不亮，则单击按钮，进入回原点模式。

(3) 在回原点模式下，将 X 轴回原点。单击面板上的 X 按钮，再单击 + 按钮，此时完成 X 方向回原点操作，同时 X 轴回原点灯变亮，CRT 上的 X 坐标变为“0.000”。同样，完成 Y、Z 坐标的回原点操作。此时 CRT 显示屏显示如图 3-20 所示。

3) 安装零件及建立工件坐标系

(1) 点击菜单“工件操作/设置毛坯”，在“设置毛坯”对话框(图 3-21)中，将工件形状设置为“长方体”，尺寸设为高 30 mm、长、宽均为 150 mm，材料为默认“08F 低碳钢”；工件坐标系采用“G54”寄存器进行设置，刀具中心相对工件中心坐标均为 0，刀具高度设置为 120 mm；勾上“更换加工原点”、“更换工件”复选框；零件尺寸及工件坐标系设置完成后，单击“确定”按钮。

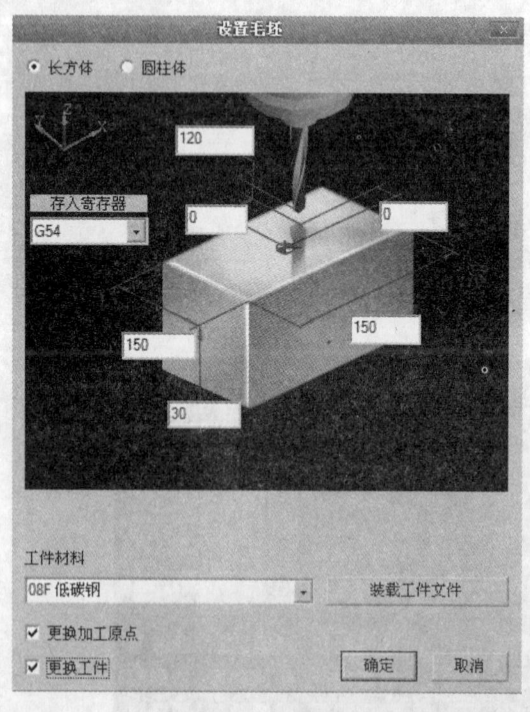

图 3-21 设置毛坯

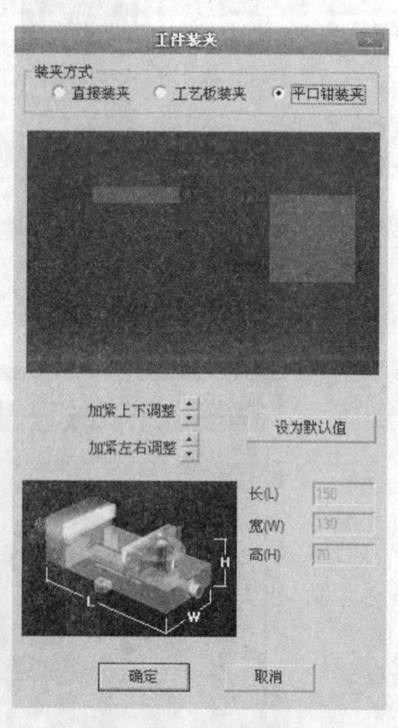

图 3-22 工件装夹

(2) 点击菜单“工件操作/工件装夹”，在“工件装夹”对话框(图 3-22)中，“装夹方式”选择“平口钳装夹”，夹具尺寸采用默认值，单击“确定”按钮。

(3) 点击菜单“工件操作/工件放置”，在“工件放置”对话框(图 3-23)中，根据需要调整 X、Y 坐标及工件放置角度，这里不作任何调整，单击“确定”按钮退出。

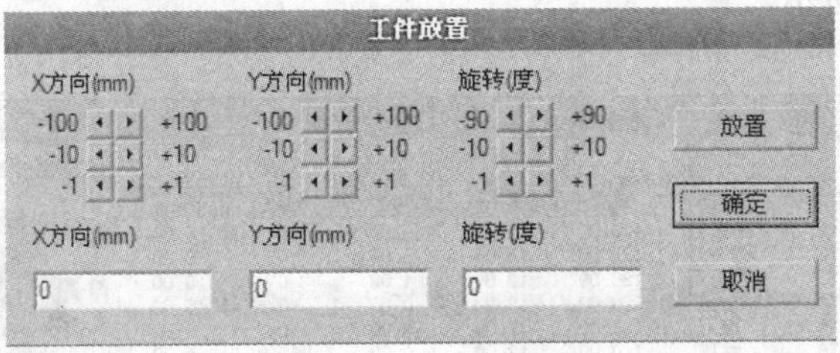

图 3-23　工件放置

4) 导入 NC 程序　单击机床操作面板上的编辑按钮，编辑状态灯亮，进入编辑状态；点击键盘操作面板上的 PROG 键，CRT 界面转为编辑页面；再按[操作]软键，在出现的下级菜单中按 ► 软键，在出现的下级菜单中按软键[F 检索]，弹出“打开”程序对话框，选择 NC 程序，单击“打开”确认，如图 3-24 所示；在同级菜单中，按下[READ]，点击键盘操作面板输入“O0090”，按下[EXEC]，NC 程序显示在 CRT 上，如图 3-25 所示。

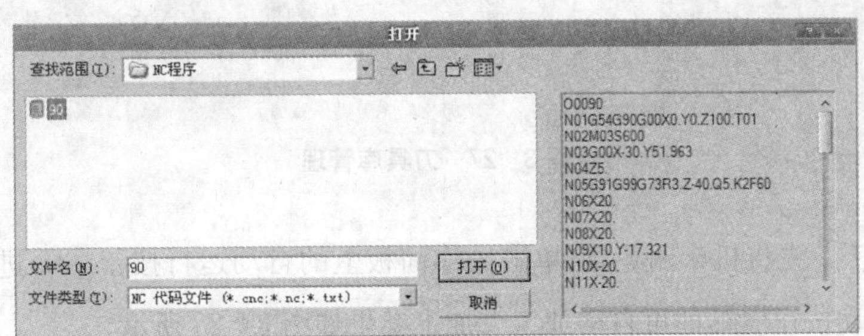

图 3-24　打开程序

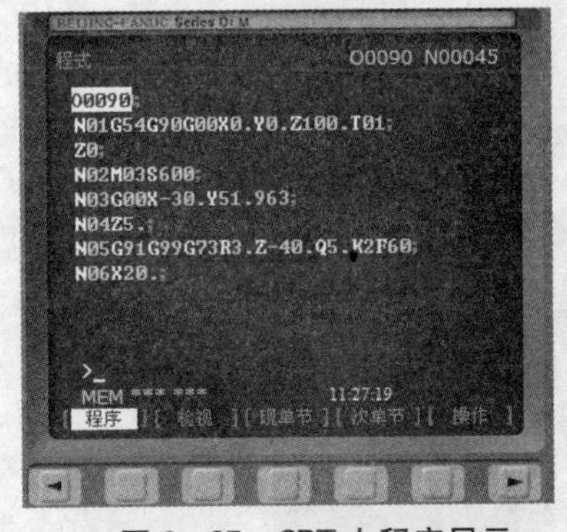

图 3-25　CRT 上程序显示

图 3-26　刀具轨迹

5) 检查运行轨迹　单击操作面板上的自动运行按钮，进入自动加工模式；按照步骤 4)选取 NC 程序后，单击 CUSTOM GRAPH 按钮，进入检查运行轨迹模式；此时单击机床操作面板上的循环启动按钮，即可观察数控程序的运行轨迹，如图 3-26 所示。

6）安装刀具　点击菜单“机床操作/刀具管理”，在“刀具库管理”对话框中，根据加工要求选择直径为 10 mm 的钻头，点击“添加到刀库”，选择“1 号刀位”后，单击“确定”退出“刀具库管理”，如图 3－27 所示。

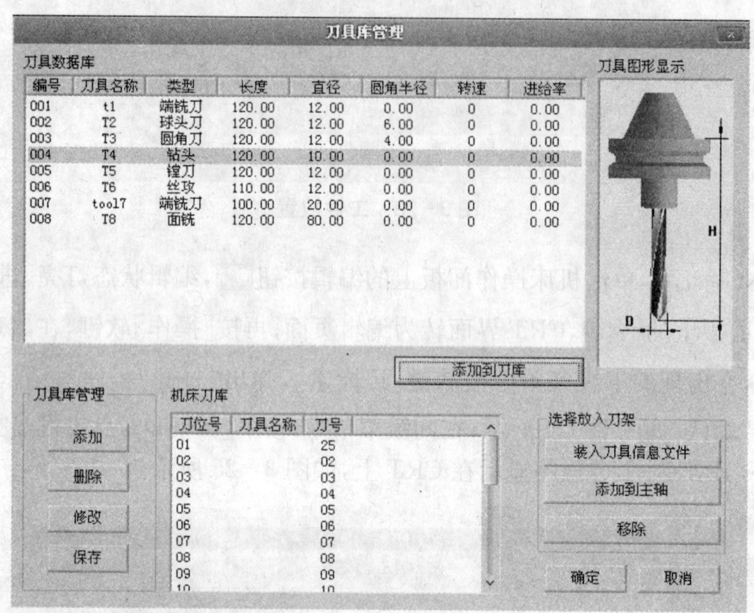

图 3－27　刀具库管理

7）自动加工　先将机床回零点；单击操作面板上的自动运行按钮，进入自动加工模式，单击循环启动按钮，即可自动加工。加工结果如图 3－28 所示。

图 3－28　加工结果

思考与练习

1. 运用现有仿真软件,仿真模拟加工如图 3-29 所示零件的 15 个通孔,零件毛坯厚度 25 mm。要求:

(1) 图纸工艺分析;

(2) 确定装夹方案;

(3) 确定加工顺序及加工路线;

(4) 选择切削刀具;

(5) 选择切削用量;

(6) 编写加工程序;

(7) 使用数控仿真软件模拟加工工件。

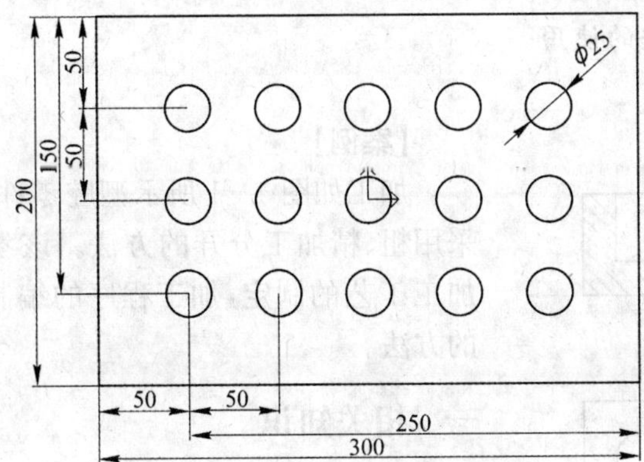

图 3-29 思考与练习第 1 题图

2. 运用现有仿真软件,仿真模拟加工如图 3-30 所示零件。要求同题 1。

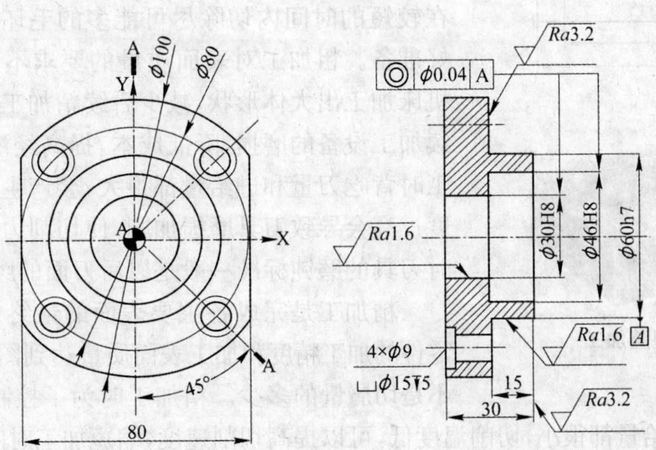

图 3-30 思考与练习第 2 题图

项目四 型腔零件的加工

【学习目标】

1. 了解粗精加工的区别。
2. 熟悉子程序的格式、作用与调用。
3. 数控仿真软件的使用。

【案例】

加工如图 4－1 所示型腔零件，型腔零件的加工一般采用粗、精加工分开的方法。该零件的加工难点主要是加工工艺的制定，加工程序的编制可以采用子程序调用的方法。

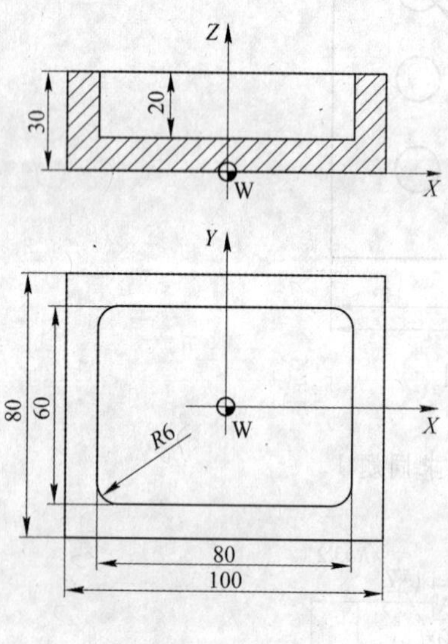

图 4－1 型腔加工

一、相关知识

（一）粗加工与精加工

粗加工是以快速切除毛坯余量为目的，在保证精度的条件下选用大的进给量和尽可能大的切削深度，以便在较短的时间内切除尽可能多的毛坯余量，为精加工做好准备。粗加工对表面质量的要求不高，可使用低精度机床加工出大体形状，减少后续精加工的加工量，降低后续加工设备的磨损，降低成本，提高经济效益。由于粗加工时背吃刀量和进给量都很大，会产生大量的切削热，温度过高会导致刀具磨损加剧，使切削力明显增大，粗加工时刀具的磨钝标准一般是以后刀面的磨损量为标准。

精加工是完成各主要表面的最终加工，其目的是使零件的加工精度和加工表面质量达到图样的规定要求，而不是切屑量的多少。精加工时为了控制精度与表面粗糙度，背吃刀量和进给量都很小，切削温度低，可以提高切削速度，缩短加工时间，躲避鳞刺、积屑瘤的产生，从而提高加工精度和减小表面粗糙度。精加工所用刀具的副切削刃经常会有专门的形状，比如修光刃，根据所使用的机床、切削方式、工件材料以及所采用的刀具，精加工的加工精度可控制在 10～0.1 μm，表面粗糙度 *Ra* 值可达到 0.4～0.8 μm 的水平，在极好的条件下甚至可以达到 *Ra*0.3 μm，如采用金刚车、金刚镗、研磨、珩磨、砂带磨削、镜面磨削等加工方法。在精加工时刀具后刀面的磨损量不再是主要标准，它将让位于工件的表面质量。

（二）粗加工与精加工的划分与工艺编排

零件制造的一般工艺过程为：下料→锻造→粗加工→热处理→精加工，其中热处理通常是必须的过程。锻造后通常还要有一个预备热处理，以消除锻造残留应力，改善加工性能，为粗加工作好准备。冷加工后的材料组织会有应力或其他缺陷，可通过热处理可以将其消除，以保证材料性能。热处理过程是一个加热冷却的过程，存在热胀冷缩现象，工件可能会发生变形、表面生成氧化皮等现象，如粗加工后10 mm直径的45钢圆棒，热处理完了可能变成10.05 mm，具体变大还是变小要看热处理的具体方法。

在进行工艺编排时，综合考虑由于装夹、热处理等因素引起的内部应力变化，外部变形，将工件的加工分为粗精加工两个阶段进行，为保证几何公差和尺寸要求，粗加工以后安排调质等热处理，之后再进行精加工，消除热处理时产生的变形，得到合格的零件。

对于复杂的曲面加工，可以把加工阶段进一步划分成半精加工和精加工阶段，也常常只划分成一个精加工阶段。在精加工阶段主要任务是满足加工精度、表面粗糙度要求，而加工余量是非常小的。如果是曲面铣削，一般选取球头铣刀，除了刀具角度外，主要刀具参数就是球头直径参数。

（三）型腔加工

型腔是指以封闭曲线为边界的平底或曲底凹坑。加工平底型腔时应一律用平底铣刀，且刀具边缘部分的圆角半径应符合型腔的图样要求。二维型腔是指以平面封闭轮廓为边界的平底直壁凹坑。二维型腔加工的一般过程是：沿轮廓边界留出精加工余量，先用平底端铣刀用环切或行切法走刀，铣去型腔的多余材料，最后沿型腔底面和轮廓走刀，精铣型腔底面和边界外形。

型腔的切削分两步：第一步切内腔，第二步切轮廓。切轮廓通常又分为粗加工和精加工两步。粗加工的进给路线如图4-2中的细线刀轴线移动轨迹所示，是从型腔轮廓线向里偏置铣刀半径R并且留出粗加工余量y。

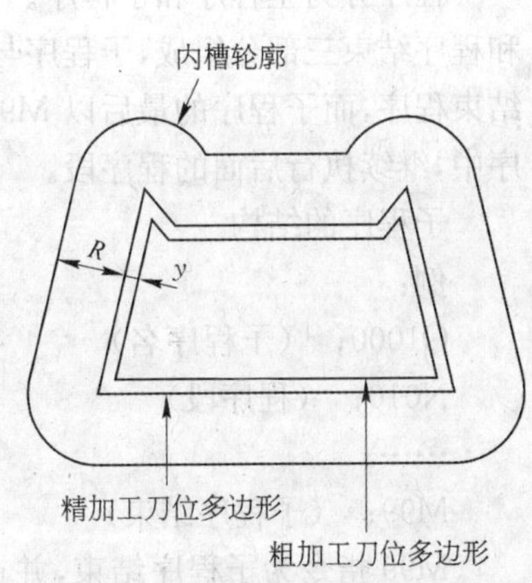

图4-2　型腔轮廓的进给路线图

由此得出的粗加工刀位多边形是计算内腔区域加工进给路线的依据。型腔零件切削有两种方式，一种是环切方式，另一种是行切方式。型腔的环切方式与平面轮廓的环切方式相似，刀具基本上是在与工件轮廓等距离的环上运动，逐步切近工件，最后一环是沿工件轮廓向左或右偏离一个刀具半径的曲线。行切方式刀具可以按S形或Z形方式走刀，如果型腔较深，则要分层进行粗加工，这时还需要定义每一层粗加工的深度以及型腔的实际深度，以便计算需要分多少层进行粗加工。

在切削内腔区域时，环切和行切在生产中都有应用。两种进给路线的共同点是都要切净内腔区域的全部面积，不留死角，不伤轮廓，同时尽量减少重复进给的搭接量。图4-3a、b所示分别为用行切法加工和环切法加工凹槽的进给路线；图(c)所示为先用行切法，最后环切一刀光整轮廓表面。三种方案中，图(a)方案最差，图(c)方案最好。环切法的刀位点计算稍

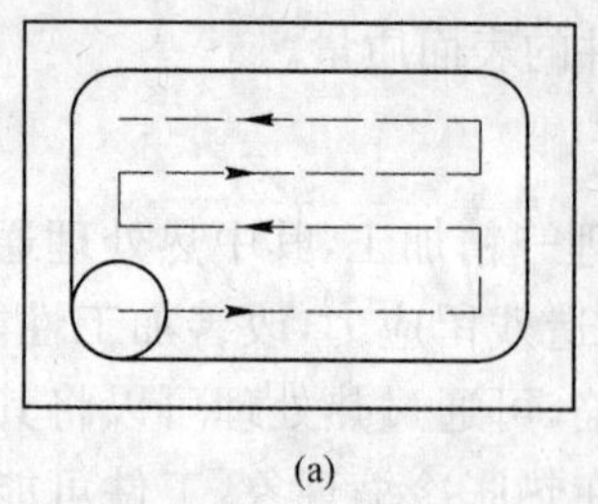
(a)
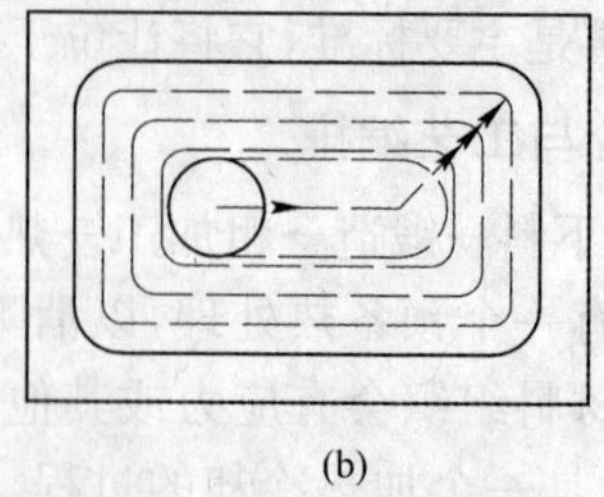
(b)
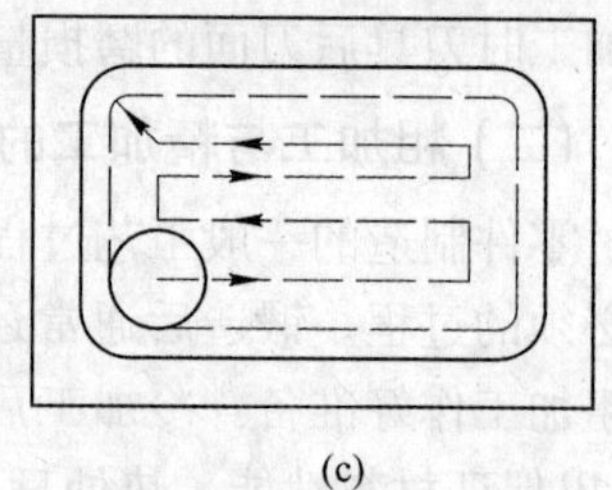
(c)

图 4-3 凹槽加工进给路线

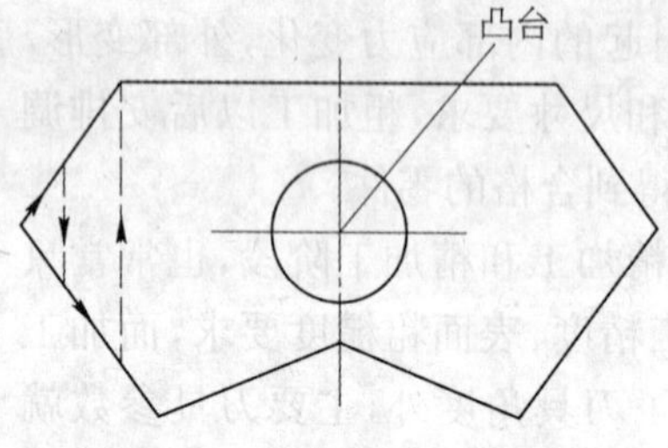

图 4-4 型腔加工进给路线

复杂,需要一次一次向里收缩轮廓线,特别是当型腔中带有局部岛屿时,如图 4-4 所示,通用的环切加工算法的设计比较复杂。而在行切法中,只要增加辅助边界,例如,用图 4-4 中的点画线将一个镜面对称的型腔分割成两个,就可以应用原来的算法处理。行切从型腔的一侧开始,采用往复进给即交替变换进给方向。

从进给路线的长短比较,行切法策略优于环切法。但在加工小面积型腔时,环切的程序量要比行切小。此外,在铣削加工零件轮廓时,要考虑尽量采用顺铣加工方式,这样可以提高零件表面质量和加工精度,减少机床的"振颤"。要选择合理的进刀、退刀位置,尽量避免沿零件轮廓法向切入和进给中途停顿。进、退刀位置应选在不太重要的位置。

(四) 子程序及其应用

1. 子程序的概念

程序分为主程序和子程序。子程序的结构与主程序基本相同,也是由程序名、程序内容和程序结束三部分组成,子程序与主程序唯一的区别是结束指令不同,主程序用 M30 或 M02 结束程序,而子程序的最后以 M99 指令结束,子程序执行完成后会返回到调用子程序的主程序中,继续执行后面的程序段。

子程序的结构

例:

O1000; (子程序名)

N010; (程序段)

……;

M99; (子程序结束)

M99 指令为子程序结束,并返回主程序在开始调用于程序的程序段"M98 P_"的下一程序段,继续执行主程序。M99 不作为独立的程序段指令,而与其他的指令在同一程序段中出现,例如 X100.0 Y100.0 M99。

当程序段中有调用子程序的指令时,数控机床就按子程序进行工作。当遇到子程序返回到主程序的指令时,机床才返回主程序,继续按主程序的指令进行工作。子程序的调用与返回如图 4-5 所示。

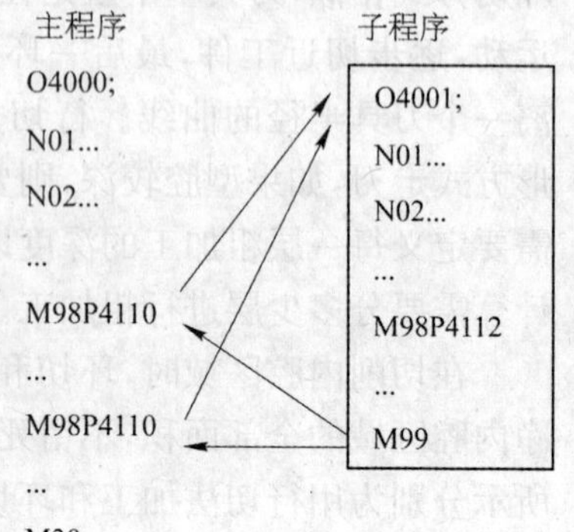

图 4-5 子程序调用

2. 子程序的应用

(1) 某些被加工的工件中，工件上有若干处具有相同的轮廓形状，与其对应的加工程序的若干位置上，会有一连串完全相同或相似的重复内容，在这种情况下，把这些有固定顺序和重复出现的程序单独抽取出来，只编写一个轮廓形状的程序，并存储到程序存储区中，这种程序就是一种子程序。主程序在执行过程中如果需要某一子程序，可以通过一定格式的子程序调用指令来调用该子程序，利用子程序可在工件上不同的部位实现相同的加工，或在同一部位实现重复加工，这样可以大大简化编程。

(2) 加工中反复出现具有相同轨迹的走刀路线。被加工的零件从外形看并无相同的轮廓，但需要刀具在某一区域分层或分行反复走刀，走刀轨迹总是出现某一特定的形状，采用子程序就比较方便，此时通常以增量方式编程。

(3) 在加工中心上对工件进行加工时，通常包含有许多独立的工序，会用到多把刀具，为了优化加工顺序，编程时可按工艺规程先将每把刀具的加工轨迹编写为一个独立的子程序，调试正确后分别进行存储，此时每个程序中的内容都具有相对的独立性。最后编写一个主程序按工艺先后顺序来调用这些子程序，主程序只有换刀和调用子程序的命令，这样做易于实现程序的优化，大大简化程序的编制与调试工作。

3. 子程序的嵌套

子程序作为单独的程序存储在系统中，子程序可以被任何主程序调用，为了进一步简化程序，可以让子程序再去调用另一个子程序，这种编程方式称为子程序的嵌套。在编程中使用较多的是二级嵌套，嵌套深度为二级，其程序执行情况如图 4-6 所示。不同的数控系统所规定的嵌套次数是不同的。一般情况下，在 FANUC 0iM 系统中，子程序可以嵌套四级。

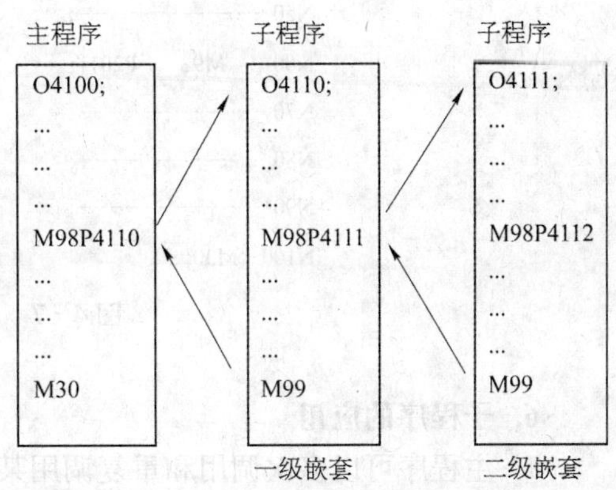

图 4-6　二级程序嵌套

4. 子程序调用

子程序的调用指令的具体格式各系统有别。在 FANUC 0iM 系统中，子程序的调用可通过辅助功能代码 M98 指令进行，且在调用格式中将子程序的程序号地址改为 P，其常用的子程序调用格式有两种：

格式一：M98 P×××× L××××；

其中，M98 为调用子程序指令字。地址 P 后面的四位数字为子程序号。地址 L 后面的数字为重复调用的次数，系统允许重复调用次数为 9999 次。子程序号及调用次数前的 O 可省略不写。如果只调用子程序一次，则地址 L 及其后的数字可省略不写。

如：M98 P200 L3；

如：M98 P100；

M98 P200 L3 表示调用子程序 O200 有 3 次，而 M98 P100 表示调用子程序 O100 一次。

格式二：M98 P××××××××；

地址 P 后面的八位数字中，前四位表示调用次数，后四位表示子程序序号，采用此种调用格式时，调用次数前的 O 可以省略不写，但子程序号前的 O 不可省略。

如：M98 P50010；

如：M98 P510；

其中，M98 P50010 表示调用子程序 O0010 共 5 次，而 M98 P510 则表示调用子程序 O510 一次。

5. 子程序的执行

子程序的执行过程如图 4-7 所示，主程序执行到 N30 时，转去执行 O2011 的子程序，重复执行两次子程序后返回主程序继续执行主程序 N40 和 N50 程序段，在执行到 N60 时又转去执行 O2011 的子程序一次后，又返回主程序继续执行主程序 N70 及以后的各程序段，直到主程序结束。

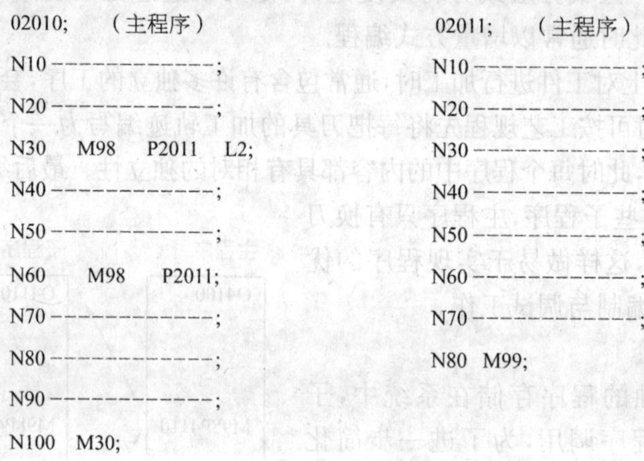

图 4-7 子程序的执行过程

6. 子程序的应用

1）主程序可以多次调用和重复调用某一子程序，重复调用时用 L 及后面的数字指示调用次数，子程序调用指令可以与移动指令放在一个程序段中。

2）在一次装夹中若要完成多个相同轮廓形状工件的加工，则编程时只编写一个轮廓形状加工程序，然后用主程序来调用子程序。

3）实现零件的分层切削。有时零件在某个方向上的总切削深度比较大，要进行分层切削，则编写该轮廓加工的刀具轨迹子程序后，通过调用该子程序来实现分层切削。

7. 使用子程序功能指令的注意事项

(1) 注意主、子程序间的模式代码的变换。在子程序的起始行用了 G91 模式，可以避免重复执行子程序过程中刀具在同一深度进行加工，但需要注意及时进行 G90 与 G91 模式的变换，如图 4-8 所示。

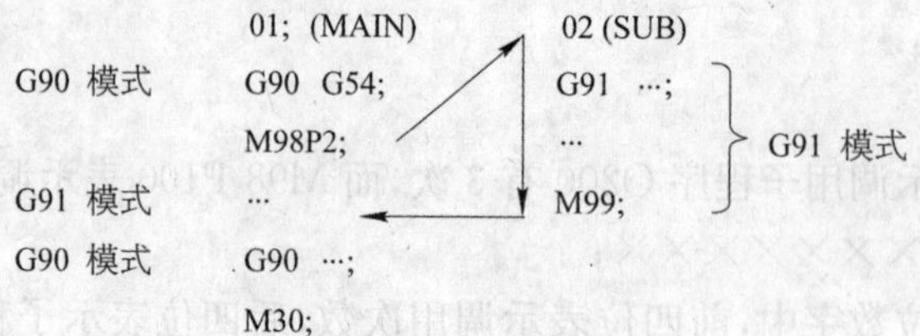

图 4-8 程序中 G90 与 G91 模式的变换

(2) 在刀具半径补偿模式中避免主程序向子程序传递刀具半径补偿功能参数。

```
O1;(MAIN)      O2;(SUB)
G91…;          ……;
G41…;          M99;
M98 P2;
G40…;
M30;
```

在本程序中,在编程过程中应尽量避免刀具半径补偿参数在主程序及子程序中被传递执行。在有些系统中如出现此种刀具半径补偿参数被传递执行的程序,在程序执行过程中可能出现系统报警。正确的书写格式如下:

```
O1;(MAIN)      O2;(SUB)
G91…;          G41…;
……;            ……;
M98 P2;        G40…;
M30;           M99;
```

(3) 在主程序中,如果执行 M99 指令,程序执行指针会跳回主程序开头的第一程序段继续执行此程序,所以此程序将一直重复执行,除非按下 RESET 键才能中断执行。如图 4-9 所示,当 M99 指令单段插入到主程序适当位置时,选择性单段跳跃在 OFF,会执行 M99,控制回到主程序的开头. 再度执行主程序。如果选择性单段跳跃在 ON,"/M99′'被省略,控制进入下一个单段。如果插入"/M99Pn;"控制不回到主程序的开头,而是回到序号"n"指定的单段,回到序号"n"指定单段的处理时间较回到程序的开头长。

如果在主程序中仅仅使用"M99Pn;",程序将会出现死循环,为了避免此种情况的发生,一般使用"/M99Pn;",并配合机床操作面板上的"选择性单段跳跃"。

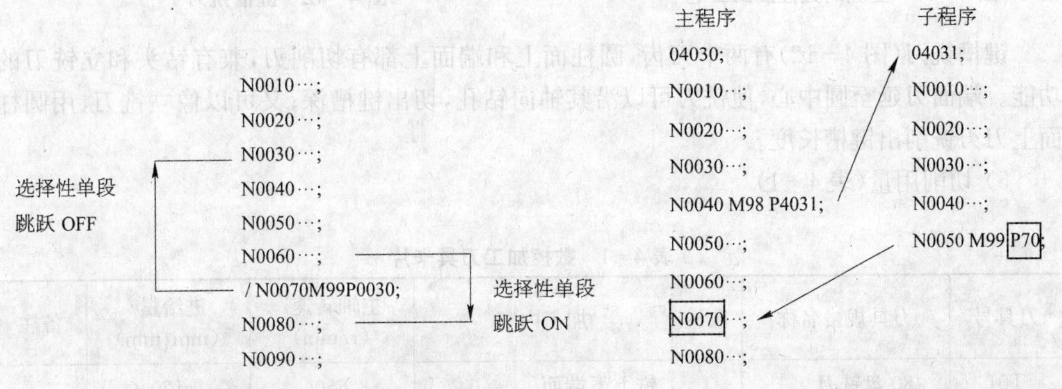

图 4-9　选择性单段跳跃在程序中的应用

图 4-10　子程序返回到指定单段

(4) 在子程序的最后一个单段用 P 指定序号(图 4-10),子程序不回到主程序中呼叫子程序的下一个单段,而是回到 P 指定的序号。返回到指定单段的处理时间通常比回到主程序的时间长。

二、相关实践

1. 根据图样要求确定加工工艺

1）毛坯材料　材料为45钢，规格为100 mm×80 mm×32 mm。

2）加工设备　FANUC 0iM数控系统的立式加工中心。

3）加工方式与加工路线的确定　采用立铣，粗加工分四层切削加工，底面和侧面各留0.5 mm的精加工余量，粗加工从中心工艺孔垂直进刀，向周边扩展，如图4-11所示。

4）加工刀具的确定　根据零件的形状和加工的要求，加工上下表面时选择$\phi 80$盘铣刀为T1号刀，在腔槽中心钻削$\phi 20$ mm工艺孔时选择$\phi 20$的钻头为T2号刀。粗加工时选择$\phi 20$ mm的立铣刀为T3号刀，精加工时选择$\phi 10$ mm的键槽铣刀为T4号刀。

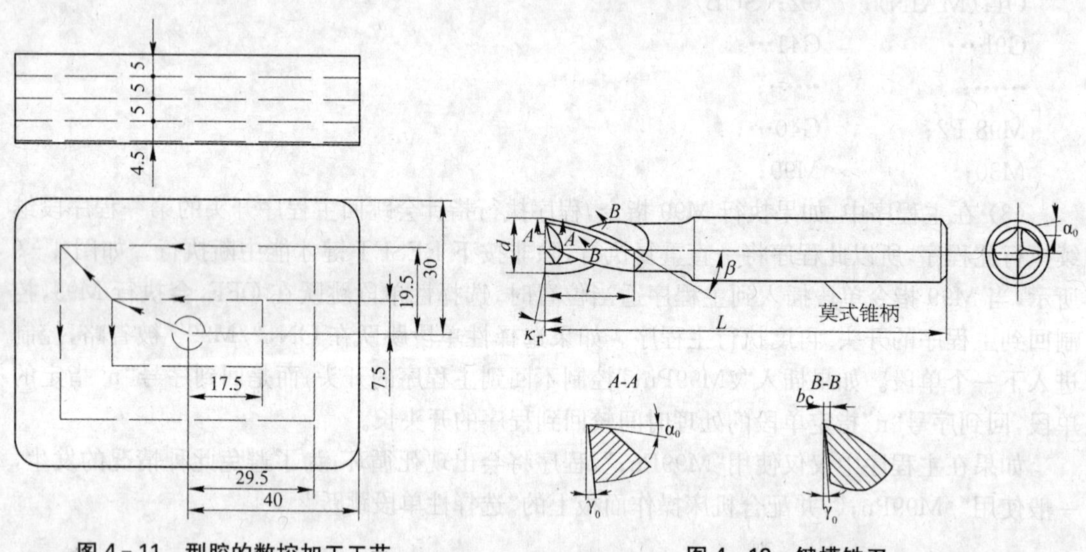

图4-11　型腔的数控加工工艺　　图4-12　键槽铣刀

键槽铣刀（图4-12）有两个刀齿，圆柱面上和端面上都有切削刃，兼有钻头和立铣刀的功能。端面刃延至圆中心，使铣刀可以沿其轴向钻孔，切出键槽深；又可以像立铣刀，用圆柱面上刀刃铣削出键槽长度。

5）切削用量（表4-1）

表4-1　数控加工刀具卡片

刀具号	刀具规格名称	数量	加工内容	主轴转速/(r/min)	进给量/(mm/min)	备注
T01	$\phi 80$盘铣刀	1	铣上下端面	650	120	
T02	$\phi 20$钻头	1	钻削$\phi 20$ mm工艺孔	300	20	
T03	$\phi 20$立铣刀	1	粗铣型腔	275	20	
T04	$\phi 10$键槽铣刀	1	精铣型腔侧壁与底面	500	100	

6）夹具选用与调整　选用平虎钳装夹零件。在铣削型腔沟槽等工件时，则要求有较高

的平行度或垂直度，校正方法如下：

(1) 利用百分表或划针来校正。用百分表校正的步骤是：先把带有百分表的弯杆用固定环压紧在刀轴上，或者用磁性表座将百分表吸附在悬梁（横梁）导轨或垂直导轨上，并使虎钳的固定钳口接触百分表测量头（简称测头或触头）；然后利用手动移动纵向或横向工作台，并调整虎钳位置使百分表上指针的摆差在允许范围内（图 4－13a）。对钳口方向的准确度要求不很高时，也可用划针或大头针来代替百分表校正。

(2) 利用定位键安装机用虎钳。在机用虎钳的底面上一般都做有键槽。有的只在一个方向上做有分成两段的键槽，键槽的两端可装上两个键。有的虎钳底面有两条互相垂直的键槽，也都非常准确，如图 4－13b 所示。

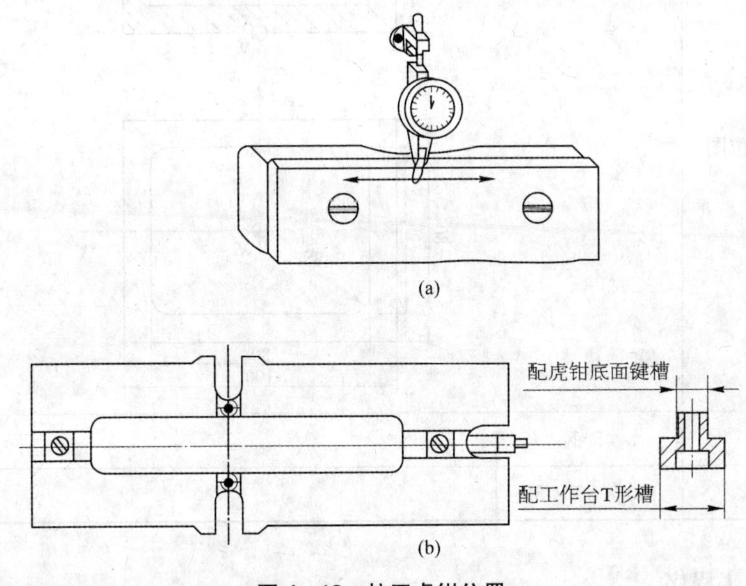

图 4－13　校正虎钳位置

在安装时，若要求钳口与工作台纵向垂直，只要把键装在与钳口垂直的键槽内，再使键嵌入工作台的槽中，不需再作任何校正。若要求钳口与工作台纵向平行，则只要把两个键装在与钳口平行的键槽内，再装到工作台上就可以了。键的结构如图 4－13b 右图所示。

2. 填写工序卡片（表 4－2）

表 4－2　数控加工工序

零件名称			数量	1	年月
工序	名称	工艺要求		工作者	日期
1	下料	100 mm × 80 mm × 32 mm 方料一块（45 钢）			
2	加工中心	工步	工步内容	刀具号	
		1	铣上平面（MDI 或手动方式）	T01	
		2	铣下平面至尺寸 30 mm（MDI 或手动方式）	T01	
		3	钻削 ϕ20 mm 工艺孔（MDI 或手动方式）	T02	

（续表）

零件名称		数量		1		年月
工序	名称	工艺要求			工作者	日期
2	加工中心	4	粗铣型腔		T03	
		5	精铣型腔侧壁与底面		T04	
3	检验					
4	定位图	Z 30 20 W X Y 80 60 W X R6 80 100				
材料		45 钢				
规格/mm		100×80×32				

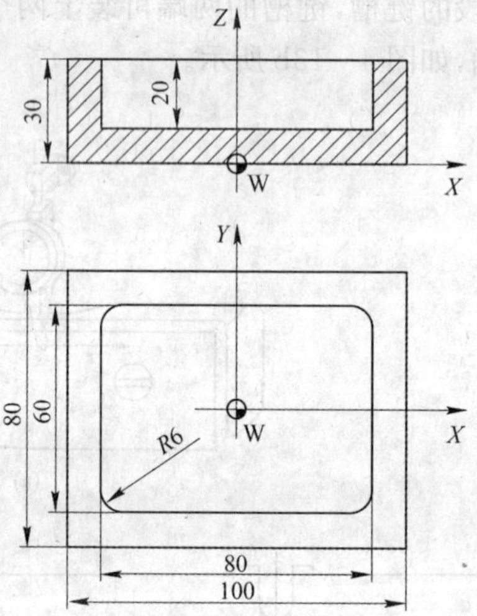

3. 编写加工程序

根据零件图，确定加工坐标原点，设置程序原点为工件下表面的中心，程序如下：

```
O4000;                    （主程序）
N10 G17 G21 G40 G49 G54 G80 G90 G98;
N20 T03 M06;
N30 G43 H03;
N40 M03 S275;
N50 G00 X0.0 Y0.0;
N60 Z40.0;
N70 M07;
N80 G01 Z25.0 F20;
N90 M98 P4001;
N100 Z20.0 F20;
N110 M98 P4001;
N120 Z15.0 F20;
N130 M98 P4001;
```

```
N140 Z10.5 F20;
N150 M98 P4001;
N160 G00 Z140.0;
N170 G49 Z200.0;
N180 M09;
N190 G28 G91 Z0.0;
N200 T04 M06;
N210 G43 H04;
N220 M03 S500;
N230 G90 G00 Z40.0;
N240 M08;
N250 G01 Z10.0 F20;
N260 X-11.0 Y1.0 F100;
N270 Y-1.0;
N280 X11.0;
N290 Y1.0;
N300 X-11.0;
N310 X-19.0 Y9.0;
N320 Y-9.0;
N330 X19.0;
N340 Y9.0;
N350 X-19.0;
N360 X-27.0 Y17.0;
N370 Y-17.0;
N380 X27.0;
N390 Y17.0;
N400 X-27.0;
N410 G41 X-34.0 Y30.0 D04;
N420 G03 X-40.0 Y24.0 R6;
N430 G01 Y-24.0;
N440 G03 X-34.0 Y-30.0 R6;
N450 G01 X34.0;
N460 G03 X40.0 Y-24.0 R6;
N470 G01 Y24.0;
N480 G03 X34.0 Y30.0 R6;
N490 G01 X-34.0;
N500 G00 G40 X0.0 Y0.0;
N510 G00 Z140.0;
N520 G49 Z200.0;
```

```
N530 M09;
N540 G28 G91 Z0;
N550 M05;
N560 M30;
```

O4001; (子程序)

```
N10 X-17.5 Y7.5 F60;
N20 Y-7.5;
N30 X17.5;
N40 Y7.5;
N50 X-17.5;
N60 X-29.5 Y19.5;
N70 Y-19.5;
N80 X29.5;
N90 Y19.5;
N100 X-29.5;
N110 X0 Y0;
N120 M99;
```

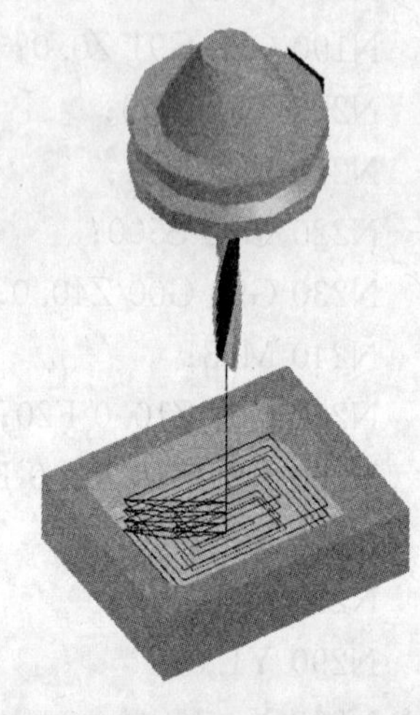

图 4-14 仿真加工结果与加工路线

仿真加工结果与加工路线如图 4-14 所示。

4. 任务控制-零件检查

1）用游标卡尺检测型腔的长度尺寸 80 mm 及宽度尺寸60 mm。

2）用壁厚千分尺或杠杆百分表检测型腔底面与定位面的平行度误差。

3）型腔底到定位面的距离为 10 mm，可用游标卡尺或壁厚千分尺检测。

4）型腔深度尺寸 20 mm 可用深度游标卡尺检测。

5. 任务反馈

导致型腔产生加工误差的原因见表 4-3。

表 4-3 导致型腔产生加工误差的原因

项　目	原　因
型腔的宽度尺寸不准	(1) 铣刀磨损，或磨损后刃磨圆柱面刀刃 (2) 刀杆弯曲，铣刀摆差、盘形铣刀端面摆差大 (3) 键槽铣刀装夹不好，与主轴同轴度差径向摆差
型腔底与定位面不平行及深度不准	(1) 工件装夹不准确且深度调整不准 (2) 铣刀被铣削力拉下或缩进
定位面对称性不准	(1) 对刀偏差太大，铣刀让刀量大 (2) 修正时，偏差方向搞错
型腔侧壁与工件侧壁不平行	(1) 工件侧素线与进给方向不平行 (2) 加工过程中，工件走动
型腔的长度或宽度尺寸不准	(1) 工作台自动进给关闭不及时 (2) 程序编制错误或刀具半径补偿不对

三、拓展提高

加工精度高是数控机床的一大优点。而控制精度是数控机床加工中的一个难点，有很多细节方面值得注意。影响加工零件的精度因素有很多，如数控机床本身的精度、刀具、夹具、工艺的安排、加工环境因素等。

首先要了解所用数控机床的位置精度和主轴的刚性和跳动。目前数控机床位置精度的检验通常采用国际标准 ISO 230—2 或国家标准 GB 10931—89 等。特别是有些老式的机床和旧机床主轴跳动和丝杆的反向间隙过大。

1. 主轴跳动的测定

(1) 准备一根标准棒料，一把千分表。

(2) 把标准材料装夹在主轴上，最好选用新的刀柄和夹套。

(3) 把表座吸在工作台上，最好要结实点，不要有晃动。

(4) 把表头搭在标准棒上。

(5) 用手拨动主轴，读取千分表跳动的最大值。

测出跳动大小应适当增大刀具的半径补偿。如果跳动比较大，应考虑精度要求比较高的产品放在精度较高的机床上加工。因为主轴跳动大会影响加工的产品垂直度，特别用钻头和铰刀加工孔时不仅会影响尺寸更会造成喇叭口，从而会影响产品的精度。

2. 反向偏差的测定

在所测量坐标轴的行程内，预先向正向或反向移动一个距离并以此停止位置为基准，再在同一方向给予一定移动指令值，使之移动一段距离，然后再往相反方向移动相同的距离，测量停止位置与基准位置之差。在靠近行程的中点及两端的三个位置分别进行多次测定，求出各个位置上的平均值，以所得平均值中的最大值为反向偏差测量值。在测量时一定要先移动一段距离，否则不能得到正确的反向偏差值。

例如，在数控铣上测量 X 的反向偏差，可先将表压住主轴的圆柱表面，然后运行如下程序进行测量：

```
N10 G91 G00 X50;      (工作台右移)
N20 X-50;             (工作台左移，消除传动间隙)
N30 G04 X5;           (暂停以便观察)
N40 Z50;              (Z 轴抬高让开)
N50 X-50;             (工作台左移)
N60 X50;              (工作台右移复位)
N70 Z-50;             (Z 轴复位)
N80 G04 X5;           (暂停以便观察)
N90 M99;
```

对于一般数控机床，没有补偿功能。对这类机床，在某些场合下，可用编程法实现单向定位，清除反向间隙。进给中遇反向时加上所测量出的反向间隙值。对于 FANUC 0iM 等数控系统，可以将测量出的反向间隙值输入参数。有用于快速运动(G00)和低速切削进给运动(G01)的两种反向间隙补偿可供选用。根据进给方式的不同，数控系统自动选择使用不同的补偿值，完成较高精度的加工。

3. 定位精度的测定

目前多采用双频激光干涉仪对机床检测和处理分析，利用激光干涉测量原理，以激光实时波长为测量基准，所以提高了测试精度及增强了适用范围。检测方法如下：

(1) 安装双频激光干涉仪；

(2) 在需要测量的机床坐标轴方向上安装光学测量装置；

(3) 调整激光头，使测量轴线与机床移动轴线共线或平行，即将光路预调准直；

(4) 待激光预热后输入测量参数；

(5) 按规定的测量程序运动机床进行测量；

(6) 数据处理及结果输出。

4. 定位精度的补偿

常用方法是计算出螺距误差补偿表，手动输入机床 CNC 系统。

型腔铣削加工中的精度控制：

在铣削较深的型腔时候最好使用两把粗加工的刀具，程序也按深度分两个。这样就可以在第一次铣削的时候用悬伸较短的刀(刚性好)铣削，第二次使用较长的刀具铣削。对粗加工：

(1) 挖槽铣削时按照型腔宽度尽量选大刀；

(2) 下刀时尽量先在槽中央钻个工艺孔，然后下刀都在此孔位置直插下刀，避免使用螺旋/斜线下刀；

(3) 如果机床允许的话，可以考虑用插削粗加工的办法。这对精加工很有帮助。

半精加工时，如型腔的最小拐角半径是 $R5$，可以根据工序集中原则直接选用直径是 8 mm 精铣刀一次完成加工，这样只要控制了一个轮廓的精度另一个轮廓的精度就可很好控制了。选好刀以后就可以编制程序，根据所使用的刀具的线速度合理的安排转速和进给量。拐角处半径的进给可以根据刀具的半径和拐角处半径以及直线进给量算出来。对于封闭轮廓的刀补加工程序来说，一般选择轮廓上凸出的角作为切削起点，对内轮廓，如没有这样的点，也可以选取圆弧与直线的相切点，以避免在轮廓上留下接刀痕。最好采用圆弧进退刀。下刀加工前也要先测刀具的跳动，因为装夹和刀具本身也有误差。半精加工适当加大刀具半径补偿值，给精加工留好余量，如用直径是 8 mm 铣刀进行加工，刀具半径补偿值可以设置为 4.02 mm。

精加工时，加工前对半精加工的尺寸进行测量，调整刀具半径补偿值。铣削后再测量一下尺寸，直到达到图纸要求的精度。加工精度越高，走刀次数也越多，每次走刀后刀具半径补偿值就越小。

思考与练习

1. 简述子程序的定义。

2. 子程序的使用格式是什么？

3. 使用子程序功能指令编程时应注意哪些事项？

4. 编写图 4-15 所示的零件加工程序，并加工出来。

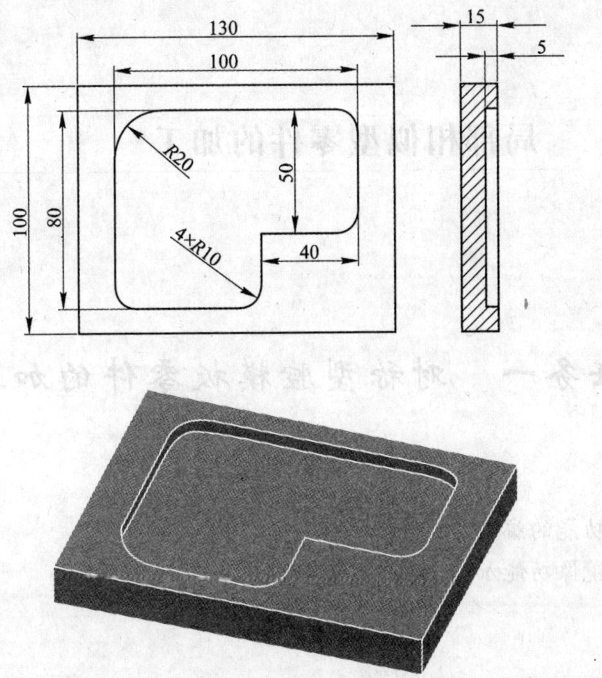

图 4-15　零件图

项目五　局部相似型零件的加工

任务一　对称型腔模板零件的加工

【学习目标】

1. 掌握镜像功能的编程方法。
2. 能够应用镜像功能加工工件。

【案例】

在立式数控铣床上加工如图 5-1 所示模板零件，试利用镜像加工功能编写其型腔的加工程序。(工件材料为 45 钢，外形尺寸 200 mm×200 mm×10 mm 型腔深 3 mm，用直径为 18 mm 的键槽立铣刀加工。)

一、相关知识

利用简化编程指令可以大大缩短程序，提高编程效率，对于手工编程，掌握简化编程指令非常重要。在 FANUC 0iM 系统中有镜像加工功能指令、比例缩放加工功能指令、旋转加工功能指令等简化编程指令。镜像加工功能又叫对称加工功能，当加工的工件与坐标轴对称时，采用镜像编程功能，将数控加工轨迹沿某轴或点作镜像变换，可实现沿某一坐标轴或某一坐标点的对称加工。在一些老的数控系统中通常采用 M 指令来实现镜像加工。在 FANUC 0iM 系统中则采用 G51 或 G51.1 来实现镜像加工。

1. 指令格式

(1) 格式一

G17 G51.1 X_Y_;

G50.1 X_Y_;

格式中的 G51.1 指令用于建立镜像功能，X、Y 值用于指定对称轴或对称点，有 G90 和 G91 两种模态。当 G51.1 指令后仅有一个坐标字时，该镜像是以某一坐标轴为镜像轴。如：

G51.1 X10.0;

该指令表示以某一轴线为对称轴，该轴线与 Y 轴相平行，且与 X 轴在 $X=10.0$ 处相交。

当 G51.1 指令后有两个坐标字时，表示该镜像是以某一点作为对称点进行镜像。如下指令表示其对称点为(10,10)这一点：

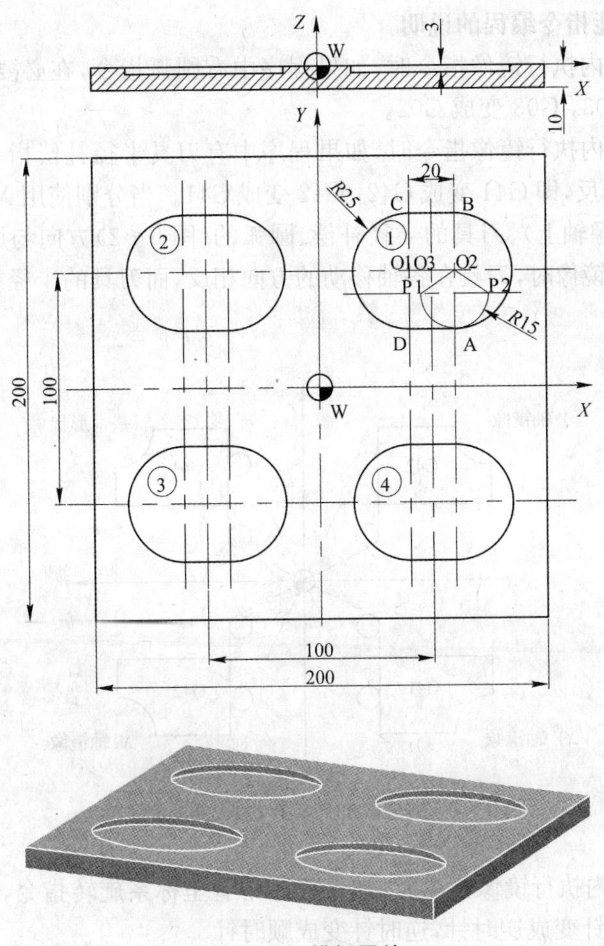

图5-1　模板零件

G51.1　X10.0 Y10.0

G50.1　X_Y_;(表示取消镜像,常为X0,Y0,Z0。)

(2) 格式二

G17 G51 X_Y_I_J_;

G50;

使用此种格式时,指令中的I、J值一定是负值,如果其值为正值,则该指令变成了缩放指令,设定I、J、K不能带小数点,值为1时,应输入1000。此外,如果I、J值虽是负值但不等于-1,则执行该指令时,既进行镜像又进行缩放。如:

G17 G51 X10.0 Y10.0 I-1000 J-1000;

执行该指令时,程序以坐标点(10.0, 10.0)进行镜像,不进行缩放。

G17 G51 X10.0 Y10.0 I-2000 J-1500;

执行该指令时,程序在以坐标点(10.0, 10.0)进行镜像的同时,还要进行比例缩放,其中轴X方向的缩放比例为2.0,而Y方向的缩放比例为1.5。

同样,"G50;"表示取消镜像。

2. 使用镜像功能指令编程的说明

(1) 在指定平面内执行镜像指令时，如果程序中有圆弧指令，在必要时圆弧的旋转方向相反，即 G02 变成 G03，G03 变成 G02。

(2) 在指定平面内执行镜像指令时，如果程序中有刀具半径补偿指令，在必要时刀具半径补偿的偏置方向相反，即 G41 变成 G42，G42 变成 G41。当分别使用 X、Y 轴镜像时，实际的刀具移动(在非镜像轴上)、刀具的半径补偿、圆弧的(图 5-2)方向与原图形的方向相逆。当同时使用 X、Y 轴镜像时，刀具在各轴移动的方向相反，而刀具的半径补偿、圆弧的方向与原图相同。

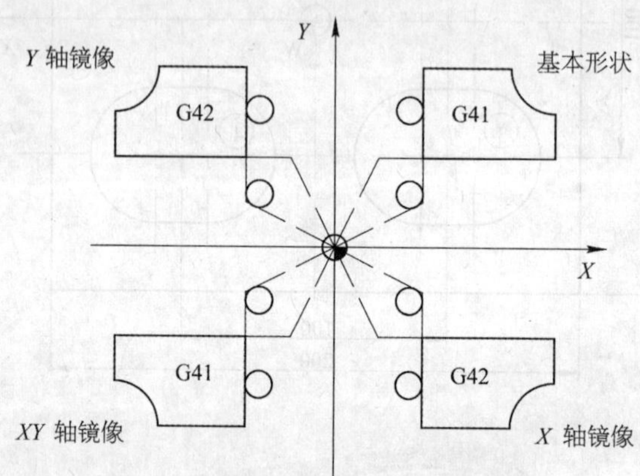

图 5-2 镜像时的刀具半径补偿指令变换

(3) 在指定平面内执行镜像指令时，如果程序中有坐标系旋转指令，在必要时坐标系旋转方向相反。即顺时针变成逆时针，逆时针变成顺时针。

(4) CNC 数据处理的顺序是程序镜像→比例缩放→坐标系旋转。所以在指定这些指令时，应按顺序指定，取消时，按相反顺序。在旋转方式或比例缩放方式不能指定镜像指令 G50.1 或 G51.1。但在镜像指令中可以指定比例缩放指令或坐标系旋转指令。

(5) 在可编程镜像方式中，返回参考点指令(G27，G28，G29，G30)和改变坐标系指令(G54—G59，G92)不能指定。如果要指定其中的某一个，则必须在取消可编程镜像后指定。

图 5-3 镜像功能设置页面

(6) 在使用镜像功能时，由于数控镗铣床的 Z 轴一般安装有刀具，所以 Z 轴一般都不进行镜像加工。

(7) 设定比例方式参数

在 FANUC 0iM 系统上进行如下操作：

① 在操作面板上选择 MDI 方式；

② 按下 OFFSET SETTING 功能键，进入[SETING]设置页面，按下章节选择键 PAGE ↓，进入镜像功能设置页面，如图 5-3 所示。

其中，MIRROR IMAGE X 为设定 X 轴镜像，当 X 置“1”时，X 轴镜像有效，当 X 置“0”时，X 轴镜像无效。Y、Z 轴的设定与 X 轴相同。

二、相关实践

程序如下：

```
O5000;                          (主程序)
N10 G21G40G49G54G80G90G98;      (安全行)
N20 T01;
N30 G43H01;                     (建立刀具长度补偿)
N40 M03S1000;
N50 G00X0Y0Z100;
N60 M98P5101;                   (加工型腔①)
N70 G51.1X0;
N80 M98P5101;                   (加工型腔②)
N90 G50.1;
N100 G51.1X0Y0;
N110 M98P5101;                  (加工型腔③)
N120 G50.1;
N130 G51.1Y0;
N140 M98P5101;                  (加工型腔④)
N150 G50.1;
N160 G00Z100M09;
N170 M05 M30;
O5101;                          (子程序)
N10 G00 X40 Y50;                (到01点)
N20 Z5 M08;                     (快移下刀)
N30 G01 Z-3 F30;                (进给下刀)
N40 X60 F100;                   (加工到02点)
N50 G41 X45 Y40 D01;            (到P1点并建立刀具半径左补偿)
N60 G03 X60 Y25 R15;            (圆弧切入到A点)
N70 G03 X60 Y75 R25;            (到B点)
N80 G01 X40 Y75;                (到C点)
N90 G03 X40 Y25 R25;            (到D点)
N100 G01 X60 Y25;               (到A点)
N110 G03 X75 Y40 R15;           (圆弧切出到P2点)
N120 G01 G40 X60 Y50;           (返回到02点并撤
                                 消刀具半径补偿)
N130 G00 Z10;                   (抬刀)
N140 X0 Y0;                     (刀具返回原点)
N150 M99;
```

仿真加工结果与加工路线如图 5-4 所示。

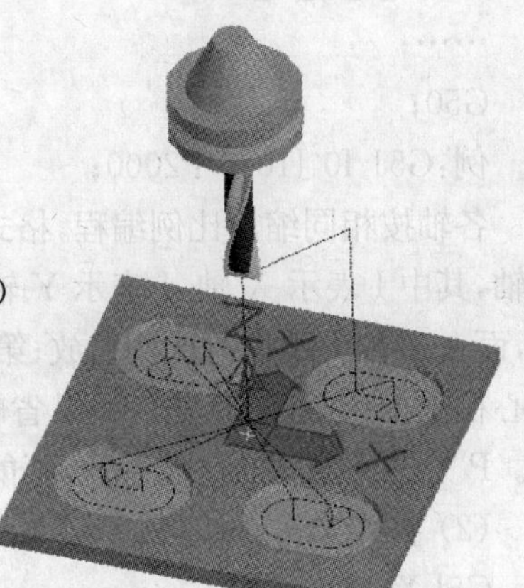

图 5-4 仿真加工结果与加工路线

任务二　三角形凸台零件的加工

【学习目标】

1. 掌握比例缩放功能的编程方法。
2. 能够应用比例缩放功能加工工件。

【案例】

如图 5-5 所示零件，第二层三角形凸台 ABC 的顶点坐标为 $A(10, 10)$、$B(90, 10)$、$C(50, 90)$，若第一层三角形凸台是在第二层三角形凸台基础上以 $D(50, 30)$ 的点为比例缩放中心，比例缩放系数为 0.5，在立式数控铣床上加工，使用 ϕ10 mm 键铣刀，试利用比例缩放功能编写其精加工程序。

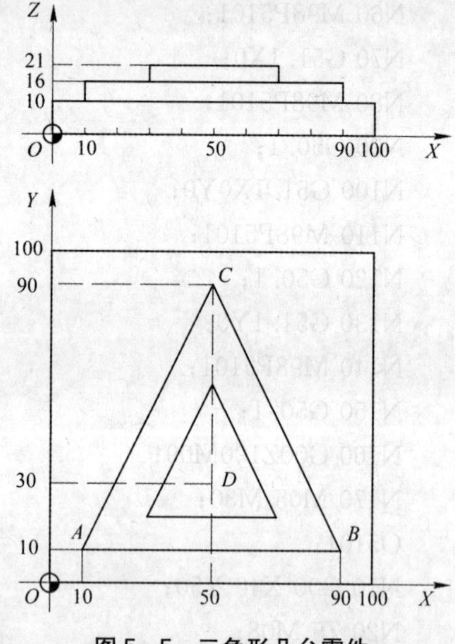

图 5-5　三角形凸台零件

一、相关知识

在数控编程中，有时在对应坐标轴上的值是按固定的比例系数进行放大或缩小的，这时，为了编程方便，可采用比例缩放指令来进行编程。使用 G50、G51 指令，可使原编程尺寸按指定的比例缩小或放大，也可让图形按指定规律产生镜像变换。G51 为比例编程指令，G50 为撤销比例编程指令，G50、G51 均为模态 G 代码。

1. 指令格式

(1) 格式一

G51 I_J_K_P_;

……;

G50;

例：G51 I0 J10.0 P2000;

各轴按相同缩放比例编程，格式中的 I、J、K 值作用有两个：第一，选择要进行比例缩放的轴，其中 I 表示 X 轴，J 表示 Y 轴，K 表示 Z 轴。以上例子表示在 X、Y 轴上进行比例缩放，而在 Z 轴上不进行比例缩放；第二，指定比例缩放的中心（绝对方式），"I0J10.0"表示缩放中心在坐标(0, 10.0)处。如果省略了 I、J、K，则 G51 指定时刀具的当前位置作为缩放中心。P 为进行缩放的比例系数，不能用小数点来指定该值，"P2000"表示缩放比例为 2 倍。

(2) 格式二

G5l X_Y_Z_P_;

……;

G50；

例:G51 X10.0 Y20.0 P1500；

各轴按相同缩放比例编程，格式中的X、Y、Z为比例中心的坐标值(绝对方式)，P为比例缩放系数，其范围为+0.001～+999.999，0.001＜P＜1为缩小，1＜P＜999.999为放大。G51指令以后的移动指令，从比例中心点开始，实际移动量为原数值的P倍。P值对偏移量无影响。

例如，在图5-6中，P_1—P_4为原编程图形，P_1'—P_4'为比例编程后的图形，P_0为比例中心。

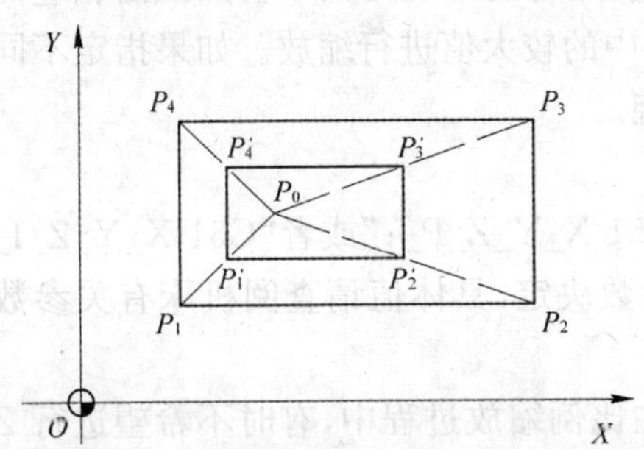

图5-6 各轴按相同缩放比例编程

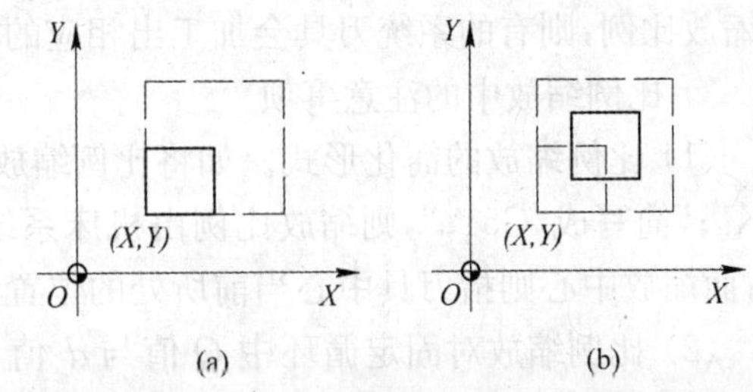

图5-7 缩放比例系数相同与缩放中心不同时的结果

图5-7a和图5-7b分别表示比例缩放中心不同、比例系数相同的两种结果。

(3) 格式三

G51 X_Y_Z_I_J_K_；

……；

G50；

该格式用于FANUC 0iM系统，可对各坐标轴以不同比例进行缩放编程，格式中的X、Y、Z为比例中心的坐标；I、J、K则分别对应X、Y、Z轴的缩放比例系数，缩放倍数在+0.001～+999.999的范围内。设定I、J、K时不能带小数点，比例为1时，应输入1000，并且比例系数在程序中都应输入，不能省略。当给定的比例系数为-1时，可获得镜像加工功能。

例:G51 X0 Y0 Z0 I1500 J2000 K1000；

上例表示以坐标点(0，0，0)为中心进行比例缩放，在X轴方向的缩放倍数为1.5倍，在Y轴方向上的缩放倍数为2倍，在Z轴方向则保持原比例不变。

各轴按不同比例编程时，比例系数与图形的关系如图5-8所示，图中：b/a为X轴系数；d/c为Y轴系数；O为比例中心。相同的形状，缩放中心不同时，缩放的结果不同。

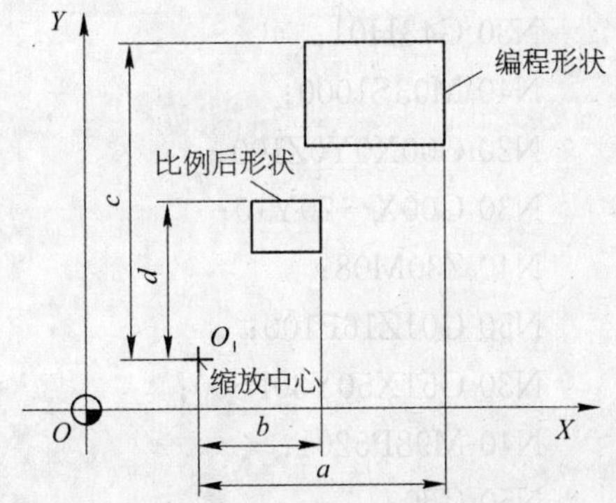

图5-8 各轴按不同比例编程

2. 比例缩放编程说明

1) 比例缩放中的刀补问题 在编写比例缩放程序过程中，要特别注意建立刀补程序段的位置，一般情况下，刀补程序段写在缩放程序段内，例：

G51 X_Y_Z_P_;

C41 G01…D01 F100;

在执行该程序段的过程中，机床能正确运行，而如果执行如下程序则会产生机床报警。

G41 G01…D01 F100;

G51 X_Y_Z_P_;

比例缩放对于刀具半径补偿值、刀具长度补偿值及刀具偏置值无效。

2）比例缩放中的圆弧插补　在比例缩放中进行圆弧插补，如果进行等比例缩放，则圆弧半径也相应缩放相同的比例；如果指定不同的缩放比例，则有的系统刀具不会加工出相应的椭圆轨迹，仍将进行圆弧的插补，圆弧的半径根据 I、J 中的较大值进行缩放。如果指定不同的缩放比例，则有的系统刀具会加工出相应的椭圆轨迹。

3）比例缩放中的注意事项

(1) 比例缩放的简化形式。如将比例缩放程序“G51 X_Y_Z_P_;”或者“G51 X_Y_Z_I_J_K_;”简写成“G51;”，则缩放比例由机床系统自带参数决定，具体值请查阅机床有关参数表；而缩放中心则指刀具中心当前所处的位置。

(2) 比例缩放对固定循环中 Q 值与 d 值无效。在比例缩放过程中，有时不希望进行 Z 轴方向的比例缩放，这时可以修改系统参数，从而禁止在 Z 轴方向上进行比例缩放。

(3) 比例缩放对刀具偏置值和刀具补偿值无效。

(4) 在缩放状态下，不能指令返回参考点的 G 代码(G27～G30)，也不能指令坐标系的 G 代码(G52～G59, G92)。若一定要指令这些 G 代码，应在取消缩放功能后指定。

二、相关实践

程序如下：

```
O5200;                          （主程序）
N10 G21G40G49G54G80G90G98;
N20 T01;
N30 G43H01;
N40 M03S1000;
N20 G00X0Y0Z100;
N30 G00X－20Y10;
N40 Z30M08;
N50 G01Z16F100;
N30 G51X50Y30P500;
N40 M98P5201;
N50 G50;
N60 G00X－20Y10;
N70 G01Z10F100;
N80 M98P5201;
N90 G00Z100;
N100 M05;
```

```
N110 M30;
O5201;                                  (子程序)
N10 G42 G01 X10 D01;
N20 X90;
N30 X50 Y90;
N40 X10 Y10;
N50 Y－10;
N60 G40 X－20 Y10;
N70 G00 Z30;
N80 M99;
```

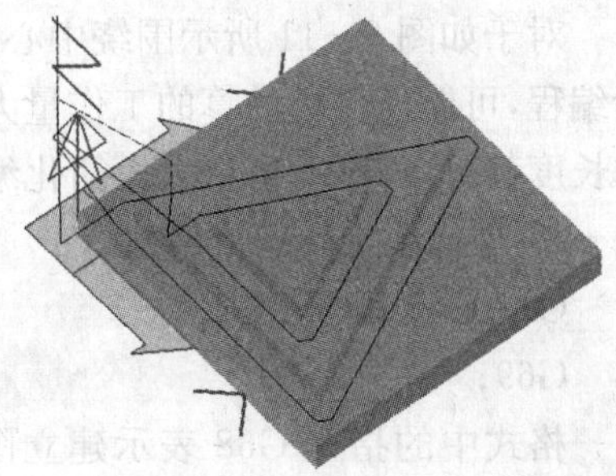

图 5－9　仿真加工结果与加工路线

仿真加工结果与加工路线如图 5－9 所示。

任务三　人字形凸台零件的加工

【学习目标】

1. 掌握旋转功能的编程方法。
2. 能够应用旋转功能加工工件。

【案例】

如图 5－10 所示零件，在立式数控铣床上加工，试用旋转加工功能及子程序指令编写铣三个均布 $R25$ 的凸台的精加工程序，使用 $\phi16$ mm 立铣刀。

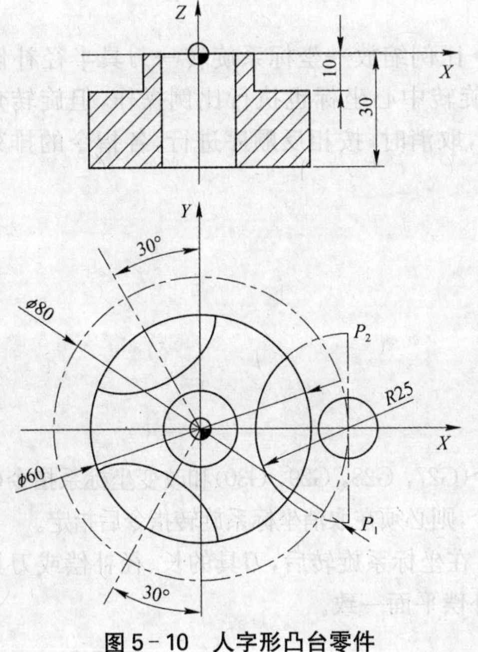

图 5－10　人字形凸台零件

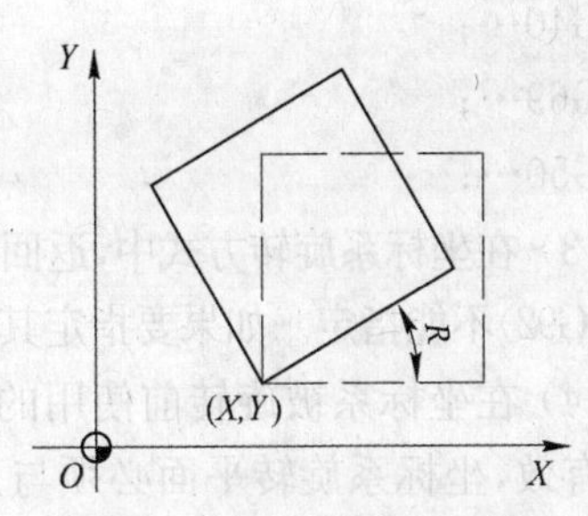

图 5－11　旋转加工功能

一、相关知识

对于如图 5－11 所示围绕中心旋转得到的加工轮廓，如果根据旋转后的实际加工轨迹进行编程，可能使坐标计算的工作量大大增加。而通过图形旋转功能，程序编制的时间及程序的长度都可以减少，可以大大简化编程的工作量。

1）坐标系旋转指令格式

G17 G68 X_Y_R_；

G69；

格式中的指令 G68 表示建立图形旋转加工功能，X、Y 用于指定图形旋转中心的坐标值。R 用于表示图形旋转的角度，角度的最小值为 0.001，旋转范围为 $-360.000 \leqslant R \leqslant 360.000$，该角度一般取 $0^\circ \sim 360^\circ$ 的正值，旋转角度的零度方向为第一坐标轴的正方向，逆时针方向为角度方向的正向。不足 1° 的角度以小数点表示，如 $10^\circ 54'$ 用 10.9° 表示，当 R 省略时，旋转的角度由系统参数决定。

例：G90 G68 X15.0 Y20.0 R30.0；

该指令表示图形以坐标点(15，20)作为旋转中心，逆时针旋转 30°。

G69 表示撤销图形旋转加工功能，G69 可与其他指令在同一段中使用。

当使用 G68 时，坐标系旋转功能的平面与其他功能的平面一定要一致，旋转平面取决于所选的平面(G17、G18、G19)，G17、G18、G19 不需要与 G68 在同一段中。当使用 G18、G19 时，坐标系旋转的指令是：

G18 G68 Y_Z_R_；

G19 G68 X_Z_R_；

2）坐标系旋转编程说明

(1) 在坐标系旋转取消指令(G69)以后的第一个移动指令必须用绝对值指定。如果采用增量值指令，则不执行正确的移动。

(2) CNC 数据处理的顺序是程序镜像→比例缩放→坐标系旋转→刀具半径补偿 C 方式。在比例模式时，再执行坐标旋转指令，旋转中心坐标也执行比例操作，但旋转角度不受影响。在指定这些指令时，应按顺序指定，取消时，按相反顺序进行，各指令的排列顺序如下：

G51…；

G68…；

G41/G42…；

G40…；

G69…；

G50…；

(3) 在坐标系旋转方式中，返回参考点指令(G27，G28，G29，G30)和改变坐标系指令(G54～G59，G92)不能指定。如果要指定其中的某一个，则必须在取消坐标系旋转指令后指定。

(4) 在坐标系被旋转前使用的刀具补偿，在坐标系旋转后，刀具的长、径补偿或刀具位置仍然有效，坐标系旋转平面必须与刀具半径补偿平面一致。

(5) 在坐标系旋转指令前执行镜像指令或比例缩放指令是允许的，反之则不允许，即不能在坐标系旋转指令中执行镜像指令或比例缩放指令。

(6) G68 程序段中的 X、Y 为旋转中心坐标，当使用绝对方式编程时，旋转中心的 X、Y 坐标值由当前坐标系原点确定。当使用增量方式时，当 X、Y 坐标省略时，G68 指令当前刀具刀位点所在的位置为旋转中心，并按 G68 给定的角度旋转坐标系。

二、相关实践

程序如下：

```
O5300;                              (主程序)
N10 G17G21G40G49G54G80G90G98;
N20 T01M06;
N30 G43H01;
N40 M03S1000;
N50 G00X0Y0Z100;
N60 M98P5301;
N70 G68X0Y0R120;
N80 M98P5301;
N90 G68X0Y0R240;
N100 M98P5301;
N110 G69;
N120 G00Z100;
N130 X0Y0M09;
N140 M05;
N150 M30;
O5301;                              (子程序)
N10 G00 X40;
N20 Z5 M08;
N30 G01 Z-10 F100;
N40 G41 X40 Y25 D01;
N50 G03 X40 Y-25 R25;
N60 G00 G40 X40 Y0;
N70 Z10;
N80 M99;
```

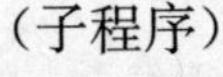

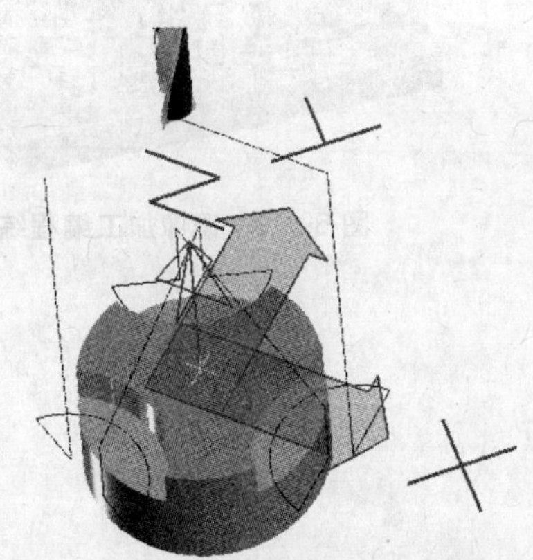

图 5-12　仿真加工结果与加工路线

仿真加工结果与加工路线如图 5-12 所示。

思考与练习

1. FANUC 0iM 系统的镜像加工功能有几种指令格式？

2. 使用镜像加工功能指令编程时应注意哪些事项？

3. 编写图 5－13 所示的零件加工程序，并加工出来。

4. FANUC 0iM 系统的比例缩放加工功能有几种指令格式？

5. 使用比例缩放加工功能指令编程时应注意哪些事项？

6. 编写图 5－14 所示的零件加工程序，并加工出来。

7. 在 FANUC 0iM 系统中使用旋转加工功能指令编程时应注意哪些事项？

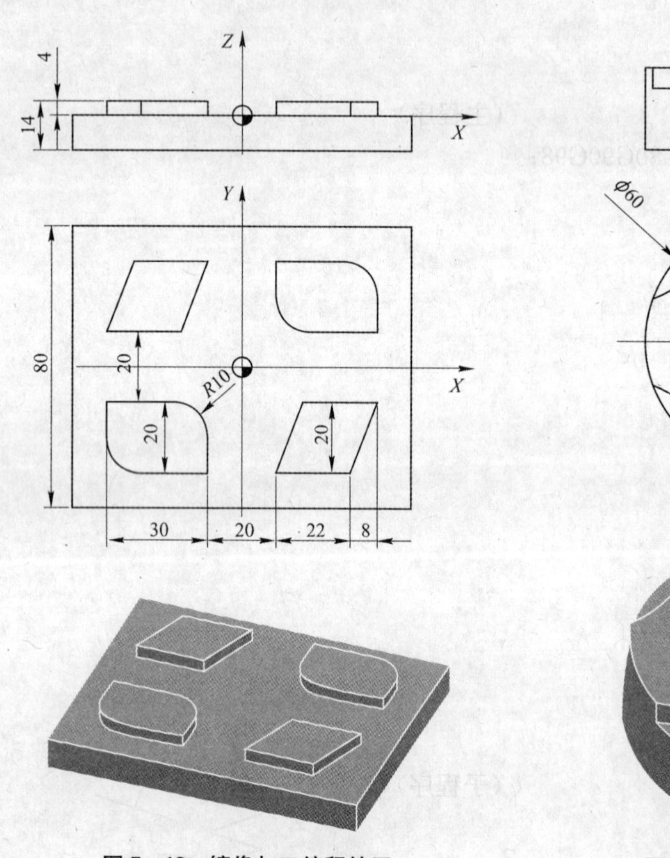

图 5－13 镜像加工编程练习

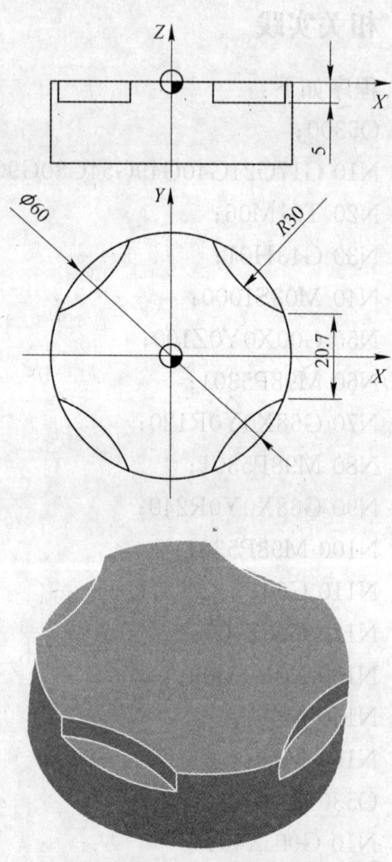

图 5－14 比例缩放编程练习

8. 编写图 5-15 所示的零件加工程序,并加工出来。

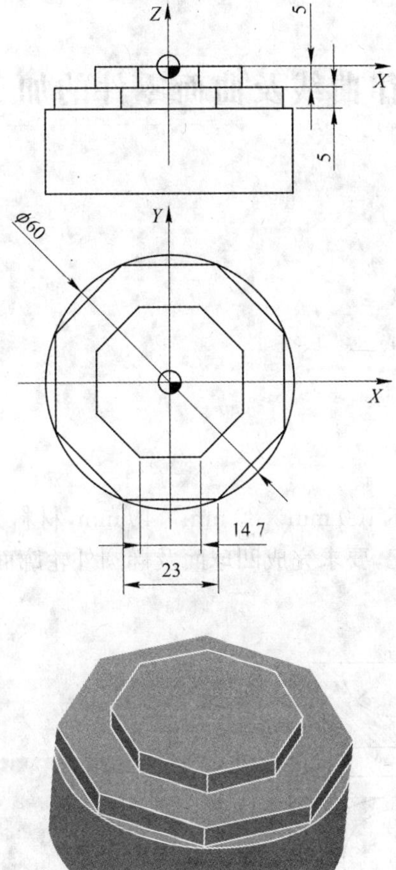

图 5-15 旋转加工编程练习

项目六　规律曲线及曲面零件的加工

【学习目标】

1. 掌握数控铣用户宏程序。
2. 数控仿真软件的使用。

【案例】

如图 6-1 所示零件，毛坯 100 mm×80 mm×40 mm，材料为 45 钢，采用数控铣床加工，零件已进行粗加工及半精加工，要求完成凹球面及椭圆外轮廓面的精加工。

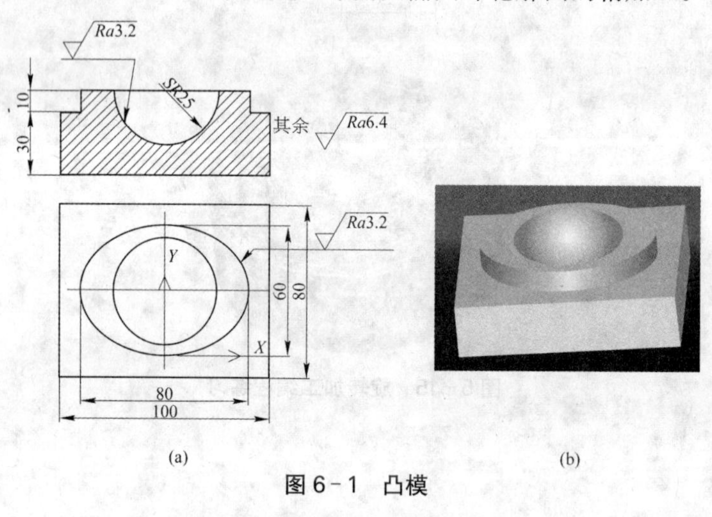

图 6-1　凸模

(a)零件图；(b)模型图

一、相关知识

(一) 用户宏程序

在数控编程中，用户宏程序是数控系统中的特殊编程功能。用户宏程序是把一组带有变量的子程序事先存储在系统存储器中，并通过主程序中的宏程序调用指令调用并执行这一组程序。宏程序编程灵活、高效、快捷，宏程序不仅可以像子程序那样，对编制相同加工操作的程序非常有用，而且可以使用变量，算术和逻辑运算及转移指令，方便地实现循环程序设计，完成子程序无法实现的特殊功能，如型腔加工宏程序、固定加工循环宏程序、球面加工宏程序、锥面加工宏程序等。宏程序还可以实现系统参数的控制，如坐标系的读写、刀具偏置的读写、时间信息的读写、倍率开关的控制等。

(二) 用户宏程序的变量、算术和逻辑运算

1. 用户宏程序变量的定义

1) 变量的表示　普通加工程序直接用数值指定 G 代码和移动距离，例如，G01 X50.0。使用用户宏程序时，数值可以直接指定或用变量指定。FANUC 0iM 系统宏程序中使用的变量用符号“＃”后跟变量的变量号指定。

＃i——(变量号 i=0, 1, 2, 3, ……)　　例：＃5、＃100、＃1100

＃[表达式]——表达式必须用括号括起来　　例：＃[＃1＋＃3－10]

2) 变量的引用　在地址后指定变量号即可引用其变量值。其格式为〈地址〉＃1 或〈地址〉－＃1，当引用未定义的变量时，变量及地址字都被忽略。

例：F＃10——当＃10＝20 时，F20 被指定。

X－＃20——当＃20＝100 时，X－100 被指定。

G＃5X＃10Y＃20——当＃130＝1、X＃10＝1、＃20 未定义时，则 G1X0 被指定。

3) 小数点的省略　当在程序中定义变量值时，小数点可以省略。

例：定义＃1＝123——变量＃1 的实际值是 123.000。

4) 变量的类型

(1) 空变量

＃0 为空变量，该变量不能赋值。

(2) 局部变量

＃1～＃33 为局部变量，局部变量只能在宏程序中存储数据。当断电时局部变量被初始化为空，调用宏程序时，自变量对局部变量赋值。局部变量的数值范围为-10^{47}到-10^{-29}或-10^{-29}到-10^{47}，如果计算结果超过该范围则发出 P/S 报警 No.111。

(3) 公共变量

＃100～＃199、＃500～＃999 为公共变量，公共变量在不同的宏程序中意义相同。当断电时，变量＃100～＃199 被初始化为空，变量＃500～＃999 的数据不会丢失。全局变量的数值范围为-10^{47}到-10^{-29}或10^{-29}到10^{47}，如果计算结果超过该范围则发出 P/S 报警 No.111。

(4) 系统变量

＃1000 及以上为系统变量，系统变量用于读和写 CNC 运行时的各种数据，如刀具的当前位置和补偿值等。

5) 变量与地址(自变量)的对应关系　系统可用两种形式的自变量指定，表 6-1 为自变量指定Ⅰ的自变量与变量的对应关系。表 6-2 为自变量指定Ⅱ的自变量与变量的对应关系。

表 6-1　自变量指定Ⅰ的变量对应关系

地址(自变量)	变量号	地址(自变量)	变量号	地址(自变量)	变量号
A	＃1	I	＃4	T	＃20
B	＃2	J	＃5	U	＃21
C	＃3	K	＃6	V	＃22
D	＃7	M	＃13	W	＃23
E	＃8	Q	＃17	X	＃24
F	＃9	R	＃18	Y	＃25
H	＃11	S	＃19	Z	＃26

表 6-2　自变量指定Ⅱ的变量对应关系

地址(自变量)	变量号	地址(自变量)	变量号	地址(自变量)	变量号
A	＃1	K3	＃12	J7	＃23
B	＃2	I4	＃13	K7	＃24
C	＃3	J4	＃14	I8	＃25
I1	＃4	K4	＃15	J8	＃26
J1	＃5	I5	＃16	K8	＃27
K1	＃6	J5	＃17	I9	＃28
I2	＃7	K5	＃18	J9	＃29
J2	＃8	I6	＃19	K9	＃30
K2	＃9	J6	＃20	I10	＃31
I3	＃10	K6	＃21	J10	＃32
J3	＃11	I7	22	K10	＃33

在自变量指定Ⅰ中，G、L、O、N、P 不能用，地址 I、J、K 必须按顺序使用，其他地址顺序无要求。

自变量指定Ⅱ使用 A、B、C 各 1 次，使用 I、J、K 各 10 次。

系统能够自动识别自变量指定Ⅰ和自变量指定Ⅱ并赋给宏程序中相应的变量号。如果自变量指定Ⅰ和自变量指定Ⅱ混合使用，则后指定的自变量类型有效。

6）变量值的精度　变量值的精度为 8 位十进制数。

例如，用赋值语句＃1＝9876543210123.456 时，实际上＃1＝9876543200000.000。

　　用赋值语句＃2＝9876543277777.456 时，实际上＃1＝9876543300000.000。

2. 宏变量的算术和逻辑运算

对宏程序中的变量可以进行算术和逻辑等运算，运算功能和格式见表 6-3。运算式的右边可以是常数、变量、函数、表达式，式中＃j、＃k 也可为常量，左边的变量也可以用表达式赋值。

表 6-3　变量运算功能表

类型	功能	格式	举例	备注
算术运算	加法	＃i＝＃j＋＃k	＃1＝＃2＋＃3	常数可以代替变量
	减法	＃i＝＃j－＃k	＃1＝＃2－＃3	
	乘法	＃i＝＃j＊＃k	＃1＝＃2＊＃3	
	除法	＃I＝＃j/＃k	＃1＝＃2/＃3	
三角函数运算	正弦	＃i＝SIN[＃j]	＃1＝SIN[＃2]	角度以度指定 35°30′表示为 35.5 常数可以代替变量
	反正弦	＃i＝ASIN[＃j]	＃1＝ASIN[＃2]	
	余弦	＃i＝COS[＃j]	＃1＝COS[＃2]	

（续表）

类型	功能	格式	举例	备注
三角函数运算	反余弦	＃i＝ACOS[＃j]	＃1＝ACOS[＃2]	
	正切	＃i＝TAN[＃j]	＃1＝TAN[＃2]	
	反正切	＃i＝ATAN[＃j]	＃1＝ATAN[＃2]	
其他函数运算	平方根	＃i＝SQRT[＃j]	＃1＝SQRT[＃2]	常数可以代替变量
	绝对值	＃i＝ABS[＃j]	＃1＝ABS[＃2]	
	舍入	＃i＝ROUN[＃j]	＃1＝ROUN[＃2]	
	上取整	＃i＝FIX[＃j]	＃1＝FIX[＃2]	
	下取整	＃i＝FUP[＃j]	＃1＝FUP[＃2]	
	自然对数	＃i＝LN[＃j]	＃1＝LN[＃2]	
	指数对数	＃i＝EXP[＃j]	＃1＝EXP[＃2]	
逻辑运算	与	＃i＝＃jAND＃k	＃1＝＃2AND＃2	按位运算
	或	＃i＝＃jOR＃k	＃1＝＃2OR＃2	
	异或	＃i＝＃jXOR＃k	＃1＝＃2XOR＃2	
转换运算	BCD 转 BIN	＃i＝BIN[＃j]	＃1＝BIN[＃2]	
	BIN 转 BCD	＃i＝BCD[＃j]	＃1＝BCD[＃2]	

1）算术运算　可以进行加、减、乘、除运算。

例：G1X[＃1＋＃2]——X 坐标的值是变量 1 与变量 2 之和。

2）三角函数计算　对宏程序中的变量可进行正弦（SIN）、反正弦（ASIN）、余弦（COS）、反余弦（ACOS）、正切（TAN）、反正切（ATAN）函数运算。三角函数中的角度以度为单位，如 90°30′表示为 90.5°。常数可替代三角函数中的变量＃j。

(1) 反正弦　＃ i＝ASIN[＃j]

① 取值范围如下：

当参数（NO.6004＃0）NAT 位设为 0 时，270°～90°；

当参数（NO.6004＃0）NAT 位设为 1 时，－90°～90°。

② 当＃j 超出－1 到 1 的范围时，发出 P/S 报警 NO.111。

(2) 反余弦　＃i＝ACOS[＃j]

① 取值范围从 180°～0°。

② 当＃j 超出－1 到 1 的范围时，发出 P/S 报警 NO.111。

(3) 反正切　＃i＝ATAN[＃j]/[＃k]

① 指定两个边的长度，并用斜杠（/）分开。

② 取值范围如下：

当 NAT 位（参数 NO.6004，＃0）设为 0 时，0°到 360°。

当 NAT 位（参数 NO.6004，＃0）设为 1 时，－180°到 180°。

3) 其他函数计算　宏程序中的变量还可以进行平方根(SQRT)、绝对值(ABS)、舍入(ROUN)、上取整(FIX)、下取整(FUP)、自然对数(LN)、指数(EXP)运算。

(1) 自然对数　#i=LN[#j]

① 注意,相对误差可能大于 10^{-8}。

② 当#j≤0 时,发出 P/S 报警 No. 111。

(2) 指数函数　#i=EXP[#j]

① 相对误差可能大于 10^{-8}。

② 当运算结果超过 3.65×10^{47} (j 大约是 110)时,出现溢出并发出 P/S 报警 NO. 111。

(3) 舍入函数　ROUND[#j]

① 当在 NC 语句地址中使用 ROUND 函数时,ROUND 函数根据地址的最小设定单位将指定值四舍五入。例如,假设最小设定单位为 1/1 000 mm，#1=1.234 5,则#2=ROUN[#1]的值是 1.0。

② 由于系统的精度限制,在坐标移动中出现累集误差,可以通过 ROUND 函数来消除,例如按变量#1 和#2 的值进行钻孔加工,然后返回到初始位置。假定最小设定单位是 1/1 000 mm,变量#1 是 1.234 5,变量#2 是 2.345 6,按如下程序走刀。

G00 G91 X-#1;(移动 1.235 mm)

G01 X-#2 F300;(移动 2.346 mm)

G00 X[#1+#2];

由于 1.234 5+2.345 6 = 3.580 1,移动距离为 3.580,刀具不会返回到初始位置。该误差决定于舍入之前相加还是舍入之后相加。必须指定 G00X-[ROUND[#1]+ROUND[#2]]以使刀具返回到初始位置。

③ 当算术运算或逻辑运算指令 IF 或 WHILE 中包含 ROUND 函数时,则 ROUND 函数在第一个小数位置四舍五入。例如当执行#1=ROUND[#2]时,此处#2=1.234 5,变量#1的值是 1.0。

(4) 上取整、下取整　#i=FIX[#j]、#i=FUP[#j]

对于上取整 FIF[#j],绝对值大于原数的绝对值。对于下取整 FUP[#j],绝对值小于原数的绝对值。

例:若#1=1.3,则#2=FIX[#1]的值是 2.0。

若#1=1.3,则#2=FUP[#1]的值是 1.0。

若#1=-1.3,则#2=FIX[#1]的值是-2.0。

若#1=-1.3,则#2=FUP[#1]的值是-1.0。

4) 逻辑运算　宏程序中的变量可进行与、或、异或其他逻辑运算。逻辑运算是按位进行。

5) 数制转换　变量可以在 BCD 码与二进制(BIN)之间转换。

6) 关系运算　由关系运算符和变量(或表达式)组成表达式。系统中使用的关系运算符如下:

(1) 等于(EQ)

用 EQ 与两个变量(或表达式)组成表达式,当运算符 EQ 两边的变量(或表达式)相等时,表达式的值为真,否则为假。

例：#1 EQ #2，当#1与#2相等时，表达式的值为真。

(2) 不等于(NE)

用NE与两个变量或表达式组成表达式，当运算符NE两边的变量(或表达式)不相等时，表达式的值为真，否则为假。

例：#1 NE #2，当#1与#2不相等时，表达式的值为真。

(3) 大于等于(GE)

用GE与两个变量或表达式组成表达式，当左边的变量(或表达式)大于或等于右边的变量(或表达式)时，表达式的值为真，否则为假。

例：#1 GE #2，当#1大于或等于#2时，表达式的值为真，否则为假。

(4) 大于(GT)

用GT与两个变量或表达式组成表达式，当左边的变量(或表达式)大于右边的变量(或表达式)时，表达式的值为真，否则为假。

例：#1 GT #2，当#1大于#2时，表达式的值为真，否则为假。

(5) 小于等于(LE)

用LE与两个变量或表达式组成表达式，当左边的变量(或表达式)小于或等于右边的变量(或表达式)时，表达式的值为真，否则为假。

例：#1 LE #2，当#1小于或等于#2时，表达式的值为真，否则为假。

(6) 小于(LT)

用LT与两个变量或表达式组成表达式，当左边的变量(或表达式)小于右边的变量(或表达式)时，表达式的值为真，否则为假。

例：#1 GE #2，当#1大于#2时，表达式的值为真，否则为假。

7) 运算优先级　运算符的优先顺序是：

(1) 函数的优先级最高。

(2) 乘、除、与运算。乘、除、与运算的优先级次于函数的优先级。

(3) 加、减、或、异或运算。加、减、或、异或运算的优先级次于乘、除、与运算的优先级。

(4) 关系运算的优先级最低。

(5) 用方括号可以改变优先级，括号不能超过5层。超过5层时，发出P/S报警No.111。

例：#1=SIN[[[#2+#3]*#4+#5]*#6](3重)

(三) 用户宏程序的语句

1. 宏程序语句的基本构成

(1) 包含变量。

(2) 包含算术或逻辑运算(=)的程序段。

(3) 包含控制语句(例如：GOTO，DO，END)的程序段。

(4) 包含宏程序调用指令(G65，G66，G67或其他G代码，M代码调用宏程序)的程序段。

2. 宏程序语句中的转移与循环

宏程序从结构上可以有顺序结构、分支结构和循环结构，使用GOTO语句和IF等语句可以改变程序控制的流向，FANUC宏程序有三种控制转移与循环的方式。

① GOTO语句(无条件转移)

② IF语句(条件转移：IF…THEN…)

③ WHILE 语句(当……时循环)

1) 无条件转移(GOTO)

格式:GOTOn;n 为顺序号(1～9999)

例:GOTO6;

语句组

N6 G00X100;

执行 GOTO6 语句时,转去执行标号为 N6 的程序段。

2) 条件转移(IF)　IF 之后指定条件表达式,条件表达式必须包括算符,运算符插在两个变量中间或变量和常数中间,并且用方括号[]封闭,表达式可以替代变量。条件转移有两种形式。运算符见表 6-4。

表 6-4　运算符

运算符	含义	运算符	含义
EQ	等于	GE	小于或等于
NE	不等于	LT	小于
GT	大于	LE	小于或等于

(1) 格式:IF[关系表达式]GOTOn。

如果指定的条件表达式满足时,转移到标有顺序号 n 的程序段,如果指定的条件表达式不满足,执行下个程序段。

例:IF[＃1LT30] GOTO7;

语句组

N7G00X100X5;

如果＃1 大于 30,转去执行标号为 N7 的程序段,否则执行 GOTO7 下面的语句组。

(2) 格式:IF[表达式]THEN　如果条件表达式满足,执行预先决定的宏程序语句,THEN 后只能跟一个语句。

例:IF[＃1EQ＃2]THEN＃3＝0;

当＃1 等于＃2 时,将 0 赋给变量＃3。

3) 循环(WHILE)　在 WHILE 后指定一个条件表达式,当指定条件满足时,执行从 DO 到 END 之间的程序。否则,转到 END 后的程序段。

格式:WHILE[关系表达式]DO m;

语句组

END m;

例:＃1＝5;

WHILE[＃1LE30]DO 1;

＃1＝＃1＋5;

G00X＃1Y＃1;

END 1;

M99；

当#1小于等于30时，执行循环程序，当#1大于30时结束循环返回主程序。

说明：

(1) DO后的号m和END后的号m是指定程序执行范围的标号，标号值为1、2、3。若用1、2、3以外的值会产生P/S报警NO.126。

(2) 在DO—END循环中的标号可根据需要多次使用。但是，当程序有交叉重复循环(DO范围的重叠)时，出现P/S报警NO.124。

(3) 当指定DO而没有指定WHILE语句时，产生从DO到END的无限循环。

(4) 当在GOTO语句中有标号转移的语句时，进行顺序号检索。而反向检索的时间要比正向检索长，因而用WHILE语句实现循环可减少处理时间。

(5) 在使用EQ或NE的条件表达式中，空变量和零有不同的效果，在其他形式的条件表达式中，空变量被当作零。

3. 宏程序的简单调用

(1) 宏程序调用指令(G65)

宏程序的简单调用是指在主程序中，宏程序可以被单个程序段单次调用。在主程序中采用G65调用宏程序。指令格式如下：

G65 P(宏程序号) L(重复次数)(变量分配)；

其中：P指定宏程序号；L为重复调用次数(1～9999)，重复次数为1时，可省略不写。自变量赋值是由地址和数值构成的，用以对宏程序中的局部变量赋值。

例：

主程序：

O7002；

……；

G65 P7100 L2 A1.0 B2.0；

……；

M30；

宏程序：

O7100；

#3=#1+#2；

IF[#3 GT 360] GOTO 9；

G00 G91 X#3；

N9 M99；

(2) 宏程序的开始与返回

宏程序的编写格式与子程序相同。其格式为：

O0010(0001～8999为宏程序号)； (程序名)

N10……； (指令)

……；

N30 M99； (宏程序结束)

宏程序以程序号开始，以M99结束。

二、相关实践

要求完成案例所示零件的数控加工工艺分析、数控加工程序的编制，并利用仿真软件进行仿真加工。

(一) 加工工艺分析

1. 零件加工工艺分析

图 6-1 所示零件已进行粗加工及半精加工，要求完成凹球面型腔及椭圆外轮廓面的精加工。两加工面表面粗糙度为 $Ra3.2$，要求较高，其他几何公差要求不高。该零件材料为 45 钢，切削加工性能好。

2. 选择加工方案

根据图样的几何尺寸及表面粗糙度要求，选择 $\phi18$ mm 细齿高速钢立铣刀对椭圆外轮廓面进行精加工，选择 $\phi8$ mm 硬质合金球头铣刀对凹球面型腔精加工。一次装夹完成所有加工内容。

3. 零件装夹及加工准备

选用机用平口钳装夹工件，校正平口钳固定钳口的平行度以及工件上表面与钳口顶面的平行度后夹紧工件。利用偏心式寻边器找正工件 X、Y 轴零点位于工件上表面的中心位置，Z 轴采用 Z 轴设定器来对刀，以工件上表面为工件坐标系 Z 轴原点。

4. 填写工艺文件

将各工步的加工内容、所需刀具及加工工艺参数填入零件数控加工工序卡，见表 6-5。

表 6-5 数控加工工序卡

<table>
<tr><td colspan="3" rowspan="2">单位名称</td><td rowspan="2">数控加工工序卡片</td><td colspan="2">产品名称</td><td colspan="2">零件名称</td><td>材料</td><td>零件图号</td></tr>
<tr><td colspan="2">凸模</td><td colspan="2"></td><td>45</td><td></td></tr>
<tr><td colspan="2">工序号</td><td colspan="2">程序编号</td><td colspan="2">夹具名称</td><td>夹具编号</td><td>使用设备</td><td colspan="2">车间</td></tr>
<tr><td colspan="2"></td><td colspan="2">O0001
O0002</td><td colspan="2">机用平口虎钳</td><td></td><td></td><td colspan="2"></td></tr>
<tr><td>工步号</td><td>工步内容</td><td>刀具号</td><td>刀具规格/mm</td><td>主轴转速/(r/min)</td><td>进给速度/(mm/min)</td><td>背吃刀量/mm</td><td>量具</td><td>提示</td><td></td></tr>
<tr><td>1</td><td>精铣椭圆外轮廓达图样要求</td><td>1</td><td>$\phi18$ mm 细齿高速钢立铣刀</td><td>750</td><td>100</td><td>5</td><td></td><td></td><td></td></tr>
<tr><td>2</td><td>精铣型腔内壁凹球面达图样要求</td><td>2</td><td>$\phi8$ mm 硬质合金球头铣刀</td><td>2 200</td><td>400</td><td></td><td></td><td></td><td></td></tr>
<tr><td>编制</td><td></td><td>审核</td><td></td><td colspan="3">共 页</td><td colspan="3">第 页</td></tr>
</table>

(二) 编制加工程序

1. 椭圆外轮廓宏程序的编制

1) 编程计算　设椭圆长轴为 a，短轴为 b，如图 6-2 所示，椭圆的参数方程：

$$\begin{cases} x = a \times \cos(t) \\ y = b \times \sin(t) \end{cases}$$

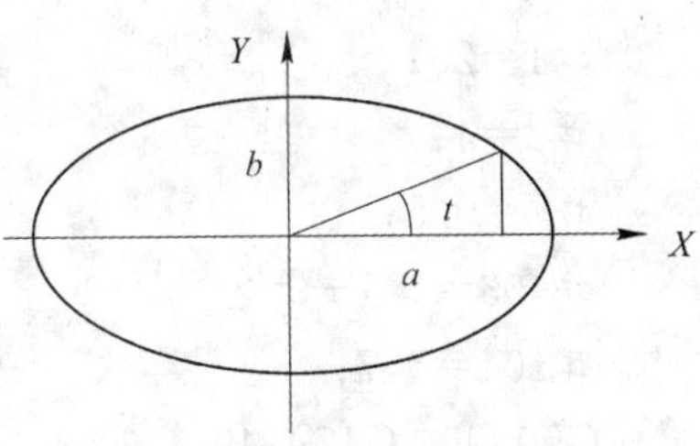

图 6-2　椭圆图形

编程采用角度变量 t 作为自变量，其步长为 1，当 $t = 360$ 时加工完成。

2）加工椭圆外轮廓的宏程序

```
O0001;
N2 #100=1;                                  (角度步长)
N4 #101=0;                                  (初始角度)
N6 #102=361;                                (终止角度)
N8 #103=50;                                 (长半轴)
N10 #104=40;                                (短半轴)
N12 #105=-10.0;                             (深度)
N14 G90 G54 G00 G17 G40;                    (程序初始化)
N16 M03 S750;
N18 G90 G00 X[#103+10] Y-15Z100.0;         (刀具运行到(60, 0, 100)的位置)
N20 G43 Z50. H01;
N22 X60. Y-15.;
N24 Z5. M08;
N28 G01 Z[#105] F500.0;                     (刀具下到-10 mm)
N30 #114=#101;                              (赋初始值)
N32 #112=#103*COS[#114];                    (计算 X 坐标值)
N34 #113=#104*SIN[#114];                    (计算 Y 坐标值)
N36 G01 G42 X[#112] Y[#113] D02 F100.0;     (走到第一点,并运行一个步长)
N38 #114=#114+#100;                         (变量#114 增加一个角度步长)
N40 IF[#114LT#102]GOTO32;                   (判断#114 是否小于 361,满足则返回 32)
N42 G01G40X[#103+20]Y0;                     (取消刀具半径补偿,回到(65,0))
N44 G00 Z5. M09;                            (抬刀,关切削液)
N46 G49 G00 Z100.0 M05;                     (快速抬刀,取消刀具长度补偿)
N48 X260 Y50;                               (快移至换刀位置)
N50 M30;                                    (程序结束)
```

2. 型腔内壁凹球面宏程序的编制

1）编程计算

如图 6-3 所示，设球头铣刀的半径为 D，球刀 Z 向步进角为 A，则球头铣刀铣削时刀心坐标为：

$$\begin{cases} X = (R - D) \times \cos(A) \\ Z = (R - D) \times \sin(A) \end{cases}$$

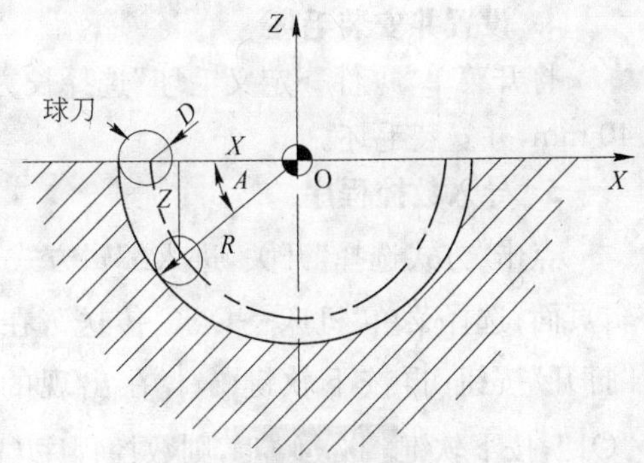

图 6-3　加工计算分析图

2）加工型腔内壁凹球的宏程序

```
O0002;
```

```
#1=25;                               (定义凹球半径)
#2=4;                                (定义球刀半径)
#7=0.5;                              (定义步长变量0.5°)
#103=#1-#2;                          (计算球刀运动的初始半径)
#104=#7;                             (将#7变量赋值给变量#104)
G90 G54 G17 G49                      (程序初始化)
M03 S1200;                           (主轴正转)
G0 Z30;                              (抬刀)
G00 X[#103] Y0;                      (X、Y快移至初始位置)
G43 Z5. H01 M08;                     (建立长度补偿,开切削液,快速接近工件)
G01 Z0 F120;
N10 #110=#103*COS[#104];             (计算球头铣刀X坐标)
#120=#103*SIN[#104];                 (计算球头铣刀Z坐标)
G01 X[#110] Z-[#120] F80;            (X、Z联动进刀)
G02 I-[#110];                        (铣削整圆)
#104=#104+#7;                        (步进角增加0.5°)
IF [#104 LT 90.5] GOTO10;            (判断是否到达凹球底部)
G00 Z5. M09;                         (抬刀,关切削液)
G0 Z30 G49 M05;                      (快速抬刀,取消刀具长度补偿)
X260 Y50;                            (快移至换刀、测量位置)
M30;                                 (程序结束)
```

(三)零件数控加工仿真

1. 选择机床

打开菜单"机床→选择机床",在选择机床对话框中选择"FANUC 0iM控制系统",再选择"济南第一机床厂J1VMC40M"标准铣床,选择好后按"确定"按钮。

2. 激活机床

按下控制面板上的电源启动按钮,并松开急停按钮。

3. 回参考点

点击"方式选择"开关,进入回零方式。点击轴选择"X"键再点击轴移动"+",完成X轴回参考点操作,用同样方法完成Y轴、Z轴回参考点操作。

4. 设置并安装毛坯

打开菜单"零件→定义毛坯"选择长方形毛坯,材料为45钢,尺寸为100 mm×80 mm×40 mm,并安装毛坯。

5. 导入数控程序

点击"方式选择"开关,进入编辑方式。按下MDI键盘上的程序键 PROG ,CRT界面转入编辑页面;选择菜单"机床→DNC传送",在弹出的文件对话框中选择所需的文件1.nc,按下"打开"按钮;再按下软键 ▶ ,在出现的菜单中按下软键 [READ] ,在MDI键盘上输入"O1",按下软键 [EXEC] ,则数控程序O0001显示在CRT界面上。同样方法导入O0002、

O0003 号程序。

6. G54 坐标系的设定

X、Y 轴的坐标系原点采用刚性靠棒对刀来设定，其设定方法参见项目一所述内容，不再赘述。设定好后对二道工序有效，即只需设定一次，设定后如图 6-4 所示。

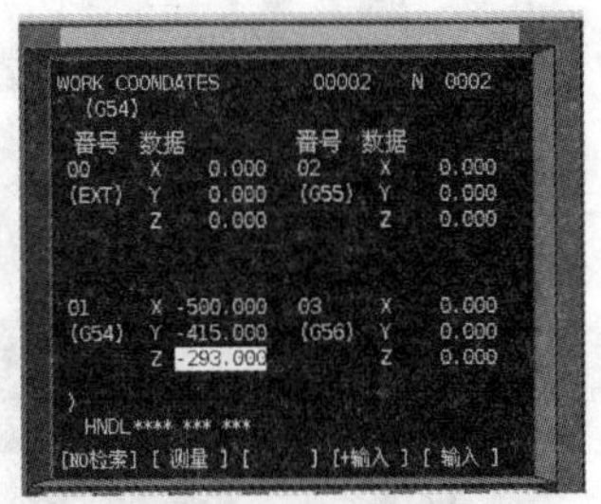

图 6-4　G54 坐标系设定

7. 安装 ϕ18 立铣刀、Z 轴对刀

(1) 按下按钮，进入刀具选择界面，根据工序所需选择直径为 18 的平底刀，如图 6-5 所示，确定后退出，刀具即自动装到主轴上。

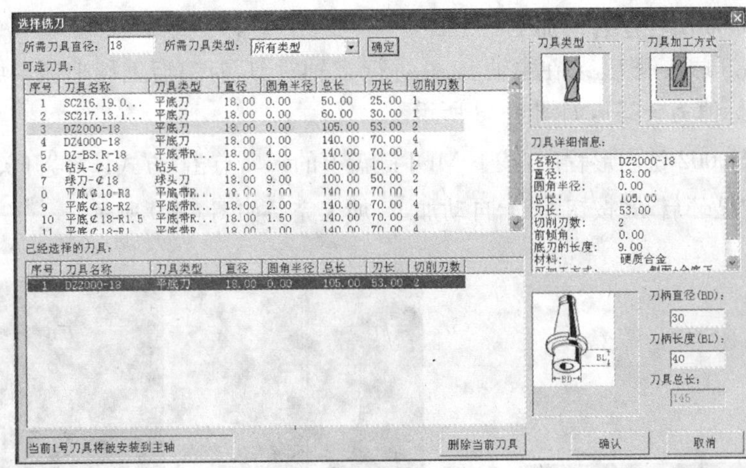

图 6-5　刀具选择

(2) 装好刀具后，将机床主轴移动到大致位置进行塞尺检查，检查合适后，按下控制面板键盘上的 OFFSET SETTING 键，再按下软键[坐标系]，把光标定位在需要设定的坐标系 01(G54)上，在 MDI 键盘上输入 Z1（“1”为塞尺厚度），按下菜单软键[测量]，系统自动计算出工件坐标系原点在机床坐标系中的 Z 坐标值，并输入到 01G54 中，如图 6-4 中的 Z 值－293 所示。

8. 输入刀具参数

(1) 按下 OFFSET SETTING 按钮，按下[补正]软键，移动光标到番号为 001 的位置。

(2) 光标移到形状(D)栏下，在 MDI 键盘上输入刀具半径值“9”，按下 MDI 键盘上的[INPUT]键完成 1 号刀具半径的输入。

(3) 同样方法完成 2 号、3 号刀具的补偿值的输入，如图 6-6所示。

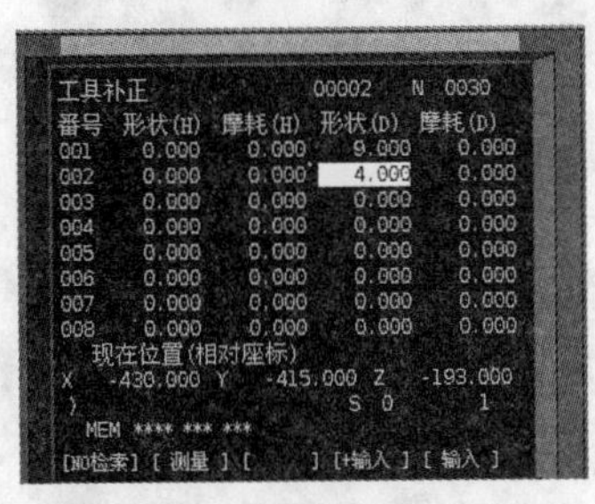

图 6-6　刀具补偿值输入

9. 运行 O0001 程序自动加工

首先调用 O0001 铣椭圆外轮廓程序，按下 MDI 键盘上的 PROG，点击“方式选择”开关，进入自动加工界面。按下“循环启动”按钮，开始自动加工，加工完后如图 6-7 所示。

图 6-7 外轮廓加工后的结果

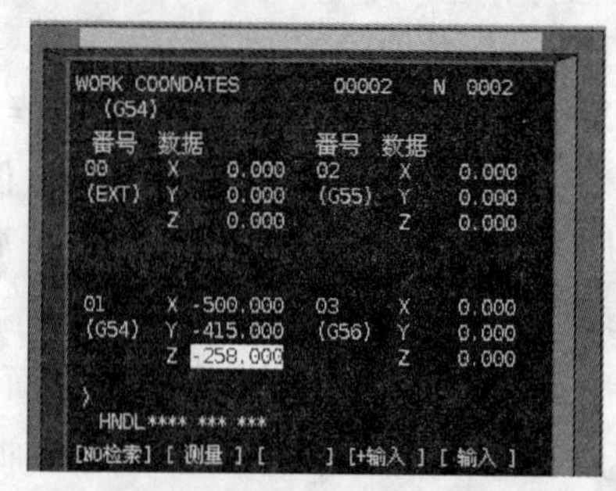

图 6-8 G54 坐标系

10. 运行 O0002 程序自动加工

(1) 选择 $\phi 8$ 球头铣刀，装在主轴上，并进行 Z 轴对刀，对刀后工件坐标系原点在机床坐标系中的 Z 坐标值为−258，如图 6-8 所示。

(2) 调用 O0002 铣内形程序，按下 MDI 键盘上的PROG，点击“方式选择”开关，进入自动加工界面。按下“循环启动”按钮，开始自动加工，加工完后如图 6-9 所示。

图 6-9 内轮廓加工后的结果

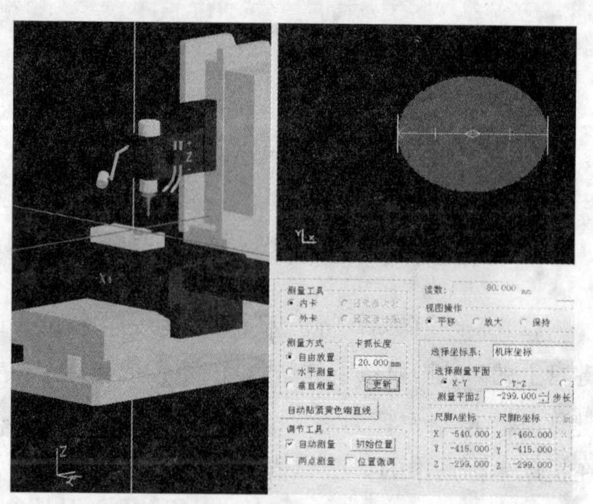

图 6-10 零件尺寸测量

11. 零件测量

加工完成后，选择菜单“测量→剖面图测量”，选择测量线段对各尺寸进行测量。测量椭圆长轴长度尺寸如图 6-10 所示。

三、拓展提高

1. 子程序与宏程序的区别

(1) 在一个加工程序中的若干位置，如果包含有一连串在写法上完全相同或相似的内容，为了简化程序，可以把这些重复的程序段单独列出，并按一定的格式编写成子程序。主程序在执行过程中如果需要某一子程序，可以通过调用指令来调用该程序，子程序执行后又可以返回主程序，继续执行后面的程序段。用户宏程序是能完成某一功能的一系列指令像子程序一样存入存储器，然后用一个总指令代表它们，使用时只需给出这个总指令就能执行其功能。

(2) 用户宏程序使用变量算术和逻辑运算及条件转移，使得编制相同加工操作的程序更方便、更容易，可将相同加工操作编为通用程序，如型腔加工宏程序和固定加工循环宏程序，使用时加工宏程序可用一条简单指令调出。而子程序只能使用常量，常量之间不可以运算，程序只能顺序执行，不能跳转。

(3) 宏调用是通过宏扩展来实现的，宏引用多少次，就相应扩展多少次，所以，引用宏不会缩短目标程序，但其参数传送简单，执行效率高。适用于子功能代码较短、传参较多的情况。

(4) 子程序代码在目标程序中只出现一次，调用子程序是执行同一程序段，因此，目标程序也得到相应的简化，节省内存。子程序可被多次调用，编程效率高。但子程序额外开销(保存返回地址，计算转向地址，传递参数等)变大，增加了执行时间，适用于子功能代码较长、调用比较频繁的情况。

2. 子程序转化为宏程序

【案例】

如图 6-11 所示零件，要求对六个台阶孔进行精铣，采用 ϕ16 mm4 刃细齿立铣刀进行铣削，工件坐标系零点位于工件上表面的中心位置。

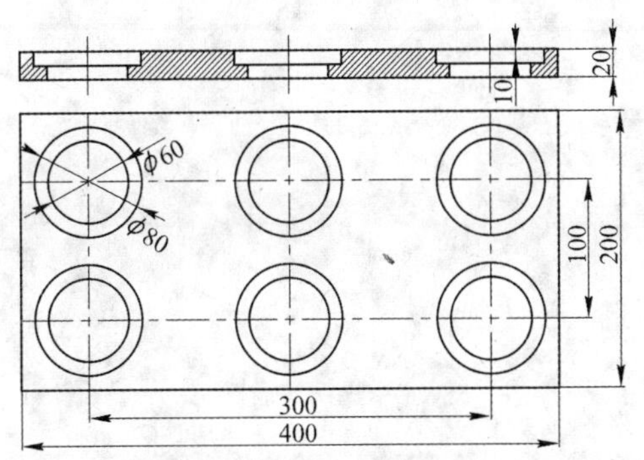

图 6-11　台阶多孔零件

1) 子程序调用转化为宏程序调用　由于每个台阶孔的形状一致，可以采用子程序编程进行铣削，也可以采用宏程序编程进行铣削。因子程序编程不能传递变量，因而每加工一个孔(调用一次子程序)，必须给出孔的定位坐标值，而采用宏程序调用时，可以在调用程序中直接给每个孔的坐标赋值，然后在宏程序中用变量来代替孔的定位坐标值。程序如下：

(1) 子程序调用程序

主程序

```
O0001;
G54 G90 G17 G40;          (程序初始化)
M03 S2000;                (主轴正转)
G0 Z50;                   (抬刀)
X-150 Y-50;               (定位第一个孔 X、Y 坐标)
Z5;                       (快速接近工件)
M98 P0002;                (调用子程序加工第一个孔)
G0 X-150 Y50;             (定位第二个孔 X、Y 坐标)
M98 P0002;                (调用子程序加工第二个孔)
G0 X0 Y50;                (定位第三个孔 X、Y 坐标)
M98 P0002;                (调用子程序加工第三个孔)
```

```
G0 X0 Y－50;              (定位第四个孔 X、Y 坐标)
M98 P0002;                (调用子程序加工第四个孔)
G0 X－150 Y－50;          (定位第五个孔 X、Y 坐标)
M98 P0002;                (调用子程序加工第五个孔)
G0 X－150 Y50;            (定位第六个孔 X、Y 坐标)
M98 P0002;                (调用子程序加工第六个孔)
G0 Z50;                   (抬刀)
M30;                      程序结束
子程序
O0002;
G91 G0 X24;               (走刀至圆起始点)
G1 Z－27 F60;             (下刀至底面)
G3 I－24 F200;            (铣削 φ40 的圆)
G0 Z12;                   (抬刀至 φ30 圆底部)
G1 X10;                   (走刀至圆起始点)
G3 I－34;                 (铣削 φ30 的圆)
G0 Z15;                   (返回初始位置)
M99;                      (子程序返回)
```

(2) 宏程序调用程序

```
主程序
O0003;
G54 G90 G17 G40;
M03 S2000;
G0 Z50;
Z5;
G65 P0004 X－150 Y－50;     (孔位置赋值,调用子程序加工第一个孔)
G65 P0004 X－150 Y50;       (孔位置赋值,调用子程序加工第二个孔)
G65 P0004 X0 Y50;           (孔位置赋值,调用子程序加工第三个孔)
G65 P0004 X0 Y－50;         (孔位置赋值,调用子程序加工第四个孔)
G65 P0004 X150 Y－50;       (孔位置赋值,调用子程序加工第五个孔)
G65 P0004 X150 Y50;         (孔位置赋值,调用子程序加工第六个孔)
G0 Z100;
M30;
宏程序
O0004;
G90 G0 X[＃24＋24] Y＃25;    (X 自变量赋值给变量＃24,Y 自变量赋值给变量＃25)
Z5;
G1 Z－20 F60;
G3 I－24 F200;
```

```
G0 Z−10；
G1 X[#24+34]；
G3 I−34；
G0 Z5；
M99；
```

2) 利用宏变量实现子程序调用功能　宏程序可以采用变量、循环、转移指令编制相同加工操作的程序，因而可以在一个程序内实现子程序调用的功能。可以把子程序作为一个循环体，通过变量计算及条件转移，实现循环体的多次调用，从而实现子程序多次调用的功能。

```
O0005；
G54 G90 G17 G40；
M03 S2000；
G0 Z50；
Z5；
#1=2；                          (行数)
#2−3；                          (列数)
#3=150；                        (列距)
#4=100；                        (行距)
#5=−150；                       (左下角孔中心坐标(起始孔))
#6=−50；
#10=1；                         (列变量)
WHILE #10 LE #2 DO1；           (判断列数是否达到)
#11=1；                         (行变量)
#20=#5+[#10−1]*#3；             (待加工孔的孔心坐标 X)
WHILE #11 LE #1 DO2；           (判断行数是否达到)
#21=#6+[#11−1]*#4；             (孔心坐标 Y)
G0 X[#20+24] Y#21；
G1 Z−22 F100；
G3 I−24；
G0 Z−10；
G1 X[#20+34]；
G3 I−34；
G0 Z5；
#11=#11+1；                     (下一行)
END2；                          (行循环结束)
#10=#10+1；                     (下一列)
END1；                          (列循环结束)
G0 Z100；
M30；
```

思考与练习

1. 变量有哪几种类型?

2. 熟悉算术和逻辑运算及其符号。

3. 熟悉常用语句功能及其表达式。

4. 用宏程序编制如图 6-12 所示抛物线 $Z=X^2/8$ 在区间[0, 16]内的程序。

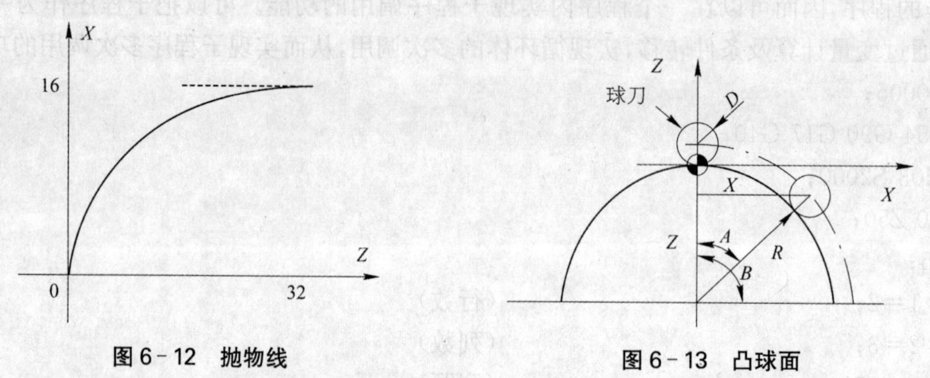

图 6-12 抛物线

图 6-13 凸球面

5. 编制如图 6-13 所示凸球面铣削宏程序。

6. 用宏程序和子程序功能加工圆周等分孔。设圆心在 O 点,它在机床坐标系中的坐标为(X_O, Y_O),在半径为 r 的圆周上均匀地钻几个等分孔,起始角度为 α,孔数为 n。以零件上表面为 Z 向零点,如图 6-14 所示。

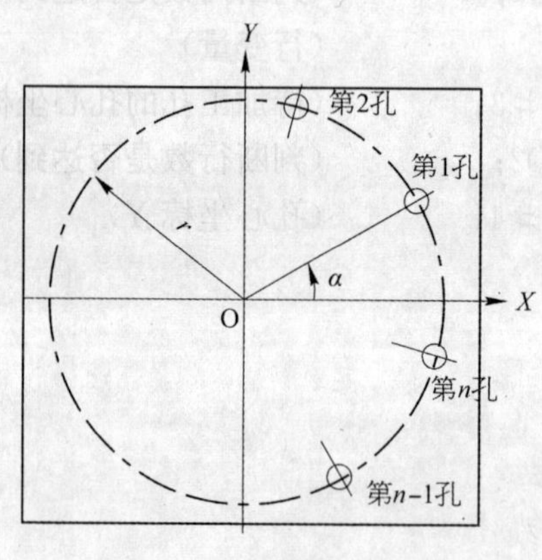

图 6-14 圆周等分孔

项目七　简单零件加工

【学习目标】

1. 掌握数控铣床加工零件的全过程。
2. 掌握数控加工工艺分析。
3. 熟悉数控仿真软件的综合使用。
4. 掌握自动编程的全过程。
5. 熟悉实际数控铣床的操作加工。

【案例】

试加工下列简单零件，零件图纸如图 7-1 所示，毛坯为直径 180 mm，长 60 mm 的柱状零件，加工部分高度为 20 mm。

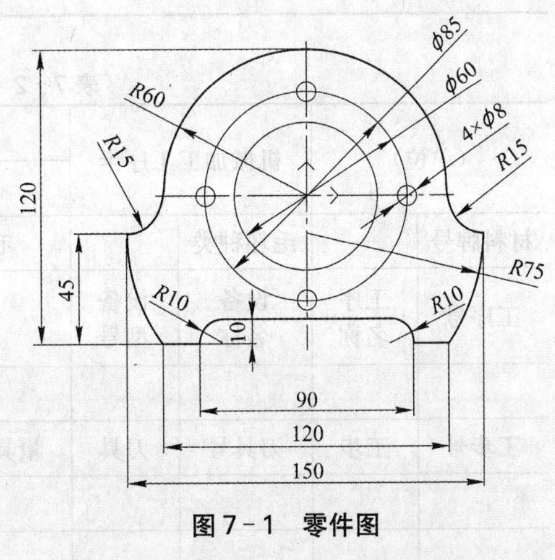

图 7-1　零件图

一、相关知识

(一) 数控加工工艺分析

将加工工艺书写成规范格式的文字材料，形成用于指导生产的书面资料称工艺文件。工艺文件的格式、种类、详细程度与企业的生产性质、生产方式、技术水平等有直接关系，差别较大，以够用为度。工艺文件是工艺设计的工作成果，常用的工艺文件包括以下几个方面：

1) 机械加工工艺过程卡　这种卡片以工序为单位，简要地列出整个零件加工所经过的工艺路线(包括毛坯制造、机械加工和热处理等)。它是制定其他工艺文件的基础，也是生产技术准备、编排作业计划和组织生产的依据。由于机械加工工艺过程卡的内容分得比较粗，批量生产流水线上的操作工基本不用，而非流水线作业操作工和管理部门用的多。机械加工工艺过程卡片的格式见表 7-1。

2) 机械加工工序卡片　机械加工工序卡片是根据工艺卡片为每一道工序制定的。它更详细地说明了整个零件各个工序的加工要求，是用来具体指导工人操作的工艺文件。在这种卡片上，要写明加工方法及顺序，画出工序简图，注明该工序每一步的内容、工艺参数、操作要求以及所用的设备和工艺装备。机械加工工序卡片的格式见表 7-2。

3) 数控加工工序卡片　考虑到使用方便，与机械加工工序卡片应有所不同，见表 7-3。

表 7－1　机械加工工艺过程卡

(单位)	机械加工工艺过程卡片		产品型号			零件图号	
			产品名称			零件名称	
材料牌号		毛坯种类	毛坯外形尺寸			备注	
工序号	工序名称	工序内容	车间	工段	设备	工艺装备	工时
编制		审核		批准		共　页	第　页

表 7－2　机械加工工序卡片

(单位)		机械加工工序卡		产品型号				零件图纸	
				产品名称				零件名称	
材料牌号		毛坯种类		毛坯外形尺寸				备注	
工序号	工序名称	设备名称	设备型号	程序编号		夹具号	夹具名称	冷却液	车间
工步号	工步	刀具号	刀具	量具	主轴转速	切削速度	进给速度	背吃刀	备注
编制		审核		批准		共　页		第　页	

表 7-3 数控加工工序卡片

(单位)		数控加工工序卡	产品名称或代号		零件名称	材料	零件图号	
工序号	程序编号	夹具名称	夹具编号		使用设备		车间	
工步号	工步内容	刀具号	刀具规格	主轴转速	进给量	背吃刀	量具	备注
编制		审核		批准		共 页	第 页	

4) 数控加工工艺附图卡片　由于数控加工工序卡片中无工艺附图栏，故应有数控加工工艺附图卡片，见表 7-4。

表 7-4 数控加工工艺附图卡片

(单位)		数控加工工艺附图卡片	产品名称或代号	零件名称	材料	零件图号
工序号	程序编号	夹具名称	夹具编号	使用设备		车间
编制		审核	批准		共 页	第 页

5) 数控加工刀具卡片　考虑到数控加工需要的刀具比较多，且刀具与刀杆的连接多数属于标准化、系列化，为便于组织管理刀具系统，应建立数控加工刀具卡片，见表 7-5。

表 7-5 数控加工刀具卡片

(单位)	数控加工刀具卡片			产品名称或代号	零件名称	材料	零件图号
工序号		程序编号	夹具名称	夹具编号	使用设备		车间
序号	刀具号	刀具名称	刀具规格	刀杆			备注
				名称	型号	规格	
编制		审核		批准		共 页	第 页

6) 数控加工工艺质量控制书　数控加工工艺质量控制书提供给操作工，用来控制零件工序质量，见表 7-6。操作工使用数控加工工序质量控制书可以有效地防范出现批量废品。

表 7-6 数控加工工序质量控制书

(单位)	数控加工工序质量控制书	产品名称或代号	零件名称	材料	零件图号
序号	检测项目	技术要求	控制要求		
			检测频次		检测期
编制	审核	批准		共 页	第 页

需要说明的是:工艺文件格式应优先符合国家标准,若无标准规定,企业应建立自己的统一格式,不能由个人随心所欲。

(二) 计算机与数控机床的数据传输

数控机床的程序传输途径很多,通常有如表 7-7 所列五种传输方式。

表 7-7 数控程序传输方法

程序传输途径	特 点
RS232 线缆	需要与 PC 机进行线缆连接,需设定不少传输参数,对技术人员水平要求高
PCMCIA-CF 卡	对操作人员水平要求不高,不用组网,成本低廉,安装使用方便
U 盘	对数控系统的版本要求较高,2005 年以前的系统基本不支持 U 盘
PCMCIA-RJ45	一种类似于局域网的数控管理方式,设置通信参数有一点难度,专业水平较高
网络化数控	尚未普及,国内处于研发试验阶段

这里我们主要介绍 RS232 缆线传输与 CF 卡传输两种方法。

1. RS232 传输程序

1) 串口线路的连接

(1) 华中系统串口线路的连接。华中系统数控机床的 DNC 采用 2 个 9 孔插头(其串口编号如图 7-2 所示。一个与电脑的 COM1 或 COM2 相连接,另一个与数控机床的通信接口相连接)用网络线连接。焊接关系如图 7-3 所示,采用 1、9 空以外,其他一一对应进行焊接。

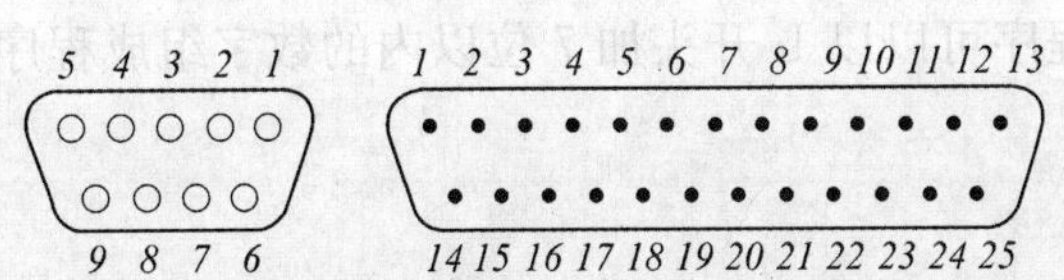

图 7-2 9 孔串行接口与 25 针串行接口编号

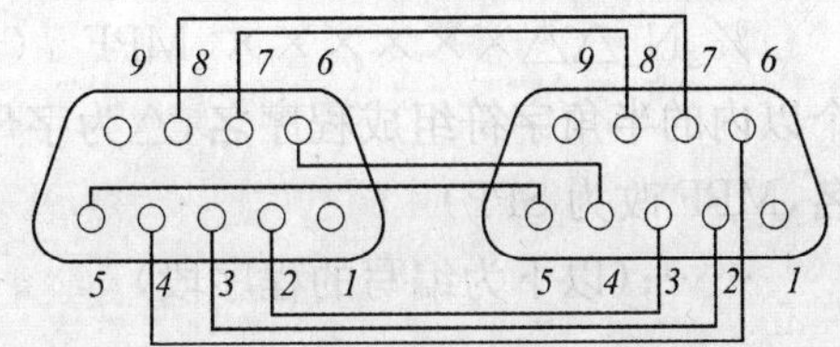

图 7-3 9 孔串口的焊接关系

(2) FANUC 0iM 系统串口线路的连接。FANUC 0iM 系统数控机床的 DNC 采用 9 孔插头(与电脑的 COM1 或 COM2 相连接)及 25 针插头(与数控机床的通信接口相连接)用网络线连接。25 针串行接口的编号如图 7-2 所示;9 孔串口与 25 针串口的焊接关系如图 7-4 所示。

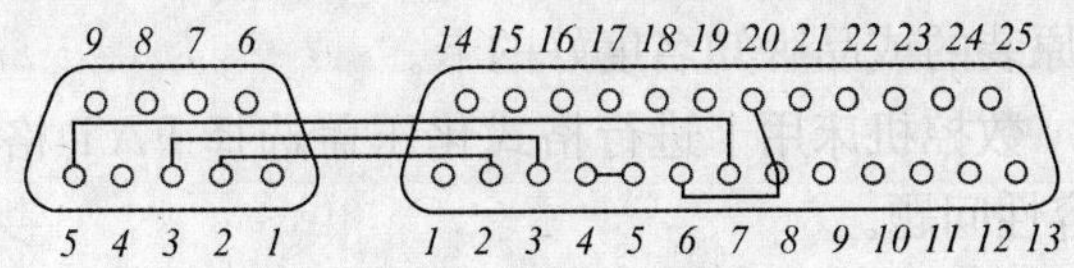

图 7-4 9 孔串口与 25 针串口的焊接关系

(3) SIEMENS系统串口线路的连接。SIEMENS系统数控机床的DNC采用的方式与华中系统数控车床的相同,如图7-2所示。

2) 程序格式

(1) 华中系统保存到文件夹中的程序文件名可任意命名(最好为英文或数字)。

① 程序的编写。在记事本中编写程序。

② 程序格式:

%×××× (四位以内的数字组成程序名。×为数字,下同)

……;(以下为编写的程序段)

……;

③ 保存到文件夹中的程序文件名 O××××("O"为英文)。

(2) FANUC 0iM系统。

① 程序的编写。在记事本中或在CNC-EDIT、NC Sentry传输软件中编写程序。

② 程序格式。

%

O×××× (四位以内的数字组成程序名)

……;(以下为编写的程序段)

……;

%

③ 保存到文件夹中的程序文件名可任意命名(最好为英文或数字)。

(3) SIEMENS系统。

① 程序的编写。在记事本中或在CNC-EDIT、NC Sentry传输软件中编写程序。

② 程序格式:

%_N_△△××××××_MPF (由开头的两个字母和后面的数字、下划线及字母等8个以内的半角字符组成程序名,△为字母,子程序可以以L开头加7位以内的数字组成程序名,MPF改为SPF)

……;(以下为编写的程序段)

……;

2. CF卡传输

1) CF卡的选购 CF卡在购买时,应注意以下几个方面:

(1) 确认数控系统面板有PCMCIA插槽。

(2) 不要追求容量大的卡,选择容量在1 G以下,厚度为5 mm的卡。

(3) CF卡是50孔的数据接口,机床传输口是68针,需要PCMCIA转CF适配器配合使用。

(4) 尽量选择购买原装的或品牌知名度好的卡。

2) CF卡的格式化 数控机床用卡进行格式化压盖选择FAT格式,且最好在数控机床上进行,因为会出现兼容性问题。

格式化步骤如下:插入CF卡→按下机床电源按钮→同时按下屏幕下面最右边两个软键,然后屏幕出现如下提示:

SYSTEM MON ITOR MAN MENU

1. SYSTEM DATA LOAD NG
2. SYSTEM DATA CHECK
3. SYSTEM DATA DELETE
4. SYSTEM DATA SAVE
5. SRAM DATA BACK UP
6. MEMORY CARD FILE DELETE
7. MEMORY CARD FORMAT

.

.

End

**** MESSAGE ****

SELECT MENU AND HIT SELECT KEY

[SELECT]　[YES]　[NO]　[UP]　[DOWN]

按[DOWN]移动光标至 7 行,再按[YES],然后按照提示操作即可对 CF 卡进行格式化。

3) 程序传输

(1) 传输格式。计算机上进行数控程序的编制,用的是文字编辑软件,可用系统自带的记事本或写字板,也可用专业的数控程序编辑软件。

(2) 程序的导出操作。程序的导出,指的是把机床存储器中的程序备份到CF卡的操作。

单个程序导出步骤如下:

① 确保机床可靠接地后,插入 CF 卡,开启机床电源。

② 按功能键 OFFSET,改 0020 号参数值为 4;此时会有 100 号报警,同时按 RESET 和 CAN 清除。

③ 置机床于 EDIT 模式,打开要导出的程序,按下软键[OPRT]→[PUNCH]→[EXEC]即可,导出的程序在 CF 卡中的程序名与机床中的程序同名。

所有程序的导出步骤如下:

① 确保机床可靠接地后,插入 CF 卡,开启机床电源。

② 按功能键 OFFSET,改 0020 号参数值为 4;此时会有 100 号报警,同时按 RESET 和 CAN 清除。

③ 置机床于 EDIT 模式,按功能键[SYSTEM],按两次"菜单翻页键",再按软键[ALL IO]→[PROG]→从 MDI 键盘输入"O9999"→[EXEC]即可,传送到 CF 卡的文件名为 PROGRAM. ALL。

(3) 程序的导入操作。程序的导入,指的是把 CF 卡中的程序备份到机床存储器中。

以操作 CF 卡里的序号为 9(卡中文件名为 O0023)的单个程序的导入机床存储器步骤如下:

① 确保机床可靠接地后,插入 CF 卡,开启机床电源。

② 按功能键 OFFSET,改 0020 号参数值为 4;此时会有 100 号报警,同时按 RESET 和 CAN 清除。

③ 置机床于 EDIT 模式,按功能键 PROG→按"菜单翻页键"→[CARD]→[OPRT]→[F READ]→从 MDI 键盘输入文件名"9"→[F SET]→从 MDI 键盘输入存进机床存储器的新程

序名“5”→[O SET]→[EXEC]，至此卡中的 O0023 程序已导入了机床存储器中(程序名为 O0005)。

4) 传输中常见故障与解决方法　在 CF 卡与机床的传送中，可能会出现误操作，导致数控系统报警。根据不同的出错代码。可参照表 7－8 选择相应的措施进行处理。

表 7－8　常见故障及解决方法

代码	故障类型	解决方法
99	存储卡的 FAT 区之前的部分被破坏	重新格式化 CF 卡或更换新卡
105	尚未安装存储卡	插紧或重新安装 CF 卡
114	没有指定的文件名	重新指定文件名
115	指定的文件处于被保护状态	取消文件的保护状态
121	存储卡的可用空间不足	进行程序删除，保证所需的空间
122	指定的文件名不正确	重新指定正确的文件名
124	指定的文件名的扩展名不正确	指定正确的扩展名(如 TXT，NC)
135	没有格式化	在机床上对卡进行格式化
140	文件具有不能读/写的属性	取消文件的存档/只读属性

二、相关实践

要求完成编制案例所示零件的数控加工程序，利用数控仿真软件进行程序校验、仿真加工、尺寸测量，利用 Pro/E 软件对数控铣加工零件进行自动编程，并完成数控铣削的操作加工。

(一) 编制零件的数控加工程序

参考程序如下：

```
O0010;
N01  G54G90G00X100.0Y80.0Z10.0;
N02  S600M03;
N03  X100.0Y30.0;
N04  G01Z-11.0F30;
N05  G41D01X75.0Y-10.0F100;
N06  G91G01Y-5.0;
N07  G90G02X60.0Y-60.0R75.0;
N08  G91G01X-15.0;
N09  G03X-10.0Y10.0R10.0;
N10  G90G01X-35.0;
N11  G03X-45.0Y-60.0R10.0;
```

```
N12  G91G01X－15.0;
N13  G90G02X－75.0Y－15.0R75.0;
N14  G03X－60.0Y0R15.0;
N15  G02X60.0R60.0;
N16  G91G03X15.0Y－15.0R15.0;
N17  G01X10.0;
N18  G90G00Z5.0;
N19  G40G00X0.0Y0.0;
N20  G01Z－11.0F30;
N21  G01G42D01X－10.0Y10.0F100;
N22  G02X0.0Y30.0R30.0;
N23  J－30;
N24  X10.0Y10.0R30.0;
N25  G01G40X0.0Y0.0;
N26  G00Z100.0;
N27  M30;
```

钻孔程序如下(刀具选用 $\phi 8$ 的麻花钻):

```
O0020;
N01  G54G90G00X0.0Y0.0Z10.0;
N02  S600M03;
N03  G00X0.0Y42.5;
N04  G99G73R5.0Z－12.0Q5.0K2F100;
N05  Y－42.5;
N06  X42.5Y0.0;
N07  X－42.5;
N08  G80G00X0.0Y0.0;
N09  Z100.0M05;
N10  X0.0Y0.0;
N11  M30;
```

(二) 零件的数控加工仿真

加工步骤如下:选择系统;机床回零;安装工件建立工件坐标系;导入数控程序;检查运行轨迹;安装刀具;自动加工。下面以“数控仿真系统(FANUC 0iM)”为例介绍具体操作过程。

1) 选择系统　如图 7－5 所示,点击“FANUC 0iM”,单击“运行”按钮,此时确定FANUC 0iM 系统的立式铣床为加工设备,界面如图 7－6 所示。

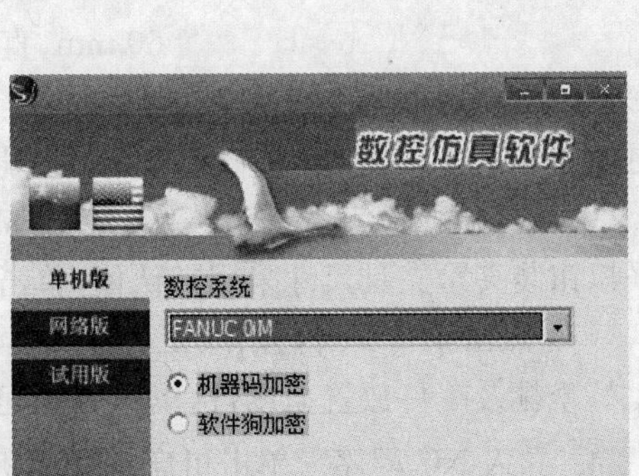

图 7－5　选择系统

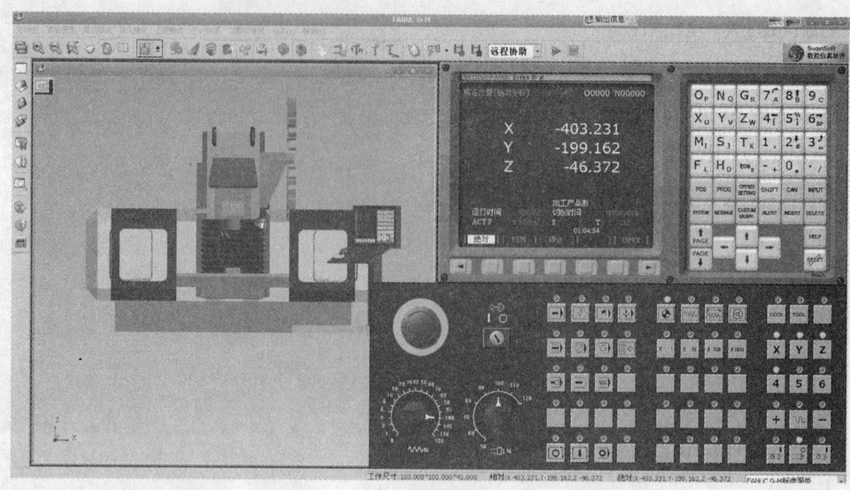

图 7－6 机床系统主界面 ZAQ

2) 机床回零

(1) 检查急停按钮是否为松开状态。若未松开，单击急停按钮，将其松开。

(2) 检查操作面板，回原点按钮上面指示灯是否亮。若指示灯亮，则进入回原点模式；若指示灯不亮，则单击按钮，进入回原点模式。

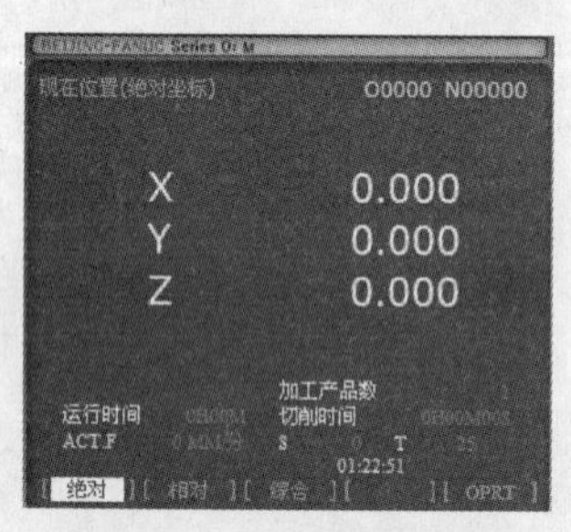

图 7－7 返回原点坐标

(3) 在回原点模式下，将 X 轴回原点。单击面板上的 X 按钮，再单击 + 按钮，此时完成 X 方向回原点操作，同时 X 轴回原点灯变亮，CRT 上的 X 坐标变为“0.000”。同样，完成 Y、Z 坐标的回原点操作。此时 CRT 显示屏显示如图 7－7 所示。

3) 安装零件及建立工件坐标系

(1) 点击菜单“工件操作/设置毛坯”，在“设置毛坯”对话框(图 7－8)中，将工件形状设置为“圆柱体”，尺寸设为高 60 mm、直径为 180 mm，材料为默认“08F 低碳钢”；工件坐标系采用“G54”寄存器进行设置，刀具中心与工件中心位置一致，刀具高度设置为 120 mm；勾上“更换加工原点”、“更换工件”复选框；零件尺寸及工件坐标系设置完成后，单击“确定”按钮。

(2) 点击菜单“工件操作/工件装夹”，在“工件装夹”对话框(图 7－9)中，“装夹方式”选择“平口钳装夹”，夹具尺寸采用默认值，单击“确定”按钮。

(3) 点击菜单“工件操作/工件放置”，在“工件放置”对话框(图 7－10)中，根据需要调整 X、Y 坐标及工件放置角度，这里不做任何调整，单击“确定”按钮退出。

4) 导入 NC 程序　单击机床操作面板上的编辑按钮，编辑状态灯亮，进入编辑状态；点击键盘操作面板上的 PROG 键，CRT 界面转为编辑页面；再按[操作]软键，在出现的下级菜单中按 ► 软键，在出现的下级菜单中按软键[F 检索]，弹出“打开”程序对话框，选择 NC 程序，单击“打开”确认，如图 7－11 所示；在同级菜单中，按软键[READ]，点击键盘操作面板输入“O0010”，按软键[EXEC]，则 NC 程序显示在 CRT 上，如图 7－12 所示。

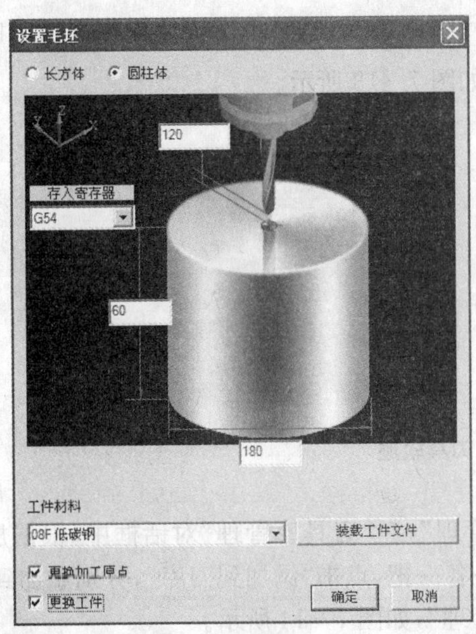

图 7-8 设置毛坯

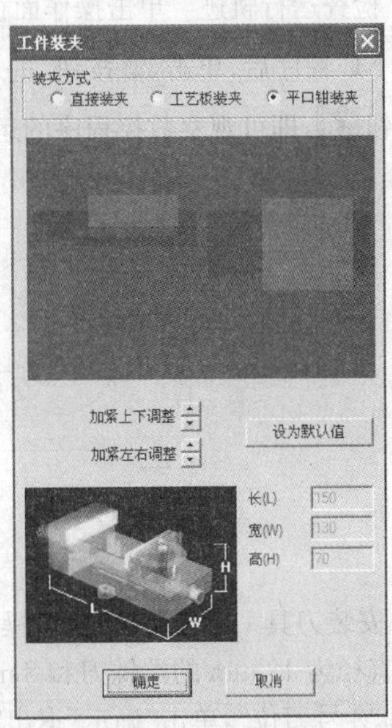

图 7-9 工件装夹

图 7-10 工件放置

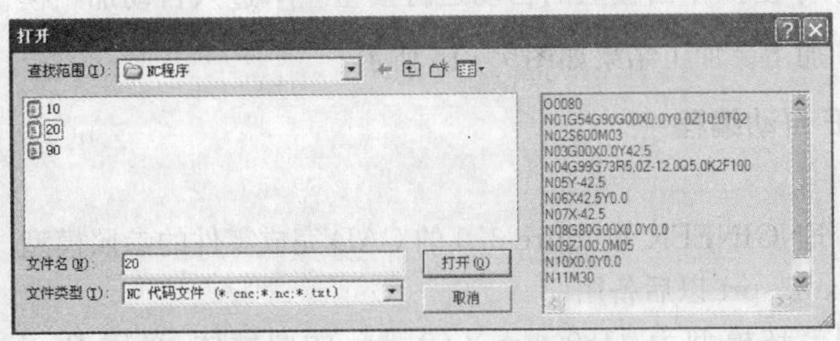

图 7-11 程序“打开”对话框

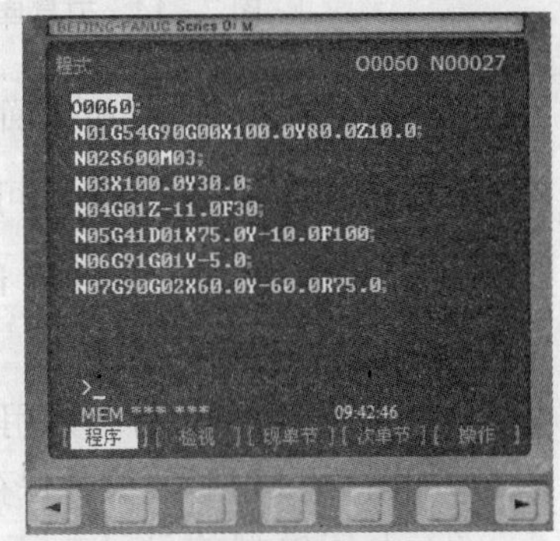

图 7-12 CRT 上程序显示

5）检查运行轨迹　单击操作面板上的自动运行按钮，进入自动加工模式；按照步骤4)选取 NC 程序后，单击CUSTOM GRAPH按钮，进入检查运行轨迹模式；此时单击机床操作面板上的循环启动按钮，即可观察数控程序的运行轨迹，如图 7 - 13 所示。

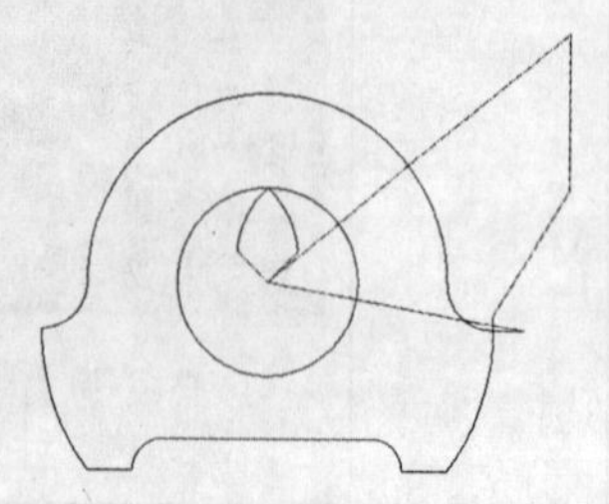

图 7 - 13　刀具轨迹

6）安装刀具　点击菜单“机床操作/刀具管理”，在“刀具库管理”对话框中，根据加工要求选择直径为 12 mm 的端铣刀和 8 mm 的钻头各一把，点击“添加到刀库”，分别添加到“1 号刀位”和“2 号刀位”，单击“确定”退出“刀具库管理”，如图 7 - 14 所示。

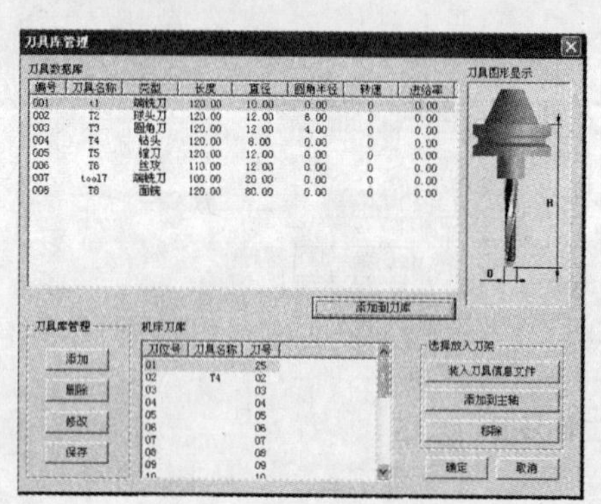

图 7 - 14　刀具库管理

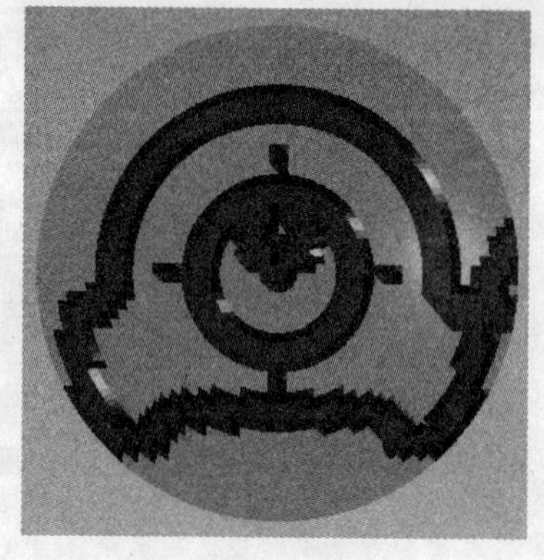

图 7 - 15　加工结果

7）自动加工　先将机床回零点；单击操作面板上的自动运行按钮，进入自动加工模式，单击循环启动按钮，即可自动加工。加工结果如图 7 - 15 所示。

（三）数控铣加工零件的 Pro/E 自动编程

1. 自动编程前的准备

1）参照模型的设计　采用 Pro/ENGINEER Wildfire 3.0 的 CAD 完成零件的参照模型设计，如图 7 - 16 所示，文件保存为 xm7.prt 以后备用。

2）毛坯模型的设计　工件即毛坯模型为 ϕ180 mm×60 mm 的圆柱体，采用 Pro/ENGINEER Wildfire 4.0 的 CAD 完成零件的毛坯模型设计，如图 7 - 17 所示，文件保存为 xm7gj.prt 以后备用。

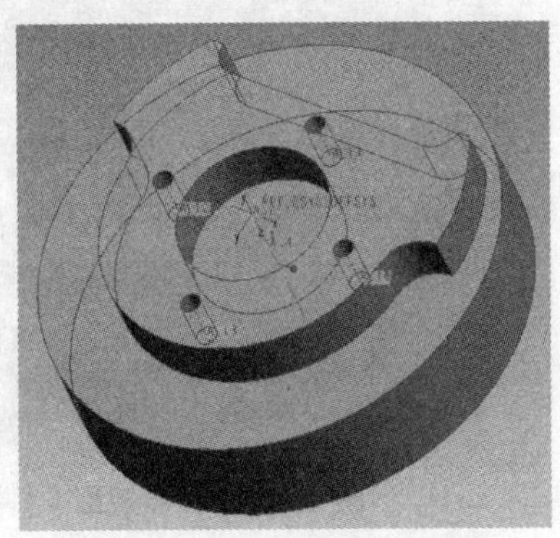

图 7 - 16 参照模型

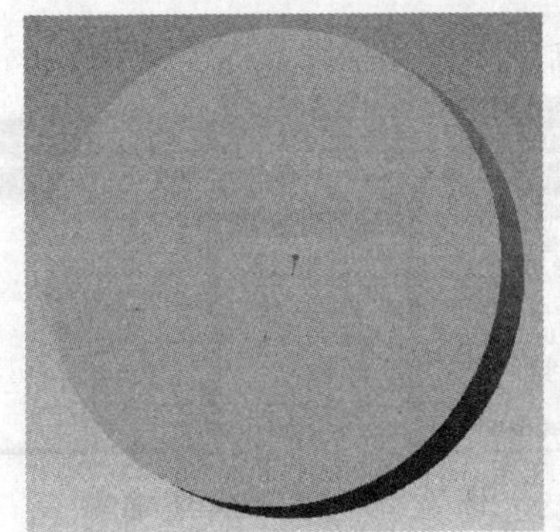

图 7 - 17 毛坯模型

2. 新建 NC 文件

(1) 使用【文件】→【新建】菜单命令或单击工具栏“新建”按钮。

(2) 在出现的如图 7 - 18 所示的“新建”对话框中，选取“类型”为“制造”，“子类型”为 NC 组件，文件名为 xm7，取消“使用缺省模板”选项，单击“确定”按钮。

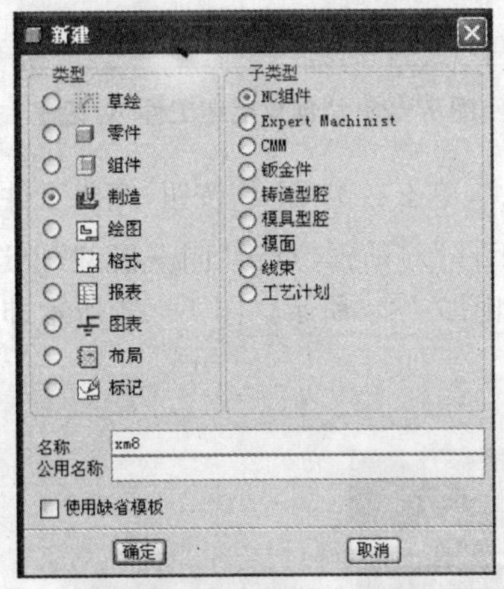

图 7 - 18 “新建”对话框

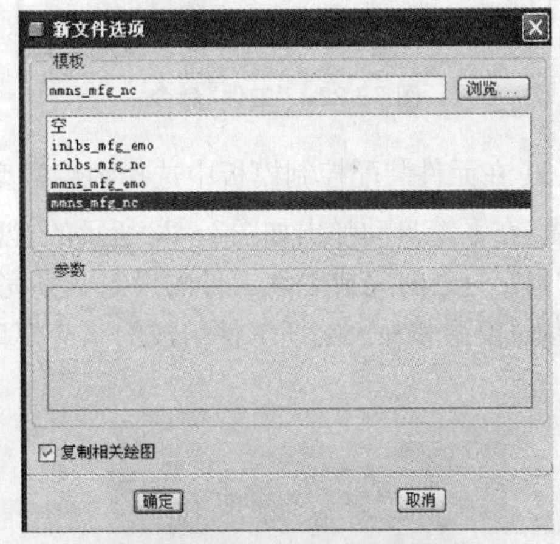

图 7 - 19 新文件选项

(3) 在出现的如图 7 - 19 所示的“新文件选项”对话框中，选取“mmns_mfg_nc”模板，单击“确定”按钮，进入 Pro/NC 模块。

3. 制造模型的设计

1) 以装配方式装配参照模型

(1) 如 7 - 20 所示，在“制造”菜单中依次单击“制造模型”→“装配”→“参照模型”命令。

(2) 在系统弹出的“打开”对话框中，选取先前准备的 xm7. prt 零件模型文件，单击“打开”按钮，其结果如图 7 - 21 所示。

2) 以装配方式装配毛坯工件

(1) 如图 7 - 22 所示，在“制造”菜单中依次单击“制造模型”→“装配”→“工件”命令。

(2) 在系统弹出的“打开”对话框中，选取先前准备的零件模型文件，单击“打开”按钮。

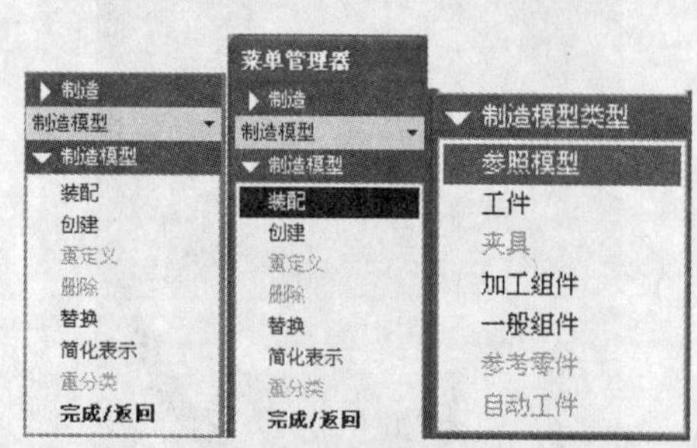

图 7－20 “参照模型”命令

图 7－21 参照模型

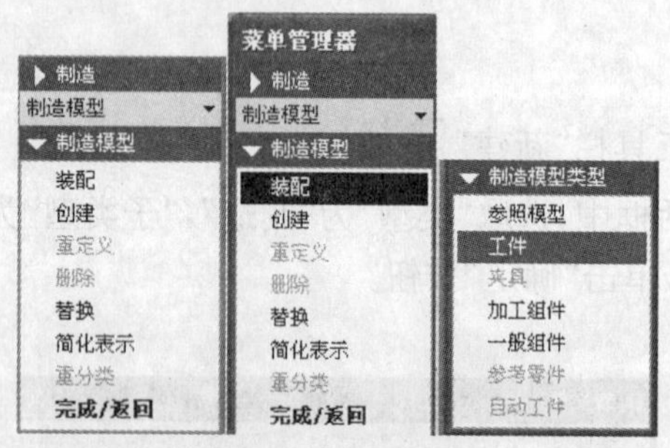

图 7－22 “工件”命令

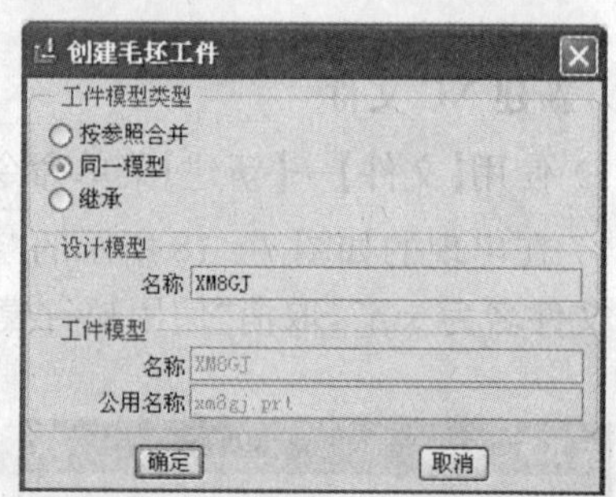

图 7－23 “创建毛坯工件”对话框

(3) 在元件装配控制模板中选择约束类型为“默认”，单击右侧的✔按钮，完成工件模型的放置，在系统自动弹出如图7－23所示的“创建毛坯工件”对话框，点击“同一模型”单选项，单击“确定”按钮，完成毛坯工件的设定。其完成结果如图 7－24 所示。图 7－24 所示即为由一个参照模型和一个毛坯工件组成的制造模型。

图 7－24 制造模型

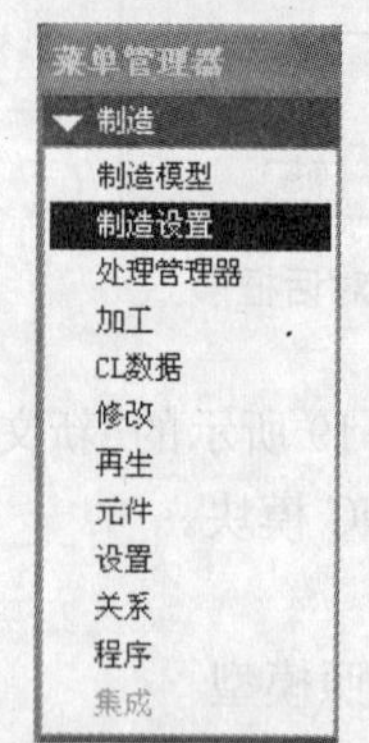

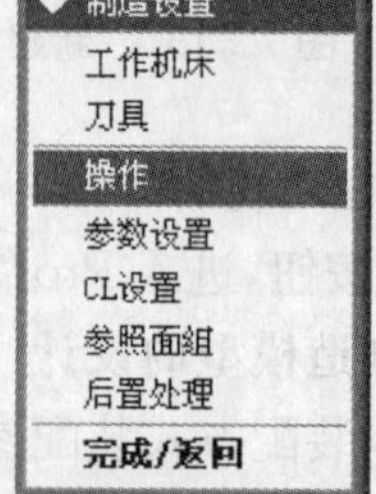

图 7－25 制造设置菜单

4. 制造设置

如图 7－25 所示，在“制造”菜单中单击“制造设置”命令，弹出“制造设置”菜单，单击“制造设置”命令，初次打开“制造设置”菜单，系统直接自动弹出如图 7－26 所示的“操作设置”对话框，也可单击“操作”命令来实现。

1）机床设置　在图 7－26 所示的“操作设置”对话框中单击图标，打开“机床设置”对话框，在其中进行工作机床的设置，选择机床类型为铣削，选择机床联动轴数为 3 轴，其余保持默认值，如图 7－27 所示。

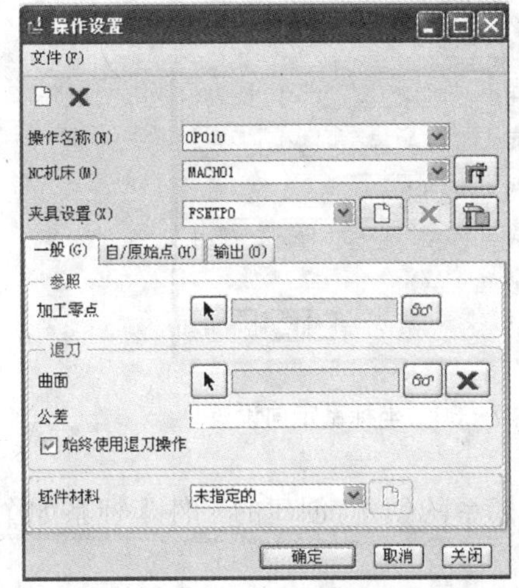

图 7－26　“操作设置”对话框

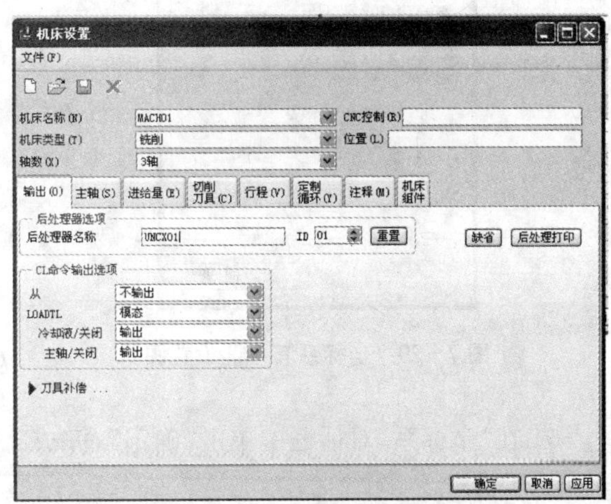

图 7－27　“机床设置”对话框

2）刀具设置　单击图标，打开“刀具设置”对话框，设定好零件加工的刀具，如图 7－28 所示。

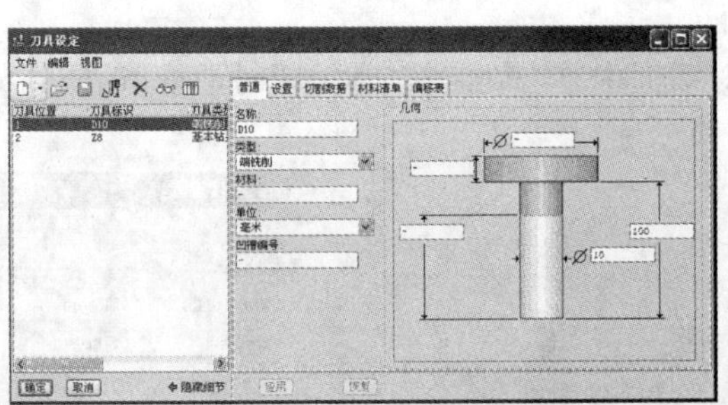

图 7－28　“刀具设定”对话框

3）工件坐标系的设置

（1）在“操作设置”对话框“一般”选项卡“参照”栏中加工零点后单击按钮，系统弹出“制造坐标系”菜单。

（2）单击基准工具栏中创建基准坐标系工具按钮，打开“坐标系”对话框，创建新的工件坐标系。

（3）按住 Ctrl 键的同时，依次选取 NC_ASM_FRONT、NC_ASM_RIGHT 及零件上表面作为创建基准坐标系的三个参照面，完成后“坐标系”对话框如图 7－29 所示。

（4）在“坐标系”对话框中打开“定向”选项卡，改变 X、Y，最终使 Z 轴向上，“定向”选项卡如图 7－30 所示。

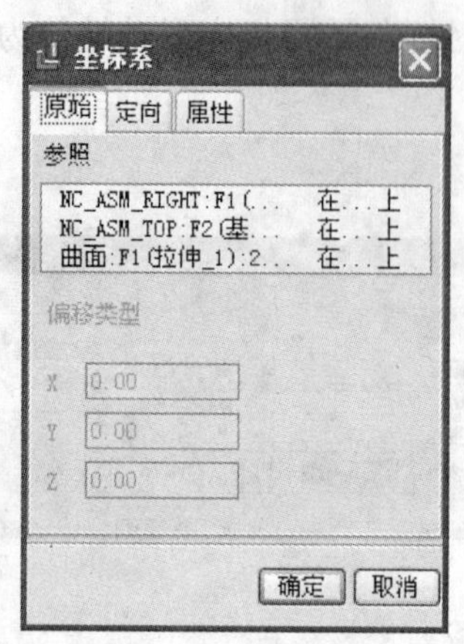

图 7-29 坐标系其参照设置图

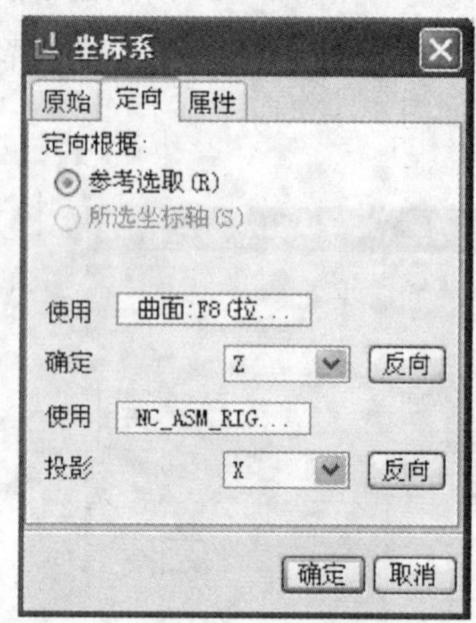

图 7-30 坐标系定向设置

(5) 在“坐标系”对话框中单击“确定”,完成工件坐标系的创建,创建的工件坐标系如图7-31所示。

4) 退刀面设置　退刀面设置为垂直于 Z 轴的平面,高度距工件表面 5 mm。

(1) 在“操作设置”对话框“一般”选项卡“退刀”栏中曲面后单击按钮,系统弹出“退刀设置”对话框。

(2) 类型选择“平面”,单击参照模型上表面作为退刀面的参照,并在“值”栏中输入 50,设置完成后,生成的退刀面。

(3) 在“退刀设置”对话框中单击确定按钮,关闭对话框,返回到“机床设置”对话框。

图 7-31 创建的坐标系

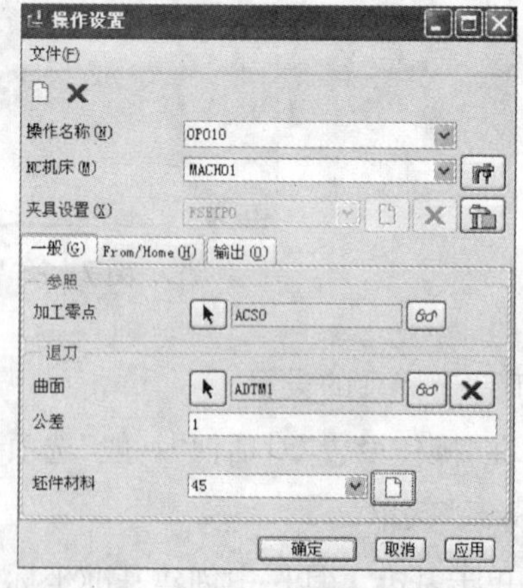

图 7-32 “操作设置”对话框设置内容

5) 工件材料设置

(1) 在“操作设置”对话框“一般”选项卡“坯件材料”栏中输入材料名称为 45,此时“操作设置”对话框显示如图 7-32 所示。

(2) 在“操作设置”对话框中单击确定按钮,关闭对话框,完成整个制造设置。

5. NC 加工程序设计

1）粗、精铣外轮廓　由于加工余量不大，采用 $\phi 10$ 的铣刀加工不需要去余量加工程序，因而粗、精铣外轮廓都采用“轮廓”铣削方式。

(1) 产生刀具轨迹。

① 如图 7－33 所示，在“加工”菜单中依次使用【NC 序列】→【新序列】→【体积块】→【3 轴】→【完成】菜单命令，系统打开“序列设置”菜单。在“设置序列”菜单中勾选名称、刀具、参数、退刀、窗口选项。

② 在弹出的刀具设定对话框中选择已设定好的 T01，单击“确定”按钮，关闭对话框，完成刀具的定义。

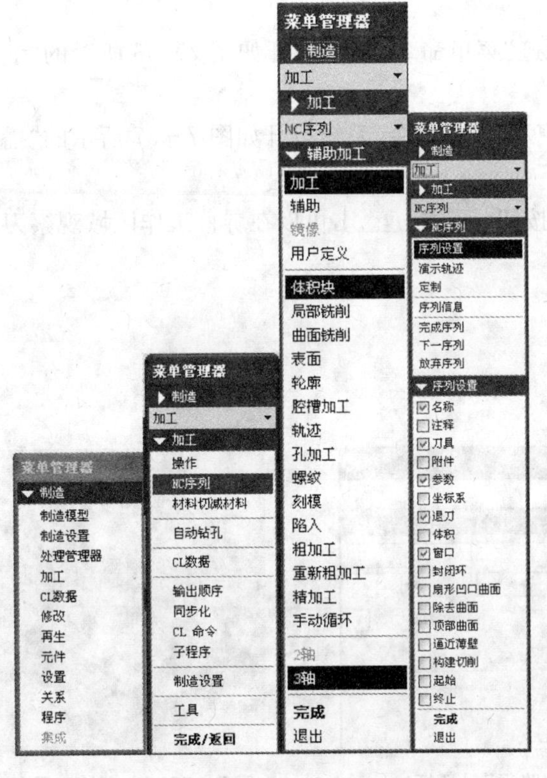

图 7－33　外轮廓加工程序设计菜单命令图

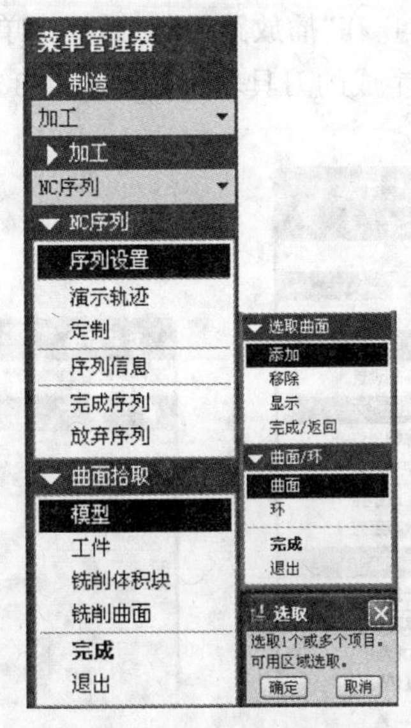

图 7－34　“曲面拾取”对话框

③ 加工参数设置　在完成刀具设置后，系统自动打开“制造参数”对话框，点击“设置”，设置具体的加工参数。进行如图 7－35 所示的加工参数设置。

④ 曲面定义　加工参数定义完成后，系统自动打开如图 7－34 所示的“曲面拾取”菜单，使用“模型”选项，单击“完成”命令。系统打开“选取曲面”菜单，并提示选取参照模型上的曲面。按住 Ctrl 键的同时，选取外轮廓曲面。选取完成后，在“选取曲面”菜单中单击“完成/返回”命令。

(2) 演示刀具路径。

① 生成刀具轨迹后，系统自动返回到“NC 序列”菜单。

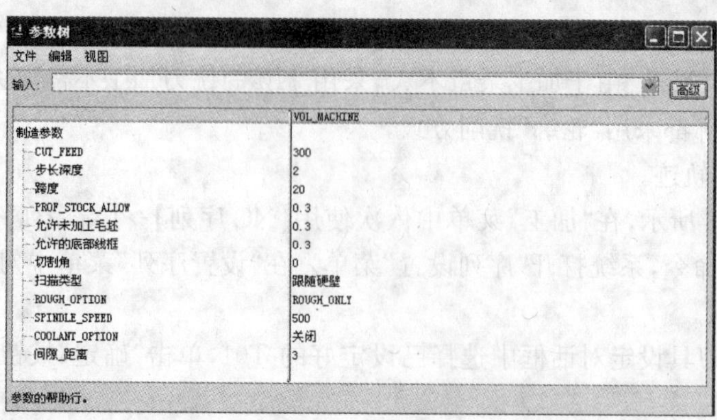

图 7-35 “设置”对话框进行参数设置

② 在“NC 序列”菜单中使用“演示轨迹”菜单命令，系统打开如图 7-36 所示的“演示路径”菜单。

③ 在“演示路径”菜单中使用“屏幕演示”菜单命令，系统打开如图 7-37 所示的“播放路径”对话框。

④ 在“播放路径”对话框中单击播放按钮 ▶ ，可以在屏幕工作区域观察刀具轨迹。生成的刀具轨迹如图 7-38 所示。

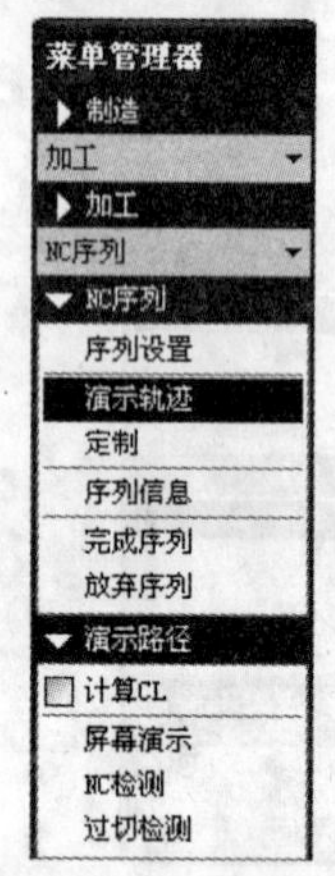

图 7-36 “演示路径”菜单

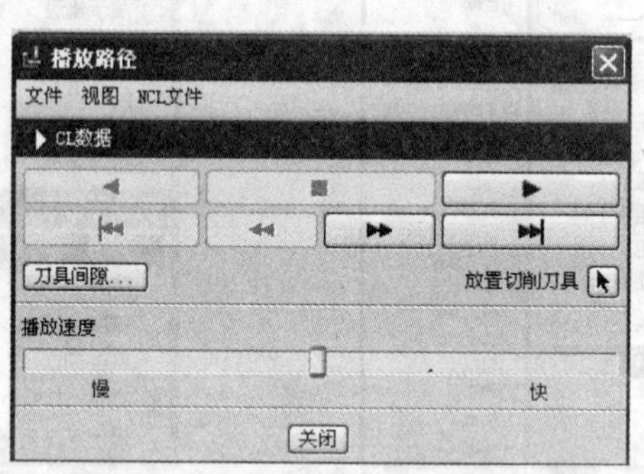

图 7-37 “播放路径”对话框

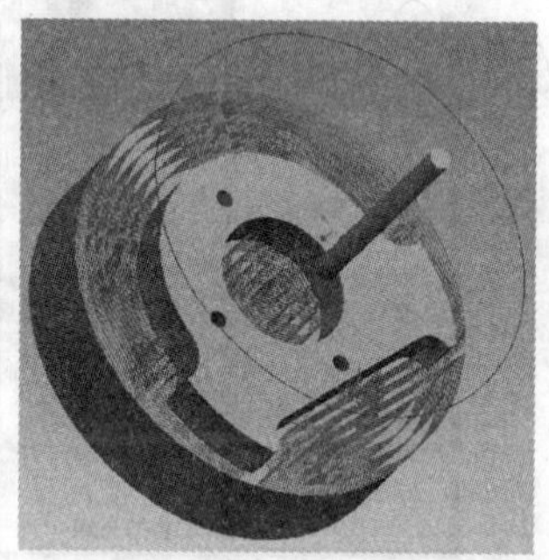

图 7-38 生成的刀具轨迹

(3) 仿真加工。在“演示路径”菜单中使用“NC 检测”菜单命令，系统弹出如图 7-39 所示菜单，点击运行，可以在屏幕工作区域观察仿真加工，仿真加工结果如图 7-40 所示。

(4) 产生刀具轨迹文件，生产 NC 代码。

① 在“NC 序列”菜单，使用其中的“完成序列”命令，系统返回“加工”菜单。

② 在“加工”菜单中使用“CL 数据”命令，系统打开如图 7-41 所示的“CL 数据”菜单。

③ 在“CL 数据”菜单中使用“输出”命令，系统打开如图 7-42 所示的“输出”菜单和“选取特征”菜单。

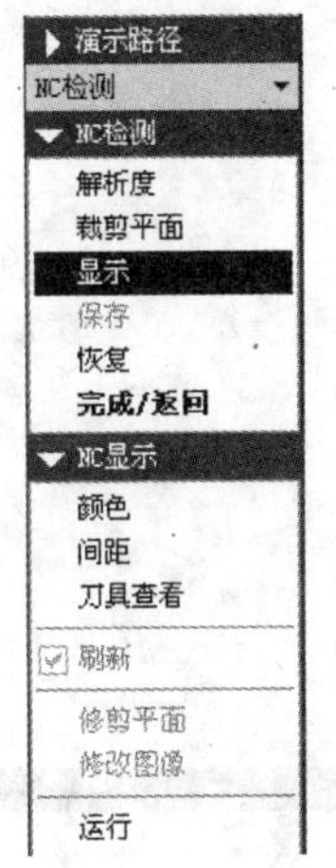

图 7-39 "NC 检测"菜单

图 7-40 仿真加工结果

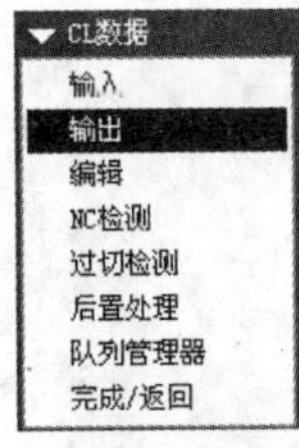

图 7-41 "CL 数据"菜单

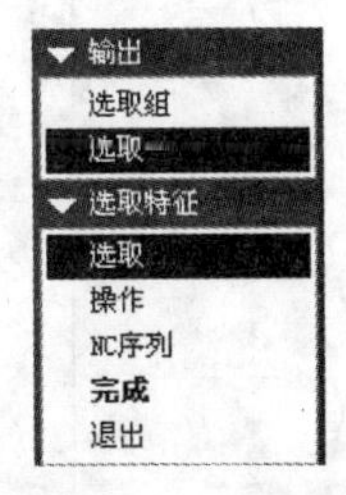

图 7-42 "输出"菜单及"选取特征"菜单

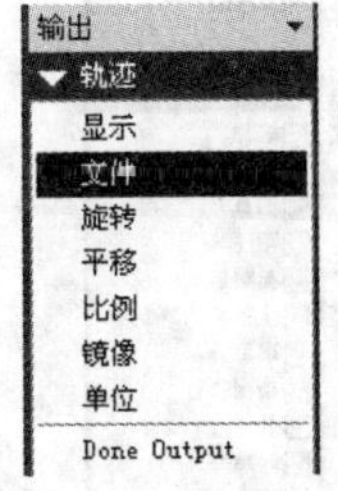

图 7-43 "轨迹"菜单

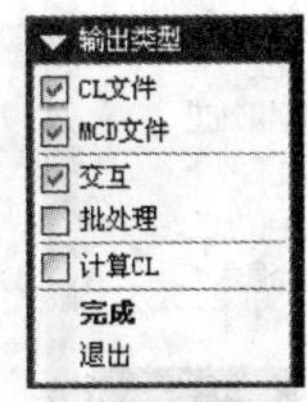

图 7-44 "输出类型"菜单

④ 选取铣削操作，系统打开如图 7-43 所示的"轨迹"菜单。

⑤ 在"轨迹"菜单中使用"文件"命令，系统打开如图 7-44 所示的"输出类型"。系统默认为 CL 文件和交互，选上 MCD 文件，单击完成。

⑥ 输出 CL 文件时，系统弹出"保存副本"对话框，输入 xm7，点击确定，CL 文件即保存，其后缀名为 ncl。

⑦ 进行后处理时，系统弹出"后置处理选项"菜单，可以系统使用默认选项，直接单击"完成"命令。

⑧ 系统弹出"后置处理列表"菜单，选取后置处理配置文件 UNCX01. P01，在弹出的 dos 界面中输入程序号 0001 即生成 NC 文件。

2）孔加工

(1) 产生孔加工刀具轨迹。

① 如图 7-45 所示，在"制造"菜单中依次使用【加工】→【NC 序列】→【孔加工】→【3 轴】→【完成】→【钻孔】→【标准】→【完成】菜单命令，系统打开"序列设置"菜单。在"序列设置"菜单中勾选"刀具"、"参数"和"孔"选项后，单击"完成"命令。

② 在弹出的刀具设定对话框中选择已设定好的 T03，单击"确定"按钮，关闭对话框，完成刀具的定义。

③ 在完成刀具设置后，系统自动打开"制造参数"对话框，点击"设置"，设置具体的加工参数。进行如图 7-46 所示的加工参数设置。

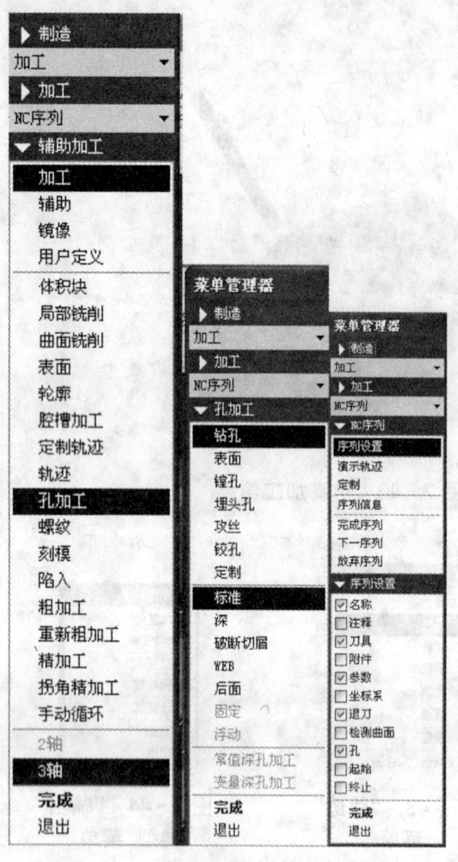

图 7－45　孔加工程序设计菜单命令

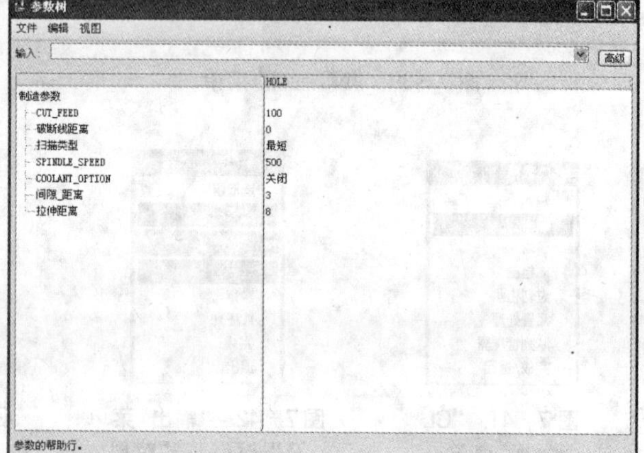

图 7－46　“编辑序列参数‘打孔’”对话框

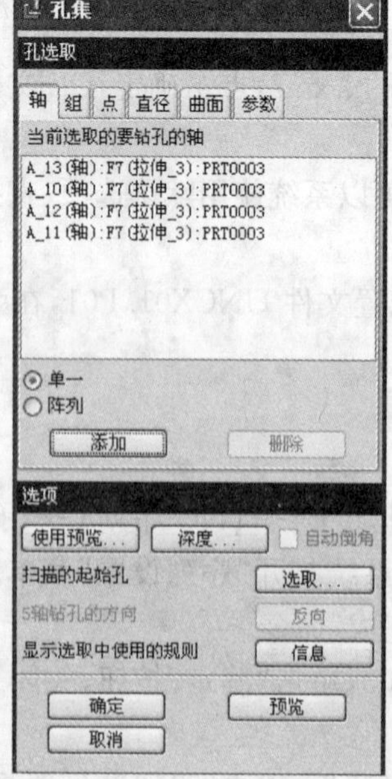

图 7－47　“孔集”对话框

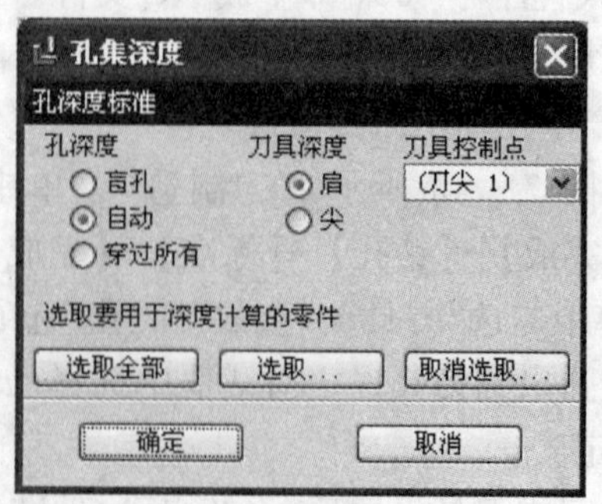

图 7－48　“孔集深度”对话框

④ 定义完加工参数后，系统打开“孔集”对话框，选择“轴”选项卡，选择“单一”选项，单击“添加”按钮，按住“Ctrl”键，选择参照模型中的四个孔轴线，完成孔集的选取，如图 7－47 所示。在“孔集”对话中单击“深度...”按钮，系统弹出“孔集深度”对话框，如图 7－48 所示进行设置。

(2) 演示刀具路径及仿真加工。　刀具路径如图 7－49 所示，仿真加工结果如图 7－50 所示。

图 7－49　刀具路径

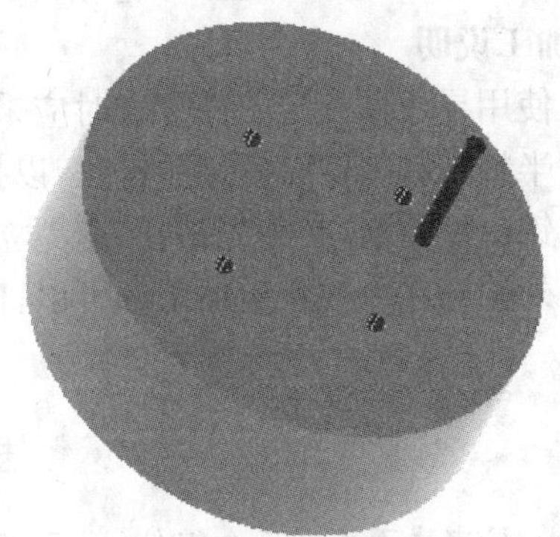

图 7－50　仿真加工结果

(四) 零件的数控加工

1. 加工准备

(1) 认真读零件图，并检查坯料。

(2) 开机回参考点。

(3) 用平口虎钳装夹工件，伸出钳口 25 mm 左右，用百分表找正工件。

(4) 利用偏心式寻边器找正工件 X、Y 轴零点位于工件上表面的中心位置。

(5) 编制加工程序，录入加工程序，并检验程序的正确性。

2. 铣外轮廓

(1) 装 ϕ12 mm 粗齿 3 刃高速钢立铣刀，采用 Z 轴设定器，以工件上表面设定工件坐标系 Z 轴原点。

(2) 输入刀补参数，进入位置画面，在自动方式调加工程序。

(3) 粗铣外轮廓，留 0.15 mm 单边余量。

(4) 装 ϕ12 mm 细齿 4 刃高速钢立铣刀，重新设定工件坐标系 Z 轴原点。

(5) 半精铣外轮廓，留 0.10 mm 单边余量。

(6) 测量加工尺寸，调整刀具参数及切削参数，精铣外轮廓，保证长、宽及深度尺寸。

3. 加工 4×ϕ8 孔

(1) 装 ϕ3 mm 中心钻，采用 Z 轴设定器，以工件上表面设定工件坐标系 Z 轴原点。

(2) 设置刀具参数，调用钻中心孔程序，钻出中心孔。

(3) 装 ϕ8 mm 钻头，重新设定工件坐标系 Z 轴原点，设置刀具参数，钻 4×ϕ8 孔至图样尺寸。

4. 铣内圆型腔

(1) 装 ϕ10 mm 粗齿 3 刃高速钢立铣刀，采用 Z 轴设定器，以工件上表面设定工件坐标系 Z 轴原点。

(2) 输入刀补参数,进入位置画面,在自动方式下调加工程序。

(3) 粗铣内腔槽,留 0.30 mm 单边余量。

(4) 装 ϕ10 mm 细齿 4 刃高速钢立铣刀,重新设定工件坐标系 Z 轴原点。

(5) 半精内腔槽,留 0.10 mm 单边余量。

(6) 测量加工尺寸,调整刀具参数及切削参数,精铣内腔槽,保证长、宽及深度尺寸。

5. 加工说明

(1) 使用寻边器确定工件零点时应采用碰双边法。

(2) 半精铣和精铣时宜用顺铣法,以提高尺寸精度和表面质量。

(3) 铣内型腔前,必须先钻孔,避免立铣刀中心垂直切削工件。

(4) 外轮廓在前或在后加工都可以,但应注意刀具集中使用原则。

思考与练习

用 Pro/E 完成下面的三个零件(图 7-51、7-52、7-53)的实体造型,Pro/NC 软件的数控加工工艺参数设定、后置处理、仿真加工并自动生成数控加工程序。

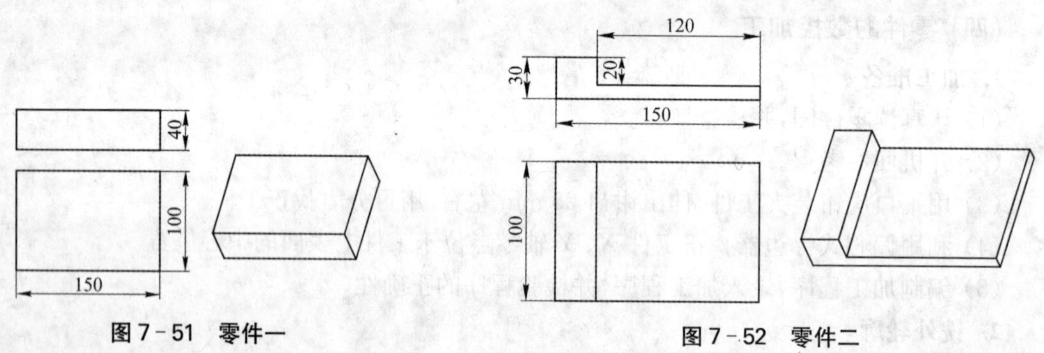

图 7-51 零件一

图 7-52 零件二

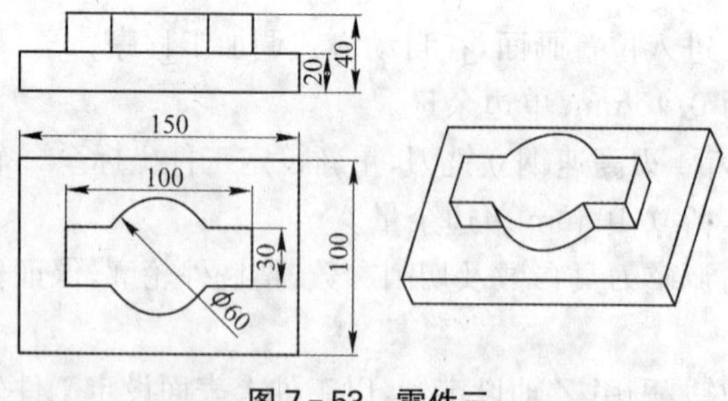

图 7-53 零件三

项目八　中级工零件加工

【学习目标】

1. 掌握数控铣床加工零件的全过程。
2. 掌握数控加工工艺分析。
3. 熟悉数控仿真软件的使用。
4. 掌握自动编程的全过程。
5. 熟悉实际数控铣的操作加工。
6. 数控仿真软件的使用。

【案例】

如图 8-1 所示零件，毛坯 60 mm×60 mm×20 mm，材料为 45 钢，采用数控铣床加工，零件六面已加工，要求完成外轮廓、内腔及孔加工。

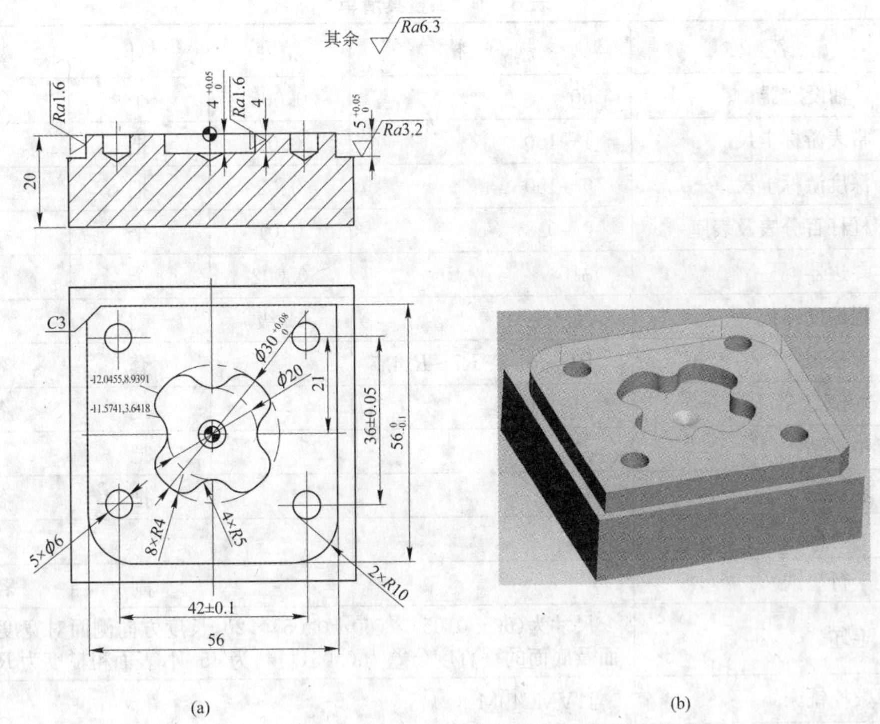

图 8-1　凹模底板

(a) 零件图；(b) 模型图

一、相关实践

要求完成案例所示零件的数控加工工艺分析，编写数控加工工序卡、刀具卡、工艺参数卡，编制数控加工程序，利用数控仿真软件进行程序校验、仿真加工、尺寸测量，利用 Pro/E 软件对数控铣加工零件进行自动编程，并完成数控铣削的操作加工。

(一) 数控加工工艺分析

1. 零件加工工艺分析

该零件毛坯为 60 mm×60 mm×20 mm，六面已加工，要求完成外轮廓、内槽腔的粗、精加工以及孔加工。内、外轮廓表面粗糙度为 *Ra*3.2，要求较高，对孔距精度有一定要求，其他几何公差要求不高。该零件材料为 45 钢，切削加工性能好。

2. 选择加工方案

根据图样的几何尺寸及表面粗糙度要求，选择 ϕ16 mm 粗齿 3 刃高速钢立铣刀及 ϕ16 mm 细齿 4 刃高速钢立铣刀对外轮廓面分别进行粗、精加工，选择 ϕ6 mm 粗齿 3 刃高速钢立铣刀及 ϕ6 mm 细齿 4 刃高速钢立铣刀对外内槽腔分别进行粗、精加工。为保证孔距精度，孔加工应先进行点孔加工，再采用 ϕ6 mm 钻头进行钻孔加工。一次装夹完成所有加工内容。

3. 零件装夹及加工准备

选用机用平口钳装夹工件，校正平口钳，固定钳口的平行度以及工件上表面的平行度后夹紧工件。利用偏心式寻边器找正工件 *X*、*Y* 轴零点，位于工件上表面的中心位置，*Z* 轴采用 *Z* 轴设定器来对刀，以工件上表面为工件坐标系 *Z* 轴原点。加工所需工量具清单见表 8-1。

表 8-1 工量具清单

序号	名 称	规 格	精度	单位	数量
1	*Z* 轴设定器	50	0.005	个	1
2	带表游标卡尺	1～150	0.01	把	1
3	深度游标卡尺	0～150	0.02	把	1
4	杠杆百分表及表座	0～0.8	0.01	个	1
5	寻边器	ϕ10	0.002	个	1
6	粗糙度样板	N0～N1	12 级	副	1
7	半径规	*R*1～*R*6.5、*R*7～*R*14.5		套	各 1
8	立铣刀	ϕ16、ϕ6		把	各 2
9	中心钻	ϕ3		把	1
10	麻花钻	ϕ6		把	各 1
11	平口虎钳	Q150		个	1
12	平行垫铁			副	若干
13	毛坯	尺寸为(60±0.05)×(60±0.05)×20，长度方向侧面对宽度方向侧面及底面的垂直度公差为 0.05，材料为 45 钢，表面粗糙度为 *Ra*1.6			
14	数控铣床	J1VMC40M			
15	数控系统	FANUC 0iM			

4. 填写工艺文件

将各工步的加工内容、所需刀具及加工工艺参数填入零件数控加工工序卡，见表 8-2。数控机床刀具卡片见表 8-3。

表 8-2　数控加工工序卡

单位名称	数控加工工序卡片	产品名称	零件名称	材料	零件图号
张家界航院		凹模	凹模底板	45	

工序号	程序编号	夹具名称	夹具编号	使用设备	车间
	01001 09001	机用平口虎钳			

工步号	工步内容	刀具号	刀具规格/mm	主轴转速/(r/min)	进给速度/(mm/min)	背吃刀量/mm	量具	提示
1	粗铣外轮廓	1	ϕ16 粗齿高速钢立铣刀	750	80	5		
2	精铣外轮廓达图样要求	2	ϕ16 细齿高速钢立铣刀	1 000	60	5		
3	点孔	3	ϕ3 中心钻	1 500	80	1.5		
4	钻孔	4	ϕ6 麻花钻	800	80	3		
5	粗铣内腔槽	5	ϕ6 粗齿高速钢立铣刀	1 000	100	4		
6	精铣内腔槽	6	ϕ6 细齿高速钢立铣刀	1 200	80	4		

编制		审核		共　页	第　页

表 8-3　数控机床刀具卡片

产品名称	零件名称	材料	件号	件数	图号	机床型号与名称	工艺名称	工艺编号
凹模	凹模底板	45				J1VMC40M 数控铣床	凹模底板工艺	

程序号	刀号	刀具名称与规格/mm	加工部位	刀长/mm	刀具简图
O0001	T01	ϕ16 粗齿 3 刃高速钢立铣刀	外轮廓	90	

（续表）

程序号	刀号	刀具名称与规格/mm	加工部位	刀长/mm	刀具简图
O0001	T02	ϕ16 细齿 4 刃高速钢立铣刀	外轮廓	90	
O0002	T03	ϕ3 中心钻	孔	75	
O0003	T04	ϕ6 麻花钻	孔	100	
O0004	T05	ϕ6 粗齿 3 刃高速钢立铣刀	内腔槽	50	
	T06	ϕ6 细齿 4 刃高速钢立铣刀	内腔槽	25	

（二）零件的数控加工

```
O0001;
G90G80 G40;           (初始设定)
G90G54S1000M3;        (坐标系设定、主轴启动)
G0X40Y50;             (下刀位置)
G43Z30 H01;           (刀具长度补偿)
Z8M8;                 (快速接近工件、开冷却液)
G1Z-5F100;            (工进至加工深度)
G41X28Y28D1;          (建立半径补偿)
Y-28,R10;             (轮廓描绘)
X-28,R10;
Y28,C3;
X28;
G0Z30G49M9;           (Z轴抬高至30 mm,取消长度补偿,关冷却液)
G40X200Y80;           (取消半径补偿,移动主轴以便于观察、测量工件)
M5;                   (停主轴)
```

```
M30;                    (程序结束)

O0002;
G54G90G80G40;           (初始设定、坐标系设定)
S1500M03;               (主轴启动)
G0X21Y21;               (定位孔位置)
G43Z30H02M8;            (向初始点移动,刀具长度补偿,开冷却液)
G99G81Z-3R5F80;         (点孔加工)
X-21;                   (点孔加工定位)
Y-15;
X21;
X0Y0;
G80;                    (固定循环取消)
G0Z30G49M9;             (取消长度补偿,Z 轴抬高,关冷却液)
M05;                    (停主轴)
M30;                    (程序结束)

O0003;
G54G90G80G40;           (初始设定、坐标系设定)
S800M03;                (主轴启动)
G0X21Y21;               (定位孔位置)
G43Z30H03M8;            (向初始点移动,刀具长度补偿,开冷却液)
G99G81Z-4R5F80;         (点孔加工)
X-21;                   (点孔加工定位)
Y-15;
X21;
X0Y0;
G80;                    (固定循环取消)
G0Z30G49M9;             (取消长度补偿,Z 轴抬高,关冷却液)
M05;                    (停主轴)
M30;                    (程序结束)

O0004;
G90G80G40;              (初始设定)
G90G54S1200M3;          (坐标系设定、主轴启动)
G0X0Y0;                 (下刀位置)
G43Z30H04M8;            (刀具长度补偿、开冷却液)
Z8;                     (快速接近工件)
G1Z-4F100;              (工进至加工深度)
```

```
M98P0005L4;             (调用子程序,调用四次)
G1X0Y0G40;              (取消半径补偿)
G0G49Z30M9;             (Z 轴抬高至 30 mm,取消长度补偿,关冷却液)
X200Y100;               (移动主轴以便于观察、测量工件)
M05;                    (停主轴)
M30;                    (程序结束);

O0005;                  (铣内腔子程序)
G1G90G41X10Y0D1;        (建立刀补,切入工件)
G2X11.5741Y3.6418R5;(轮廓描绘)
G3X12.0455Y8.9391R4;
X8.9391Y12.0455R15;
X3.6418Y11.5741R4;
G2X0Y10R5;
G91G68X0Y0R90;          (坐标系旋转 90°)
M99;                    (子程序结束返回)
```

(三)零件数控加工仿真

1. 选择机床

打开菜单"机床→选择机床",在选择机床对话框中选择"FANUC 0iM 控制系统",再选择"济南第一机床厂 J1VMC40M"标准铣床,选择好后按"确定"按钮。

2. 激活机床

按下控制面板上的电源启动按钮,并松开急停按钮。

3. 回参考点

点击"方式选择"开关,进入回零方式。点击轴选择"X"键再点击轴移动"+",完成 X 轴回参考点操作,用同样方法完成 Y 轴、Z 轴回参考点操作。

4. 设置并安装毛坯

打开菜单"零件→定义毛坯"选择长方形毛坯,材料为 45 钢,尺寸为 60 mm×60 mm×20 mm,并安装毛坯。

5. 导入数控程序

点击"方式选择"开关,进入编辑方式。按下 MDI 键盘上的程序键 PROG ,CRT 界面转入编辑页面;选择菜单"机床→DNC 传送",在弹出的文件对话框中选择所需的文件1. nc,按下"打开"按钮;再按下软键 ▶ ,在出现的菜单中按下软键 [READ] ,在 MDI 键盘上输入"O1",按下软键 [EXEC] ,则数控程序 O0001 显示在 CRT 界面上。同样方法导入 O0002、O0003、O0004、O0005 号程序。

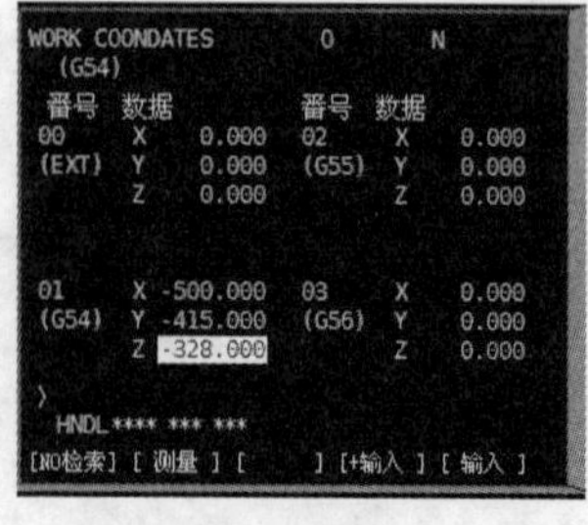

图 8-2 G54 坐标系设定

6. G54 坐标系的设定

X、Y 轴的坐标系原点采用寻边器来设定,其设定方法参见项目一所述内容,不再赘述。设定好后对二道工序有效,即只需设定一次,设定后如图 8-2 所示。

7. 安装 ϕ16 立铣刀、Z 轴对刀

(1) 按下[刀具]按钮，进入刀具选择界面，根据工序所需选择直径为 16 的平底刀，如图 8-3 所示，确定后退出，刀具即自动装到主轴上。

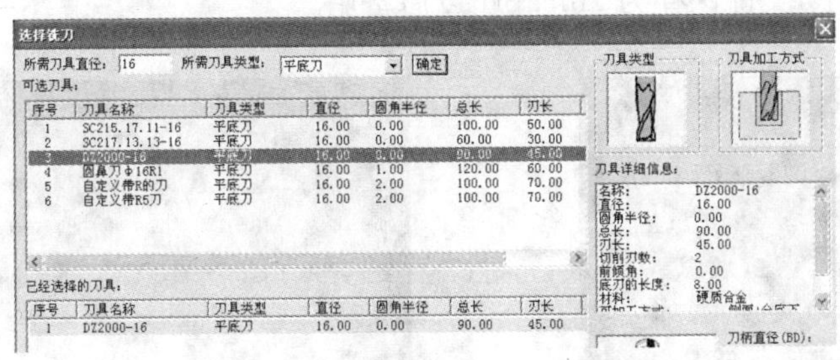

图 8-3　刀具选择

(2) 装好刀具后，将机床主轴移动到大致位置进行塞尺检查，检查合适后，按下控制面板键盘上的[OFFSET SETTING]键，再按下软键[坐标系]，把光标定位在需要设定的坐标系 01(G54)上，在 MDI 键盘上输入 Z1("1"为塞尺厚度)，按下菜单软键[测量]，系统自动计算出工件坐标系原点在机床坐标系中的 Z 坐标值，并输入到 01G54 中，如图 8-2 中的 Z 值−328。更换刀具后需重新设定 G54 的 Z 值，设定方法类似，不再说明。也可根据刀具长度直接输入新的 G54 的 Z 值，例如，对于 ϕ6 麻花钻，其长度为 100，而 ϕ16 立铣刀的长度为 90，则 G54 的 Z 值为 $-328+(100-90)=-318$，把−318 直接输入到 01G54 的 Z 中即完成 Z 轴对刀。

8. 输入刀具参数

(1) 按下[OFFSET SETTING]按钮，按下[补正]软键，移动光标到番号为 001 的位置。

(2) 光标移到形状(D)栏下，在 MDI 键盘上输入刀具半径值"8.3"(单边留 0.3 的余量)，按下[INPUT]键完成 1 号刀具半径的输入。

(3) 同样方法完成其他刀具的补偿值的输入。

9. 各工序的自动加工

首先调用 O0001 粗铣外轮廓程序，按下 MDI 键盘上的[PROG]，点击"方式选择"开关，进入自动加工界面。按下"循环启动"按钮，开始自动加工。加工完后，更换刀具，重新设定 G54 的 Z 值，重新设定刀具参数，调用相应的程序即可进行下一道工序的自动加工。各工序加工后的结果如图 8-4 所示。

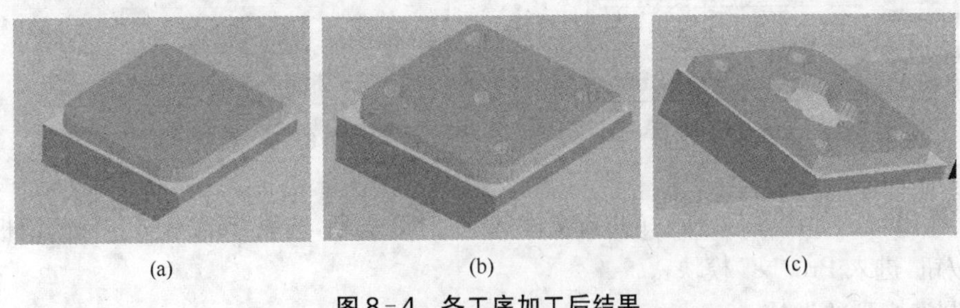

(a)　(b)　(c)

图 8-4　各工序加工后结果

(a) 粗、精铣外轮廓；(b) 孔加工；(c) 粗、精铣内腔槽

(四) 数控铣加工零件的自动编程

1. 自动编程前的准备

1) 参照模型的设计　采用 Pro/ENGINEER Wildfire 4.0 的 CAD 完成零件的参照模型设计，如图 8-5 所示，文件保存为 xm8. prt 以后备用。

图 8-5　参照模型

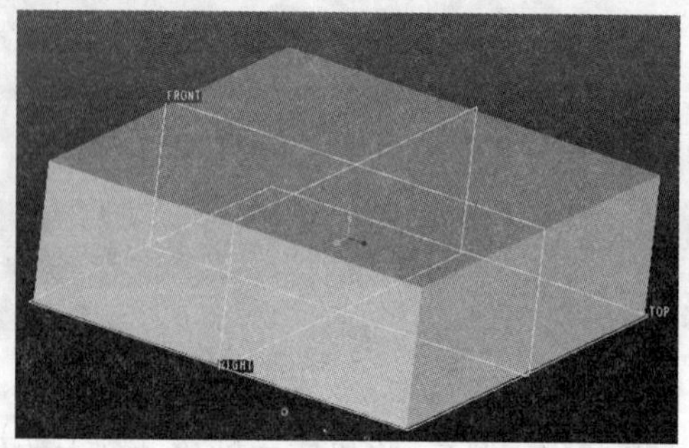

图 8-6　毛坯模型

2) 毛坯模型的设计　工件即毛坯模型为 60 mm×60 mm×20 mm 的六方体，采用 Pro/ENGINEER Wildfire 4.0 的 CAD 完成零件的毛坯模型设计，如图 8-6 所示，文件保存为 xm8gj. prt 以后备用。

2. 新建 NC 文件

(1) 使用【文件】→【新建】菜单命令或单击工具栏"新建"按钮。

(2) 在出现的如图 8-7 所示的"新建"对话框中，选取"类型"为制造，"子类型"为 NC 组件，文件名为 xm8，取消"使用缺省模板"选项，单击"确定"按钮。

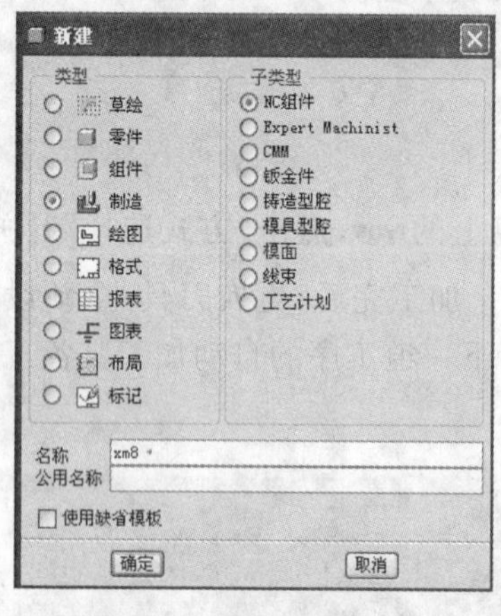

图 8-7　"新建"对话框

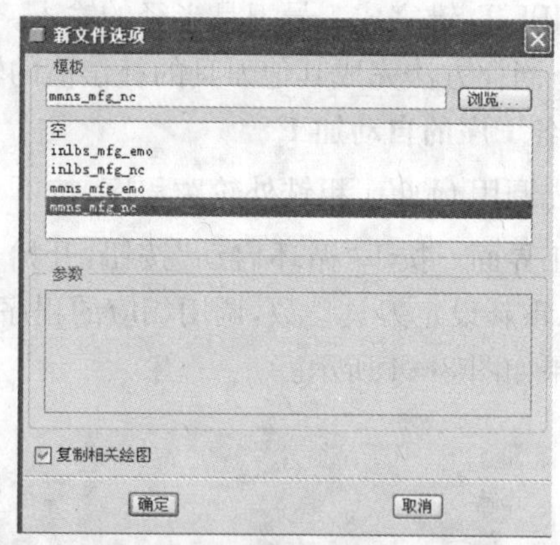

图 8-8　新文件选项

(3) 在出现的如图 8-8 所示的"新文件选项"对话框中，选取"mmns_mfg_nc"模板，单击"确定"按钮，进入 Pro/NC 模块。

3. 制造模型的设计

1) 以装配方式装配参照模型

(1) 如图 8-9 所示，在“制造”菜单中依次单击“制造模型”→“装配”→“参照模型”命令。

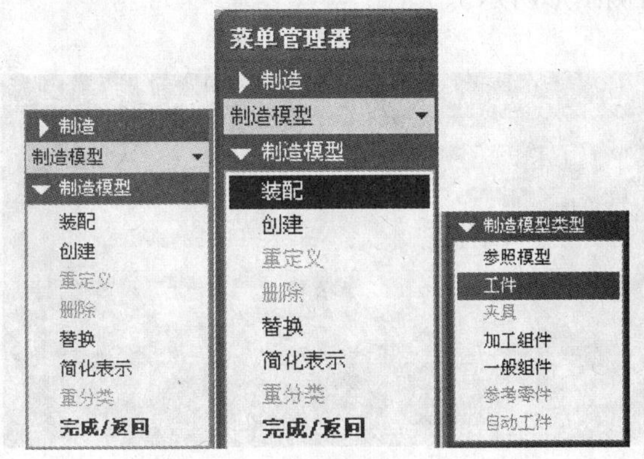

图 8-9　“参照模型”命令

(2) 在系统弹出的“打开”对话框中，选取先前准备的 xm8. prt 零件模型文件，单击“打开”按钮。

(3) 在元件装配控制模板中选择约束类型为“默认”，单击右侧的☑按钮，完成参照模型的放置，在系统自动弹出如图 8-10 所示的“创建参照模型”对话框中点击“同一模型”单选项，单击“确定”按钮，完成参照模型设定，其结果如图 8-11 所示。

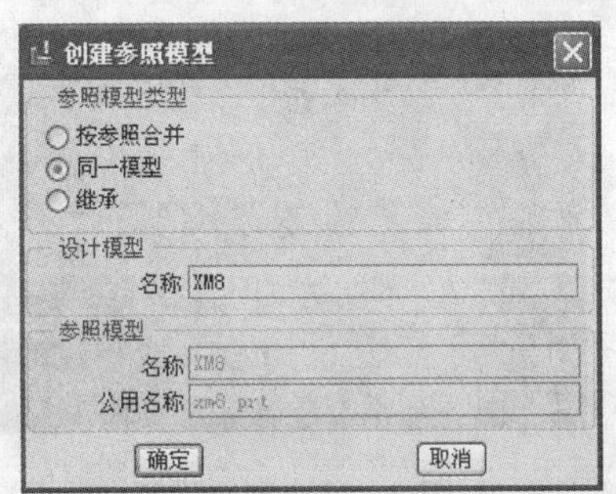

图 8-10　“创建参照模型”对话框

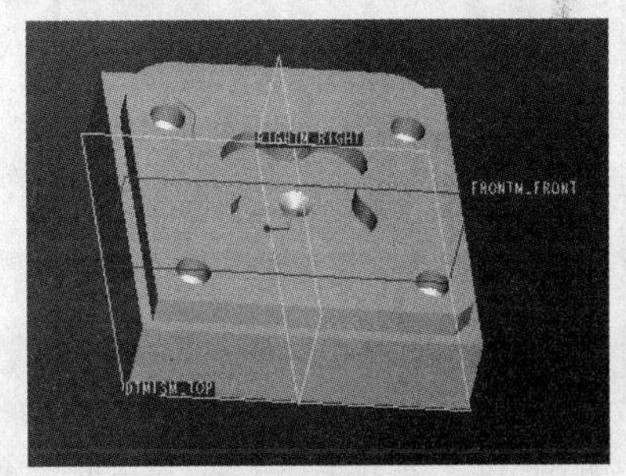

图 8-11　参照模型

2) 以装配方式装配毛坯工件

(1) 如图 8-12 所示，在“制造”菜单中依次单击“制造模型”→“装配”→“工件”命令。

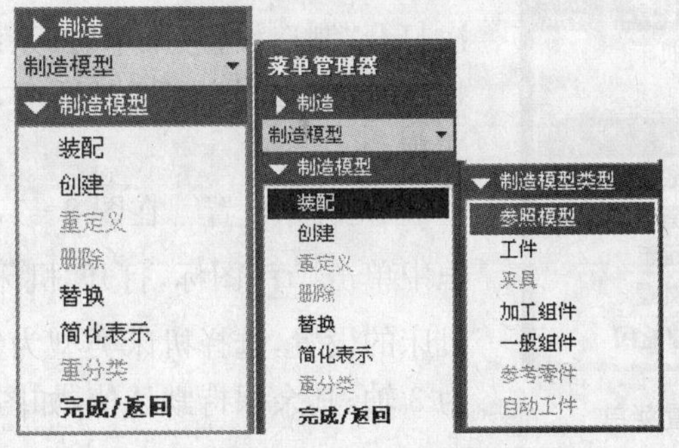

图 8-12　“工件”命令

（2）在系统弹出的“打开”对话框中，选取先前准备的 xm8gj. prt 零件模型文件，单击“打开”按钮，如图 8－13 右侧图形所示。

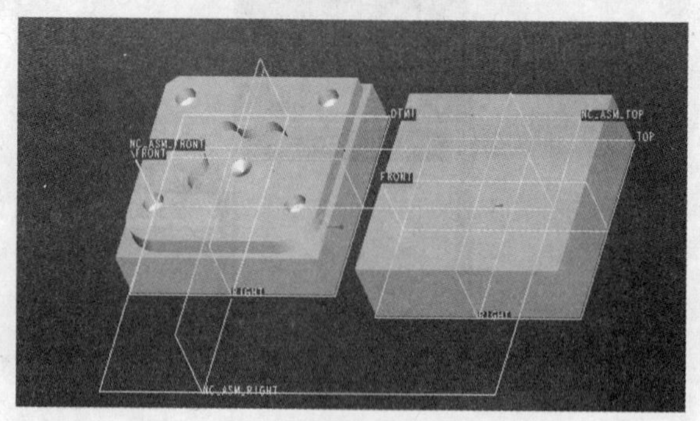

图 8－13　工件模型

（3）在元件装配控制模板中选择约束类型为“默认”，单击右侧的按钮，完成工件模型的放置，在系统自动弹出如图 8－14 所示的“创建毛坯工件”对话框，点击“同一模型”单选项，单击“确定”按钮，完成毛坯工件的设定，其完成结果如图 8－15 所示。图 8－15 所示即为由一个参照模型和一个毛坯工件组成的制造模型。

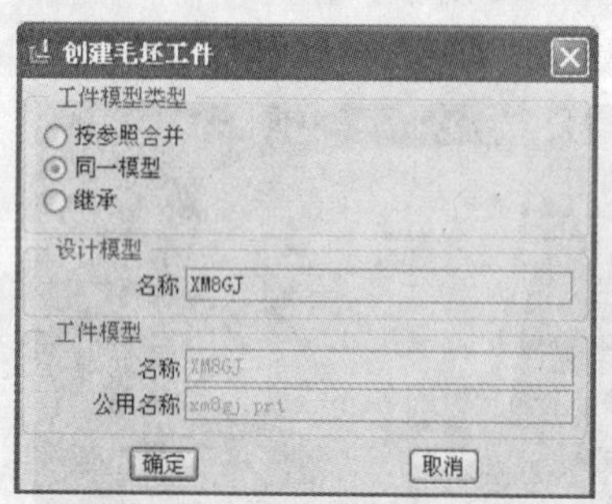

图 8－14　“创建毛坯工件”对话框

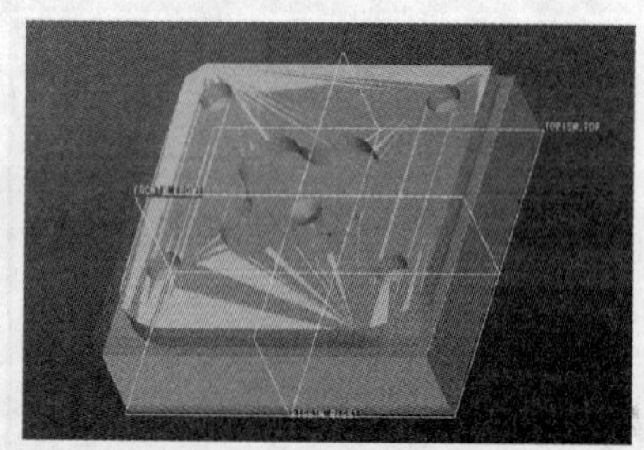

图 8－15　制造模型

4. 制造设置

如图 8－16 所示，在“制造”菜单中单击“制造设置”命令，弹出“制造设置”菜单，单击“制造设置”命令，初次打开“制造设置”菜单时，系统自动直接弹出如图 8－17 所示的“操作设置”对话框，也可单击“操作”命令来实现。

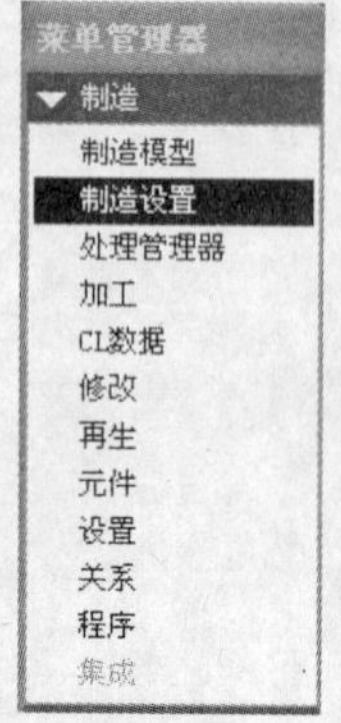

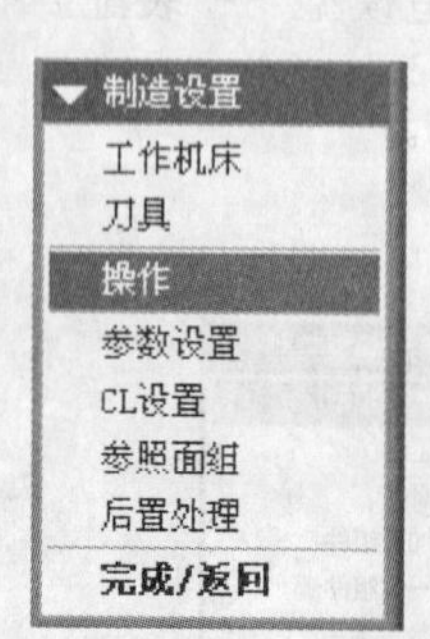

图 8－16　制造设置菜单

1）机床设置　在图 8－17 所示的“操作设置”对话框中单击图标，打开“机床设置”对话框，进行工作机床的设置，选择机床类型为铣削，选择机床联动轴数为 3 轴，其余保持默认值，如图 8－18 所示。

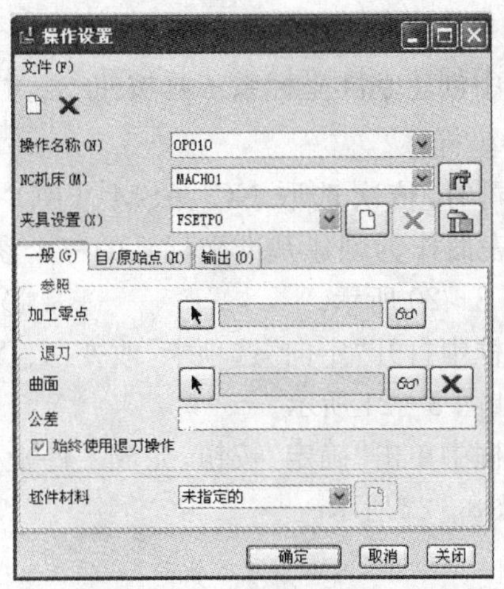

图 8－17　“操作设置”对话框

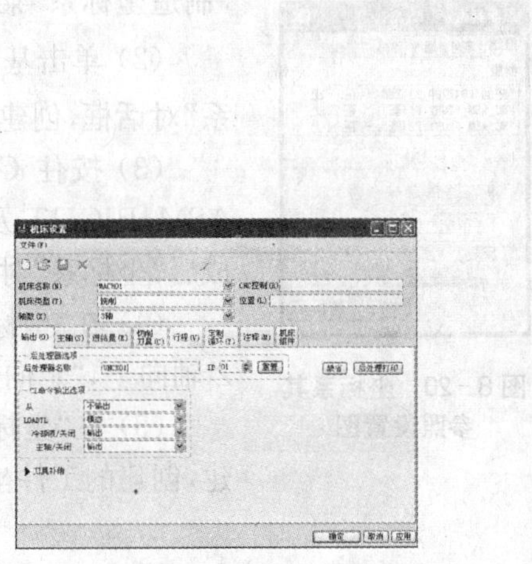

图 8－18　“机床设置”对话框

2）刀具设置　在图 8－18 所示的“机床设置”对话框“切削刀具”选项卡中，单击图标，打开“刀具设置”对话框，将零件加工的六把刀一次设定完毕，如图 8－19 所示，各刀具参数见表 8－4。

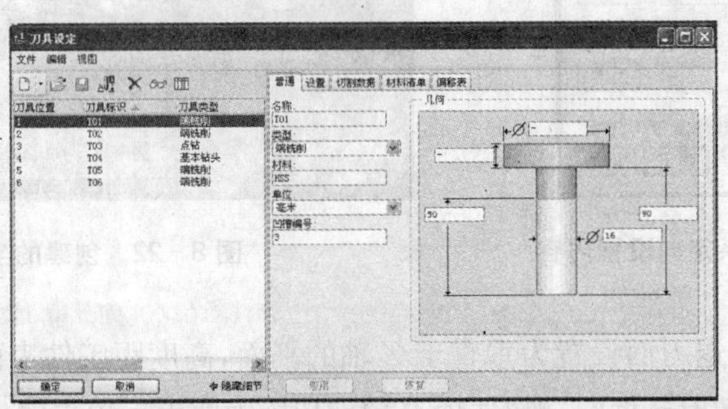

图 8－19　“刀具设定”对话框

表 8－4　刀具参数表

刀具名称	类型	材料	单位	凹槽编号	直径	长度
T01	端铣削	HSS	mm	3	16	90
T02	端铣削	HSS	mm	4	16	90
T03	端铣削	HSS	mm	3	6	50
T04	端铣削	HSS	mm	4	6	50
T05	点钻	HSS	mm	2	3	75
T06	基本钻头	HSS	mm	2	6	100

3）工件坐标系的设置

（1）在“操作设置”对话框“一般”选项卡“参照”栏中加工零点后单击按钮，系统弹出

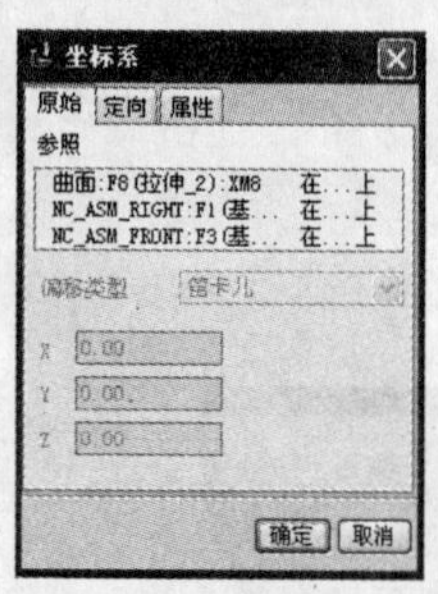

图 8-20 坐标系其参照设置图

“制造坐标系”菜单。

(2) 单击基准工具栏中创建基准坐标系工具按钮，打开“坐标系”对话框，创建新的工件坐标系。

(3) 按住 Ctrl 键的同时，依次选取 NC_ASM_FRONT、NC_ASM_RIGHT 及零件上表面作为创建基准坐标系的三个参照面，完成后“坐标系”对话框如图 8-20 所示。

(4) 在“坐标系”对话框中打开“定向”选项卡，改变 X、Y，最终使 Z 轴向上，“定向”选项卡如图 8-21 所示。

(5) 在“坐标系”对话框中单击“确定”按钮，完成工件坐标系的创建，创建的工件坐标系如图8-22 所示。

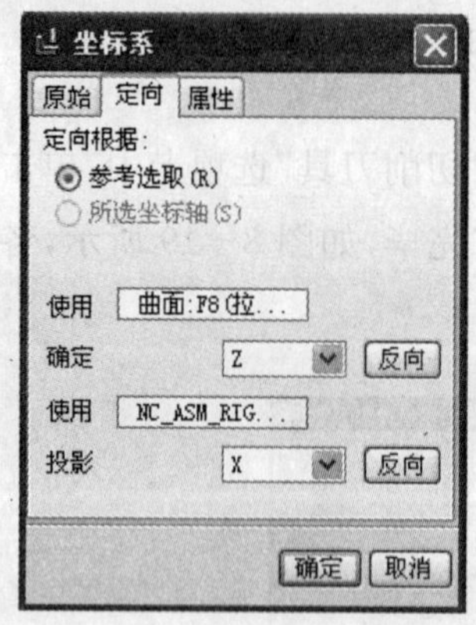

图 8-21 坐标系定向设置内容

图 8-22 创建的坐标系

4) 退刀面设置 退刀面设置为垂直于 Z 轴的平面，高度距工件表面 5 mm。

(1) 在“操作设置”对话框“一般”选项卡“退刀”栏中曲面后单击按钮，系统弹出“退刀设置”对话框。

(2) 类型选择“平面”，单击参照模型上表面作为退刀面的参照，并在“值”栏中输入 5，设置完成后，“退刀设置”对话框显示如图 8-23 所示。生成的退刀面，如图 8-24 所示。

(3) 在“退刀设置”对话框中单击“确定”按钮，关闭对话框，返回到“机床设置”对话框。

5) 工件材料设置

① 在“操作设置”对话框“一般”选项卡“坯件材料”栏中，输入材料名称为 45，此时“操作设置”对话框显示如图 8-25 所示。

② 在“操作设置”对话框中单击“确定”按钮，关闭对话框，完成整个制造设置。

5. NC 加工程序设计

1) 粗、精铣外轮廓 由于加工余量不大，采用 $\phi16$ mm 的铣刀加工不需要去余量加工程序，因而粗、精铣外轮廓都采用“轮廓”铣削方式。

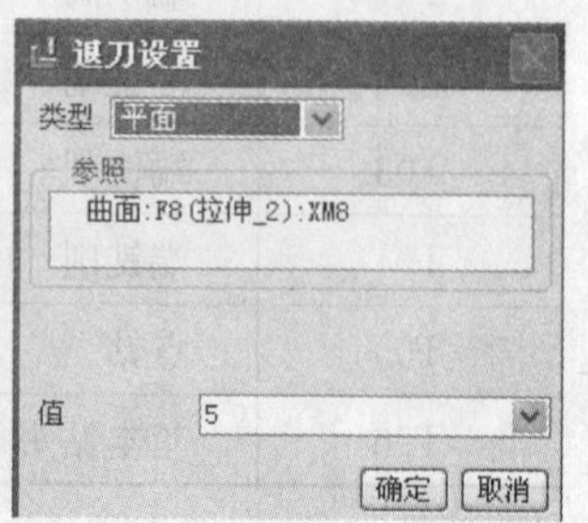

图 8-23 “退刀设置”对话框

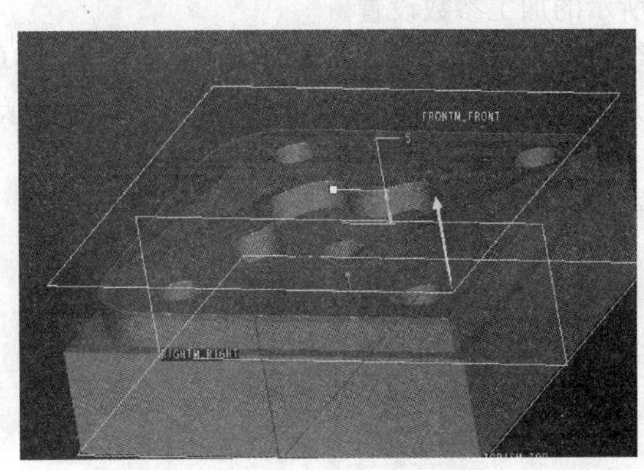

图 8-24　生成的退刀面

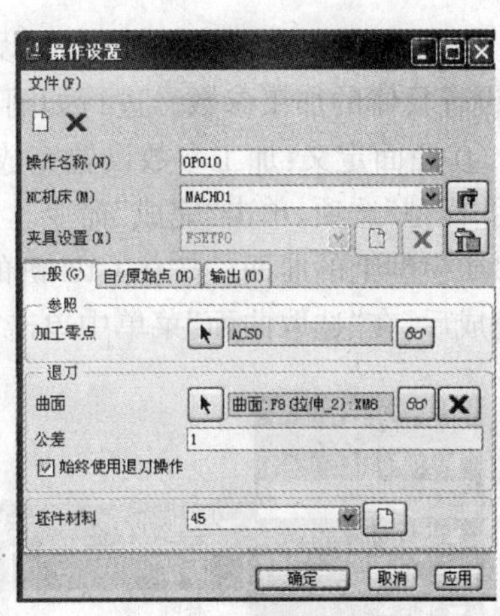

图 8-25　“操作设置”对话框设置内容

(1) 产生刀具轨迹。

① 如图 8-26 所示,在“加工”菜单中依次使用【NC 序列】→【新序列】→【轮廓→】→【3 轴】→【完成】菜单命令,系统打开“序列设置”菜单。在“设置序列”菜单中勾选刀具、参数、曲面选项。

② 在弹出的刀具设定对话框中选择已设定好的 T01,单击“确定”按钮,关闭对话框,完成刀具的定义。

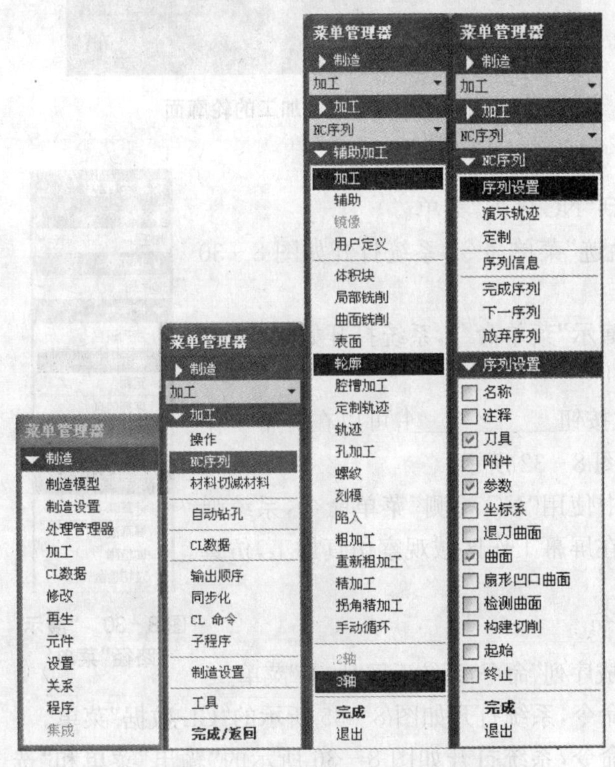

图 8-26　外轮廓加工程序设计菜单命令

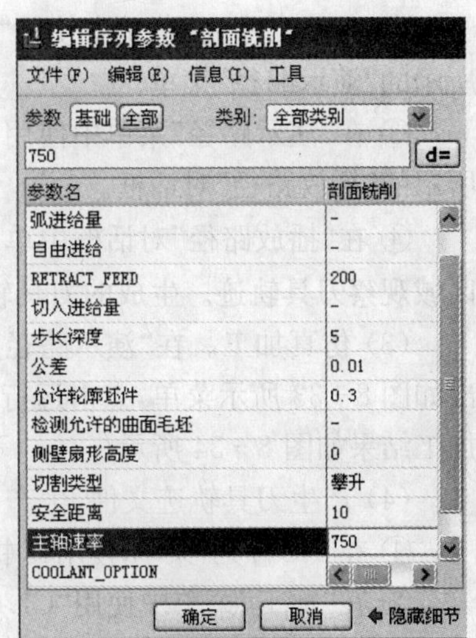

参数名	剖面铣削
弧进给量	-
自由进给	-
RETRACT_FEED	200
切入进给量	-
步长深度	5
公差	0.01
允许轮廓坯件	0.3
检测允许的曲面毛坯	-
侧壁扇形高度	0
切割类型	攀升
安全距离	10
主轴速率	750
COOLANT_OPTION	

图 8-27　“编辑序列参数‘剖面铣削’”对话框及参数设置

③ 加工参数设置:在完成刀具设置后,系统自动打开“编辑序列参数‘剖面铣削’”对话框,设置具体的加工参数。进行如图 8-27 所示的加工参数设置。

④ 曲面定义:加工参数设置完成后,系统自动打开如图 8-28 所示的“曲面拾取”菜单,使用“模型”选项,单击“完成”命令。系统打开如图 8-28 所示的“选取曲面”菜单,并提示选取参照模型上的曲面。按住 Ctrl 键的同时,选取如图 8-29 中箭头所示的外轮廓曲面。选取完成后,在“选取曲面”菜单中单击“完成/返回”命令。

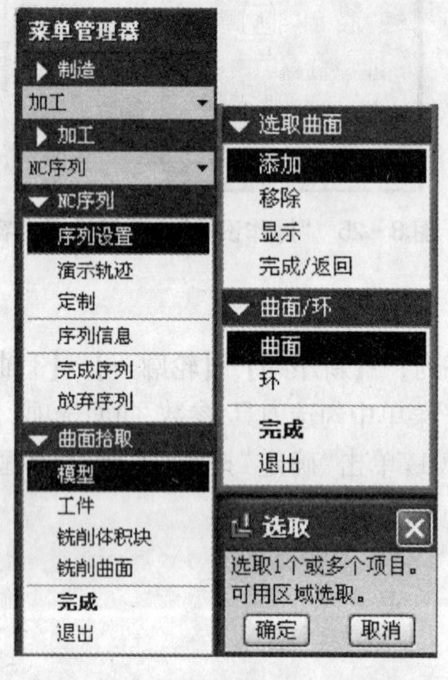

图 8-28 “曲面拾取”对话框

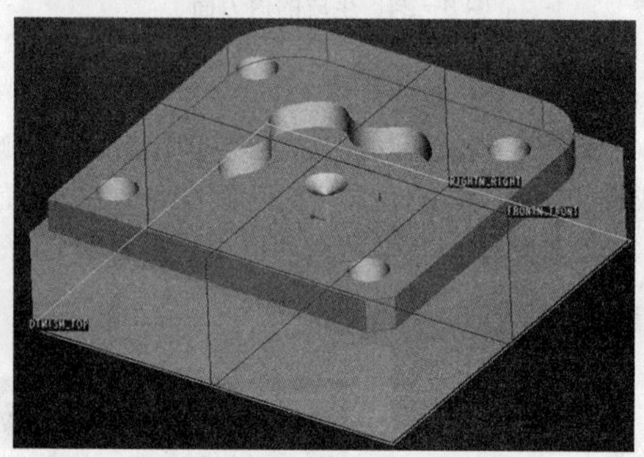

图 8-29 选取要加工的轮廓面

(2) 演示刀具路径。

① 生成刀具轨迹后,系统自动返回到“NC 序列”菜单。

② 在“NC 序列”菜单中使用“演示轨迹”菜单命令,系统打开如图 8-30 所示的“演示路径”菜单。

③ 在“演示路径”菜单中使用“屏幕演示”菜单命令,系统打开如图 8-31 所示的“播放路径”对话框。

④ 在“播放路径”对话框中单击播放按钮 ▶ ,可以在屏幕工作区域观察刀具轨迹。生成的刀具轨迹如图 8-32 所示。

(3) 仿真加工。在“演示路径”菜单中使用“NC 检测”菜单命令,系统弹出如图 8-33 所示菜单,点击运行,可以在屏幕工作区域观察仿真加工,仿真加工结果如图 8-34 所示。

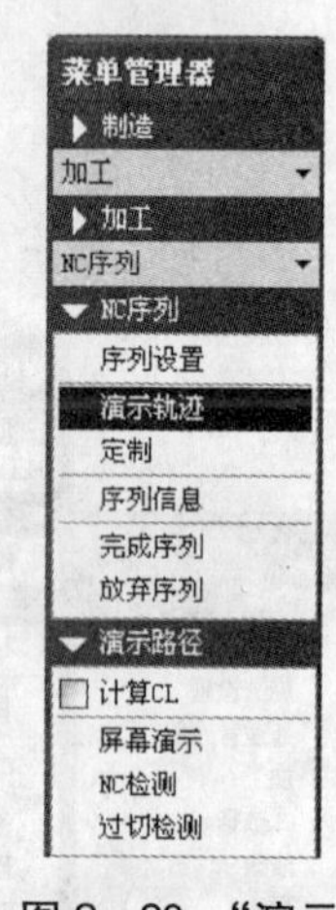

图 8-30 “演示路径”菜单

(4) 产生刀具轨迹文件,生产 NC 代码。

① 在“NC 序列”菜单,使用其中的“完成序列”命令,系统返回“加工”菜单。

② 在“加工”菜单中使用“CL 数据”命令,系统打开如图 8-35 所示的“CL 数据”菜单。

③ 在“CL 数据”菜单中使用“输出”命令,系统打开如图 8-36 所示的“输出”菜单和“选取特征”菜单。

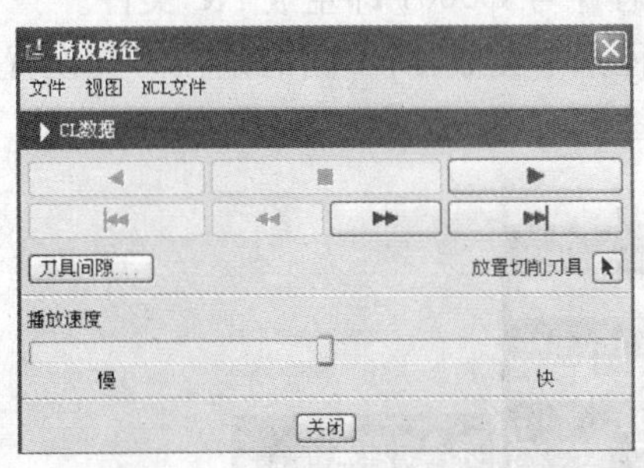

图 8-31　"播放路径"对话框

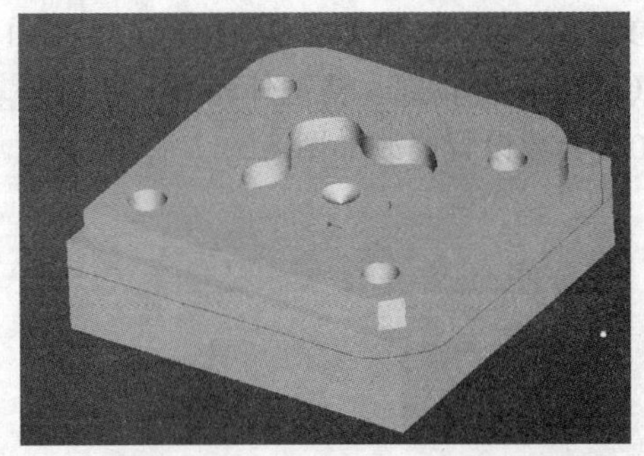

图 8-32　生成的刀具轨迹

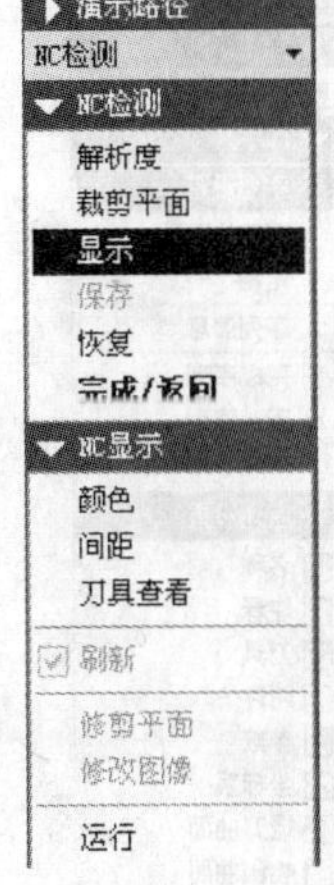

图 8-33　"NC检测"菜单

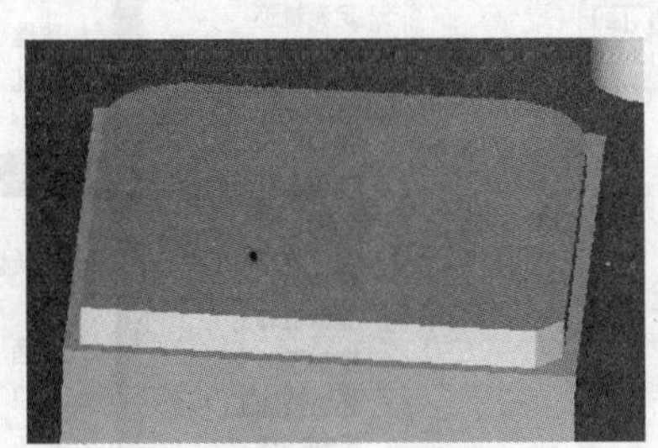

图 8-34　仿真加工结果

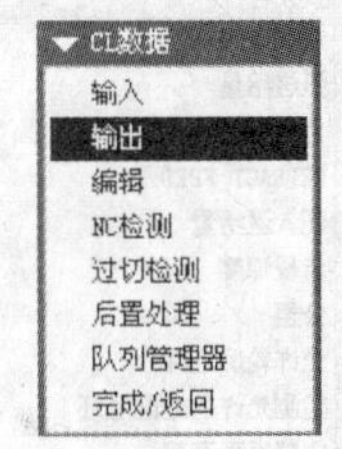

图 8-35　"CL 数据"菜单

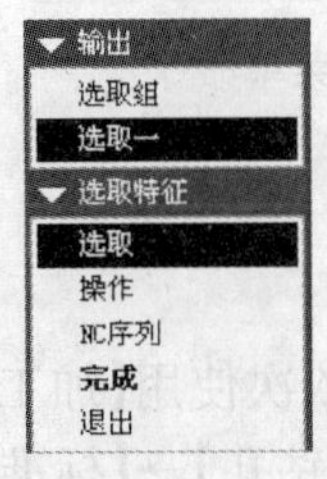

图 8-36　"输出"菜单及"选取特征"菜单

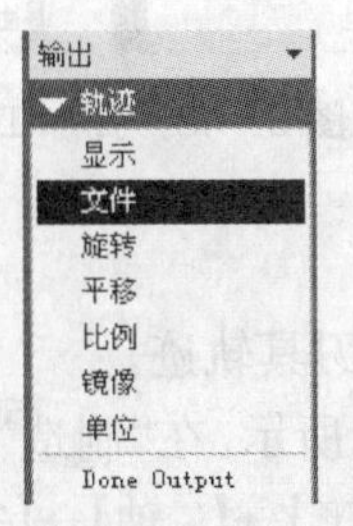

图 8-37　"轨迹"菜单

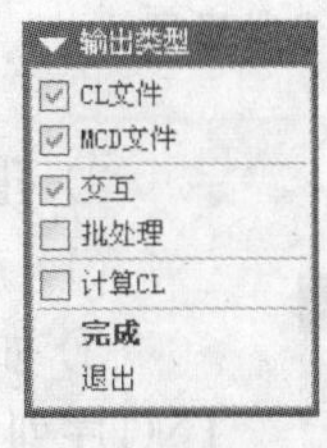

图 8-38　"输出类型"菜单

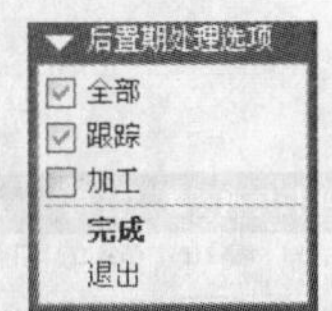

图 8-39　"后置处理选项"菜单

④ 选取后剖面削操作，系统打开如图 8-37 所示的"轨迹"菜单。

⑤ 在"轨迹"菜单中使用"文件"命令，系统打开如图 8-38 所示的"输出类型"。系统默认为 CL 文件和交互，选上 MCD 文件，单击完成。

⑥ 输出 CL 文件时，系统弹出"保存副本"对话框，输入 XM8，点击确定，CL 文件即保存，其后缀名为 ncl。

⑦ 进行后处理时，系统弹出如图 8-39 所示的"后置处理选项"菜单，可以系统使用默认选项，直接单击"完成"命令。

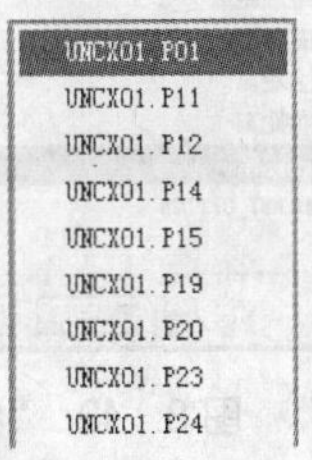

图 8-40　"后置处理列表"菜单

⑧ 系统弹出如图 8-40 所示的"后置处理列表"菜单，选取后置处理

配置文件UNCX01. P01，在弹出的DOS界面中输入程序号O0001即生成NC文件。

(5) 精铣外轮廓。精铣外轮廓与粗铣外轮廓过程基本类似，所不同的是在刀具设置中选择T02，参数设置修改如图8-41所示。

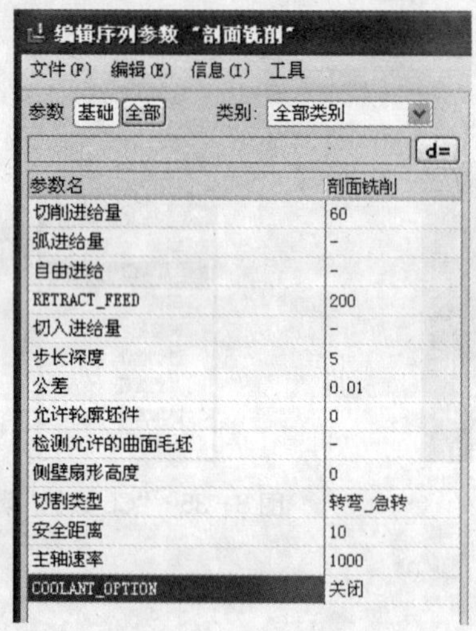

图8-41 精加工序列参数设置

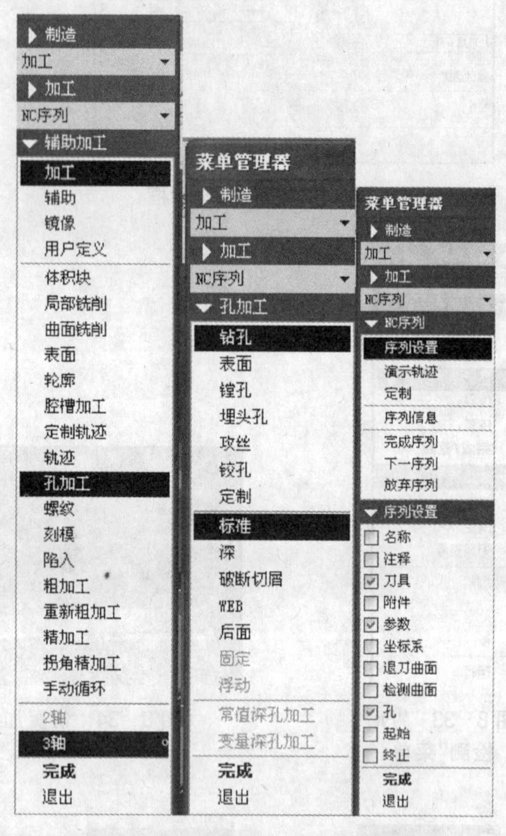

图8-42 孔加工程序设计菜单命令

2) 孔加工

(1) 产生点孔刀具轨迹。

① 如图8-42所示，在“制造”菜单中依次使用【加工】→【NC序列】→【孔加工】→【3轴】→【完成】→【钻孔】→【标准】→【完成】菜单命令，系统打开“序列设置”菜单。在“序列设置”菜单中勾选“刀具”、“参数”和“孔”选项后，单击“完成”命令。

② 在弹出的刀具设定对话框中选择已设定好的T03，单击“确定”按钮，关闭对话框，完成刀具的定义。

③ 在完成刀具设置后，系统自动打开“编辑序列参数‘打孔’”对话框，设置具体的加工参数，进行如图8-43所示的加工参数设置。

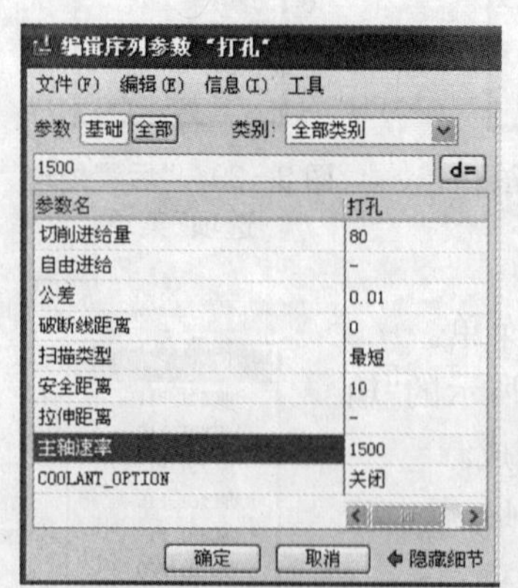

图8-43 “编辑序列参数‘打孔’”对话框

④ 定义完加工参数后，系统打开“孔集”对话框，选择“轴”选项卡，选择“阵列”单选项，单击“添加”按钮，按住“Ctrl”键，选择参照模型中的五个孔轴线，完成孔集的选取，

如图 8－44 所示。在“孔集”对话中单击“深度...”按钮，系统弹出“孔集深度”对话框，按图 8－45 所示进行设置。

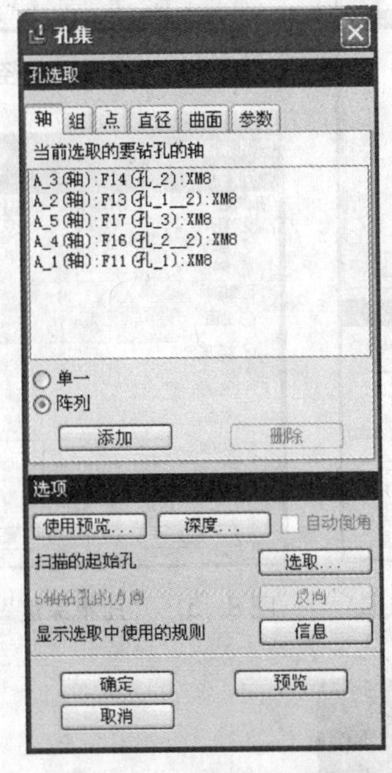

图 8－44 “孔集”对话框

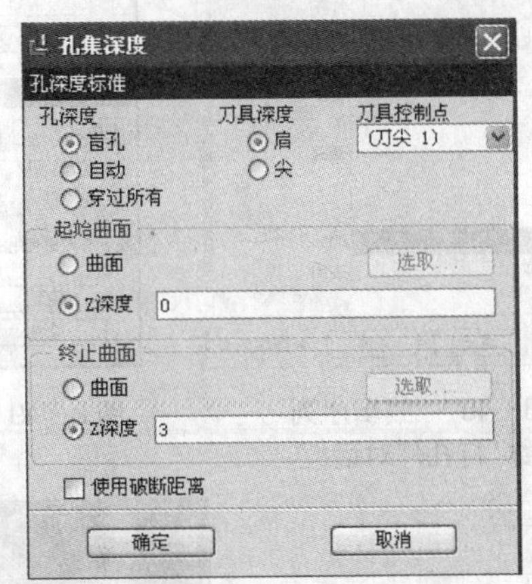

图 8－45 “孔集深度”对话框

（2）演示刀具路径及仿真加工。刀具路径如图 8－46 所示，仿真加工结果如图 8－47 所示。

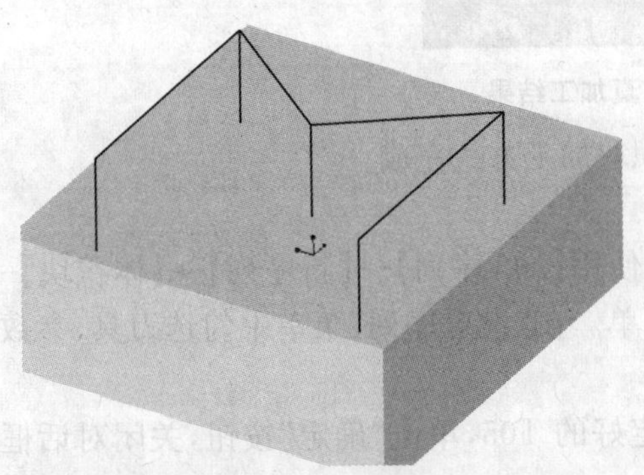

图 8－46 刀具路径

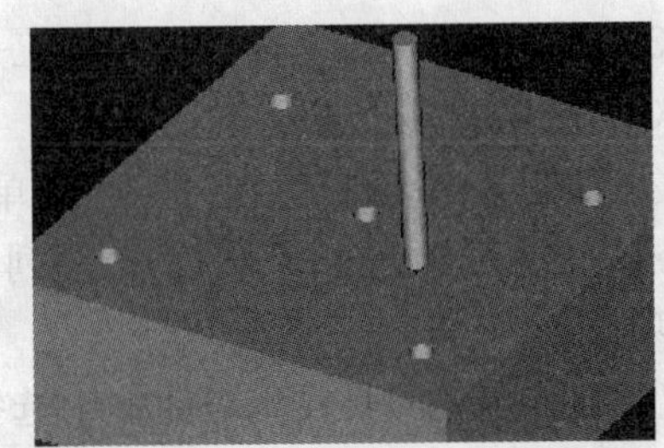

图 8－47 仿真加工结果

（3）钻孔加工。钻孔加工与点孔加工过程基本类似，需要修改的设置如下：

① 在刀具设置中选择 T04。

② “编辑序列参数‘打孔’”对话框设置内容如图 8－48 所示。

③ 在“孔集”对话框中选择“直径”选项卡，单击“添加”按钮，如图 8－49 所示。系统弹出如图 8－50 所示的“选取孔直径”对话框，选择直径值为 6，单击确定，返回“孔集”对话框。“孔集深度”对话框按图 8－51 所示进行设置。

④ 仿真加工加工如图 8－52 所示。

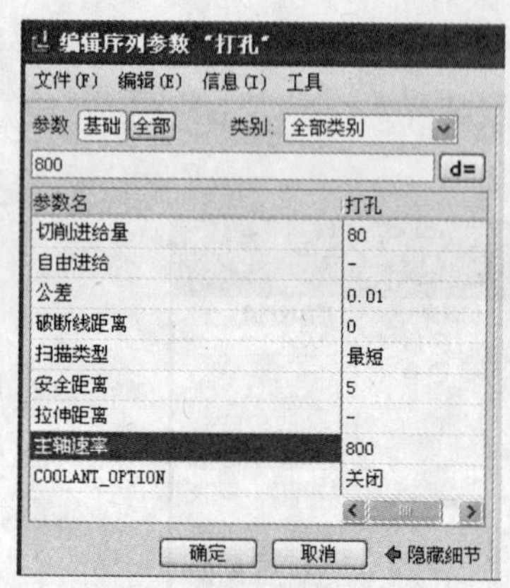

图 8-48 "编辑序列参数'打孔'"对话框

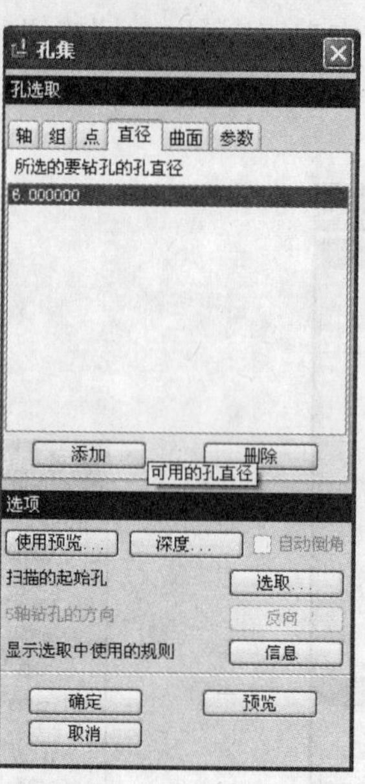

图 8-49 "孔集"对话框

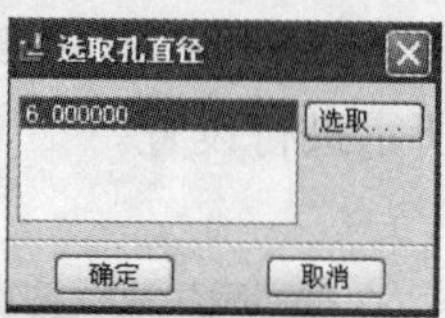

图 8-50 "选取孔直径"对话框

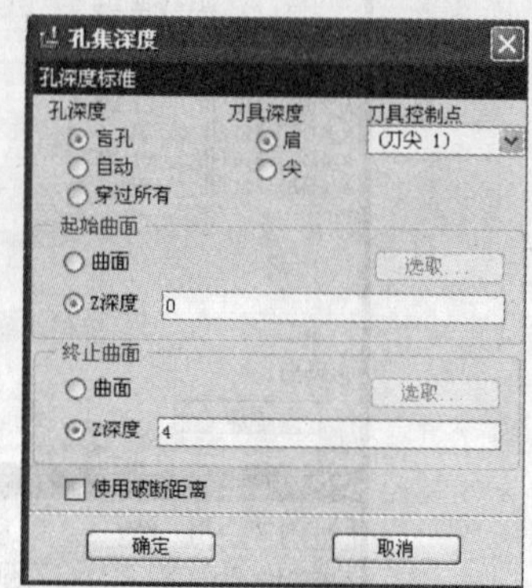

图 8-51 "孔集深度"对话框

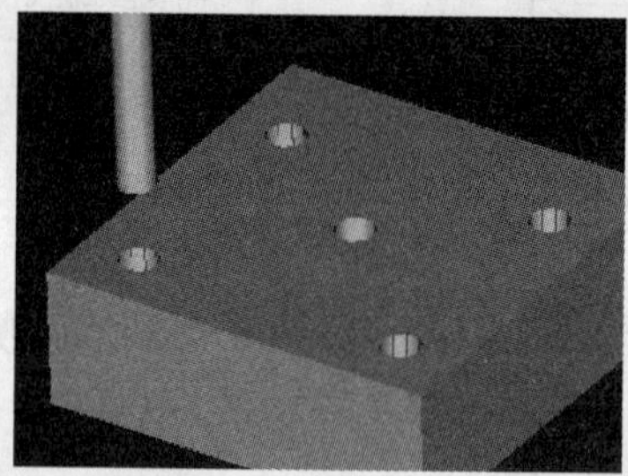

图 8-52 仿真加工结果

3）内腔槽粗加工　内腔槽粗加工采用体积块加工方式完成。

(1) 产生刀具轨迹。

① 如图 8-53 所示，在"加工"菜单中依次使用【NC 序列】→【新序列】→【体积块】→【3轴】→【完成】菜单命令，系统打开"序列设置"菜单。在"设置序列"菜单中勾选刀具、参数、体积选项。

② 在弹出的刀具设定对话框中选择已设定好的 T05，单击"确定"按钮，关闭对话框，完成刀具的定义。

③ 加工参数设置。在完成刀具设置后，系统自动打开"编辑序列参数'体积块铣削'"对话框，设置具体的加工参数，进行如图 8-54 所示的加工参数设置。

④ 体积块定义。加工参数设置完成后，系统弹出体积块选取对话框，此时需进行体积块定义，单击窗口右侧制造几何形状工具栏中"铣削体积块"按钮，使用【编辑】→【收集体积块】菜单命令。系统打开"聚合体积块"菜单，如图 8-55 所示。在"聚合步骤"菜单中勾选"选取"和"封闭"两项，单击"完成"命令。系统打开如图 8-56 所示的"聚合选取"菜单，选择"曲面边界"项，单击"完成"命令，按提示要求选取种子面和边界面，如图 8-57 所示。单击"完成参考"菜单，再单击"完成/返回"菜单，系统弹出"聚合填充"菜单，如图 8-58 所示，选取内腔

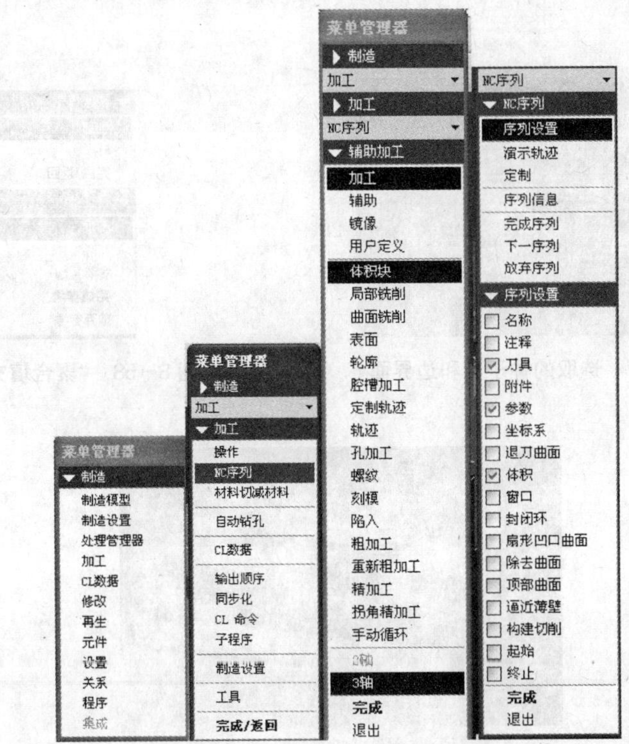

图 8－53　内腔槽粗加工加工程序设计菜单命令

图 8－54　“编辑序列参数‘体积块铣削’”对话框及参数设置

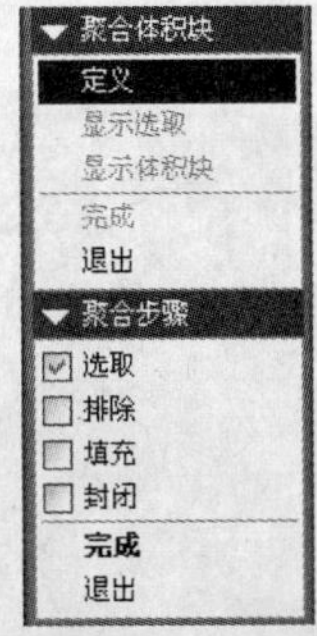

图 8－55　定义聚合步骤

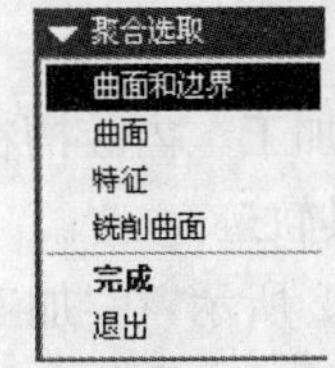

图 8－56　“聚合体积块”菜单

槽底面，单击“完成参考”菜单，再单击“完成/返回”菜单，系统生成如图 8－59 所示的体积块。单击窗口右侧制造几何形状工具栏中按钮✔，系统自动选取刚创建的体积块，作为此次加工的制造几何体，并自动生成刀具轨迹。

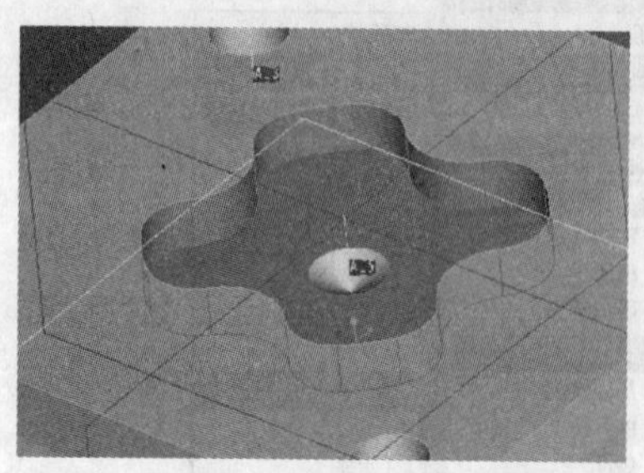
图 8-57 选取的种子面和边界面

图 8-58 “聚合填充”菜单

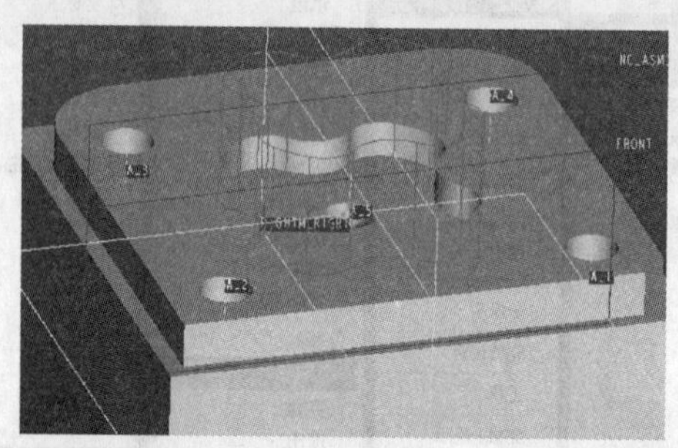
图 8-59 创建的体积块

(2) 演示刀具路径及加工仿真。刀具路径如图 8-60 所示，仿真加工结果如图 8-61 所示。

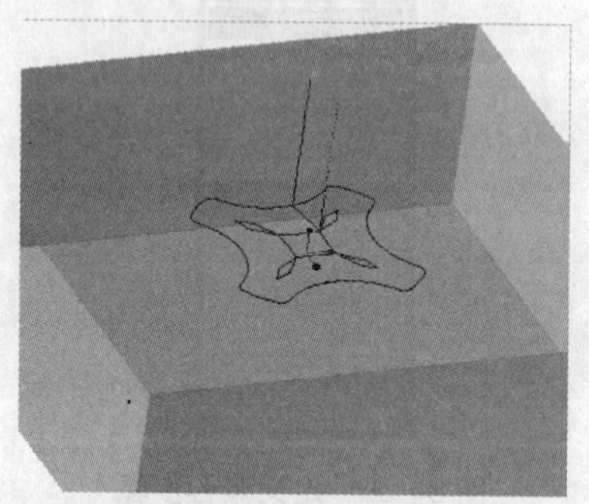
图 8-60 生成的刀具轨迹

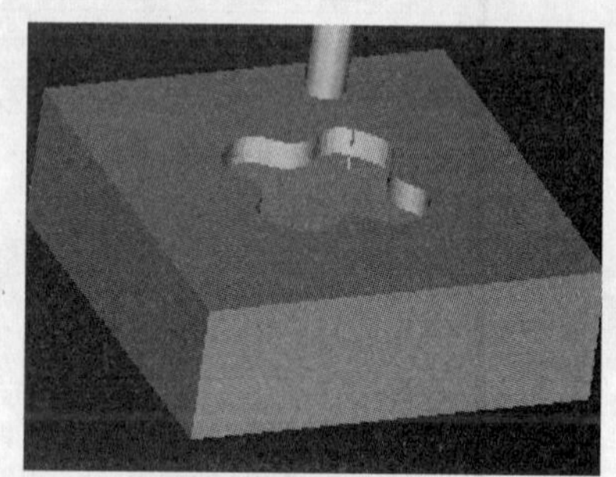
图 8-61 仿真加工结果

4) 内腔槽精加工 内腔槽精加工采用腔槽加工方式完成。

(1) 产生刀具轨迹。

① 如图 8-62 所示，在“加工”菜单中依次使用【NC 序列】→【新序列】→【腔槽加工】→【3 轴】→【完成】菜单命令，系统打开“序列设置”菜单。在“设置序列”菜单中勾选刀具、参数、体积选项。

② 在弹出的刀具设定对话框中选择已设定好的 T06，单击“确定”按钮，关闭对话框，完成刀具的定义。

③ 加工参数设置。在完成刀具设置后，系统自动打开“编辑序列参数‘体积块铣削’”对话框，设置具体的加工参数。进行如图 8-63 所示的加工参数设置。

图 8－62 内腔槽精加工加工程序设计菜单命令

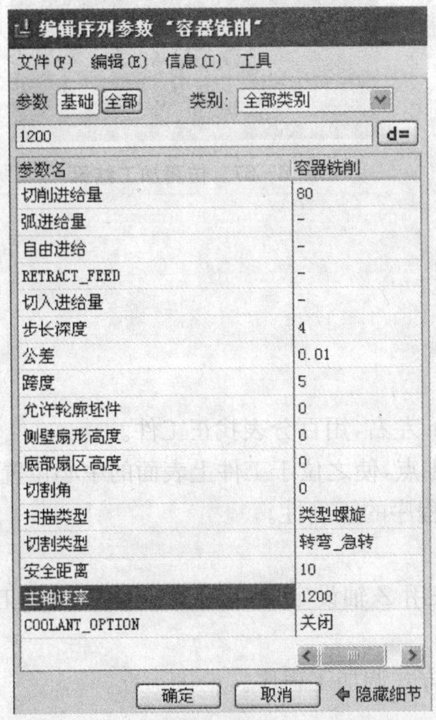

图 8－63 "编辑序列参数'容器铣削'"
对话框及参数设置

图 8－64 "曲面拾取"对话框

④ 曲面定义。加工参数设置完成后，系统自动打开如图 8－64 所示的“曲面拾取”菜单，使用“模型”选项，单击“完成”命令。系统打开如图 8－64 所示的“选取曲面”菜单，按住 Ctrl 键的同时，选取如图 8－65 中所示的腔槽内壁及底面。选取完成后，在“选取曲面”菜单中单击“完成/返回”命令，系统自动生成刀具轨迹。

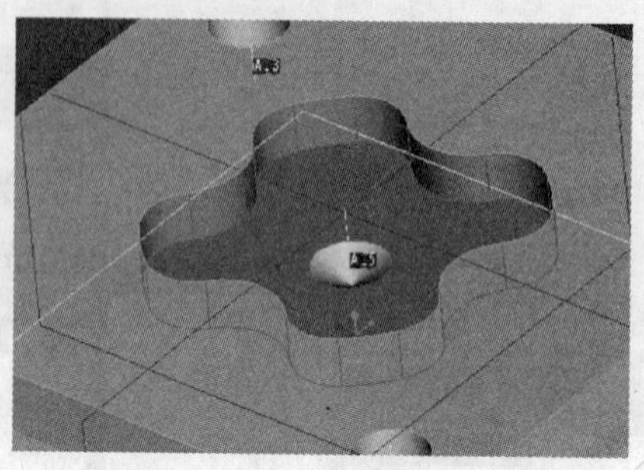

图 8－65　选取的铣削曲面

(2) 演示刀具路径及加工仿真

刀具路径如图 8－66 所示，仿真加工结果如图 8－67 所示。

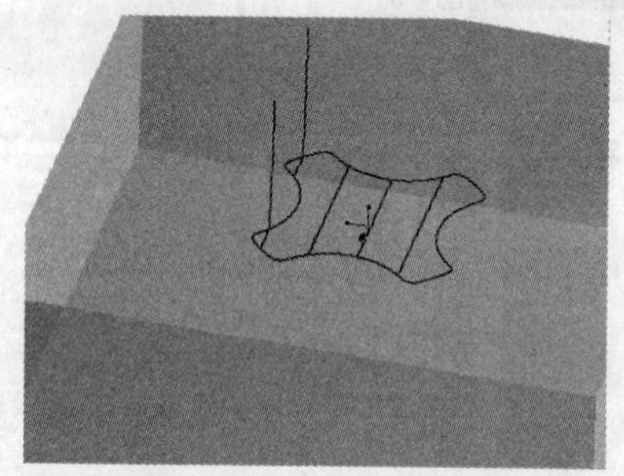

图 8－66　生成的刀具轨迹

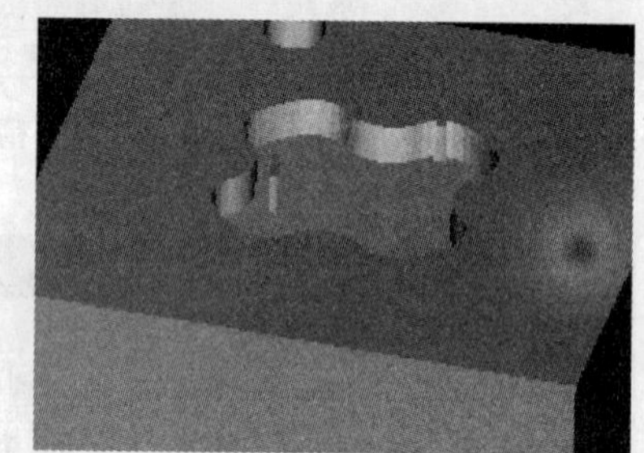

图 8－67　仿真加工结果

(五) 零件的数控加工

1. 加工准备

(1) 认真读零件图，并检查坯料。

(2) 开机回参考点。

(3) 用平口虎钳装夹工件，伸出钳口 10 mm 左右，用百分表找正工件。

(4) 利用偏心式寻边器找正工件 X、Y 轴零点，使之位于工件上表面的中心位置。

(5) 编制加工程序，录入加工程序，并检验程序的正确性。

2. 铣外轮廓

(1) 装 ϕ16 mm 粗齿 3 刃高速钢立铣刀，采用 Z 轴设定器，以工件上表面设定工件坐标系 Z 轴原点。

(2) 输入刀补参数，进入位置画面，在自动方式调加工程序。

(3) 粗铣外轮廓，留 0.15 mm 单边余量。

(4) 装 ϕ16 mm 细齿 4 刃高速钢立铣刀，重新设定工件坐标系 Z 轴原点。

(5) 半精铣外轮廓，留 0.10 mm 单边余量。

(6) 测量加工尺寸，调整刀具参数及切削参数，精铣外轮廓，保证长、宽及深度尺寸。

3. 加工 5×ϕ6 孔

(1) 装 ϕ3 mm 中心钻，采用 Z 轴设定器，以工件上表面设定工件坐标系 Z 轴原点。

(2) 设置刀具参数，调用钻中心孔程序，钻出中心孔。

(3) 装 ϕ6 mm 钻头，重新设定工件坐标系 Z 轴原点，设置刀具参数，钻 5×ϕ6 孔至图样尺寸。

4. 铣内型腔

(1) 装 ϕ6 mm 粗齿 3 刃高速钢立铣刀，采用 Z 轴设定器，以工件上表面设定工件坐标系 Z 轴原点。

(2) 输入刀补参数，进入位置画面，在自动方式下调加工程序。

(3) 粗铣内腔槽，留 0.30 mm 单边余量。

(4) 装 ϕ6 mm 细齿 4 刃高速钢立铣刀，重新设定工件坐标系 Z 轴原点。

(5) 半精内腔槽，留 0.10 mm 单边余量。

(6) 测量加工尺寸，调整刀具参数及切削参数，精铣内腔槽，保证长、宽及深度尺寸。

5. 加工说明

(1) 使用寻边器确定工件零点时应采用碰双边法。

(2) 半精铣和精铣时宜用顺铣法，以提高尺寸精度和表面质量。

(3) 铣内型腔前，必须先钻孔，避免立铣刀中心垂直切削工件。

(4) 外轮廓在前或在后加工都可以，但应注意刀具集中使用原则。

思考与练习

1. 将如图 8-68 所示零件进行铣削加工，六面已加工，材料为 45 钢。

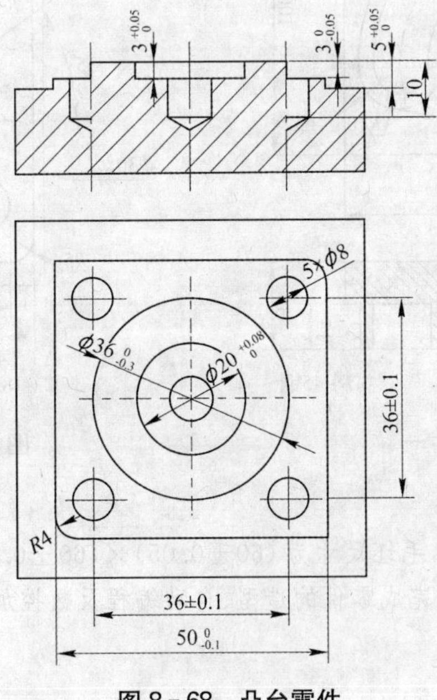

图 8-68　凸台零件

2. 将如图 8-69 所示零件进行铣削加工，六面已加工。

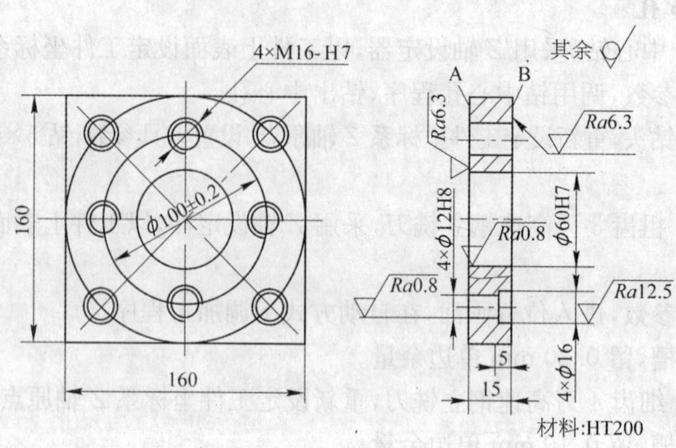

图 8-69 孔类零件

3. 将如图 8-70 所示凸模零件一进行铣削加工，六面已加工。

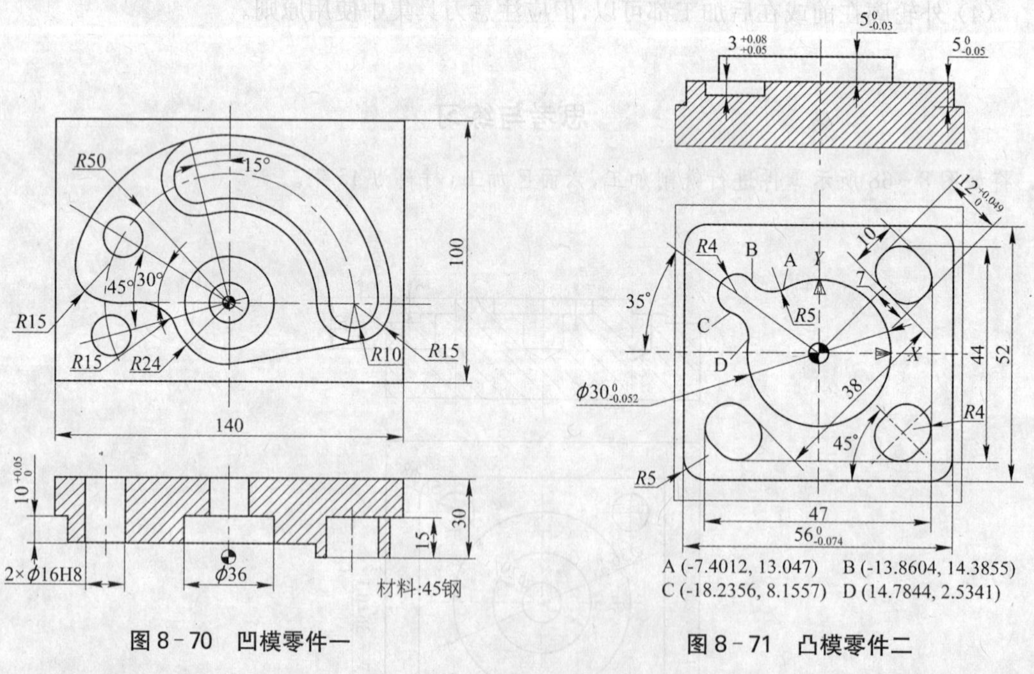

图 8-70 凹模零件一

图 8-71 凸模零件二

4. 如图 8-71 所示凸模零件二，毛坯尺寸为 (60±0.05)×(60±0.05)×20，六面已加工，材料为 45 钢，表面粗糙度为 *Ra*3.2，完成零件的造型、自动编程及数控加工。

5. 利用高级特征功能，对图 8－72 所示的零件进行造型设计。

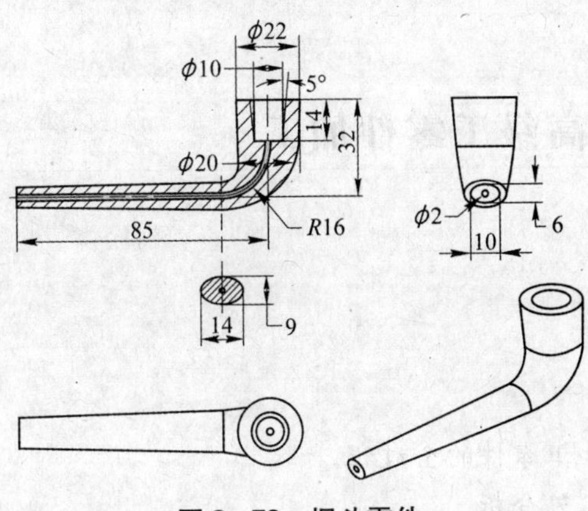

图 8－72　烟斗零件

项目九 高级工零件加工

【学习目标】

1. 掌握数控铣床加工零件的全过程。
2. 掌握数控加工工艺分析。
3. 熟悉数控仿真软件的使用。
4. 掌握自动编程的全过程。
5. 熟悉实际数控铣的操作加工。

【案例】

试编写图 9-1 所示工件(已知毛坯尺寸为 150 mm×120 mm×35 mm)的加工程序,并在数控铣床上进行加工。

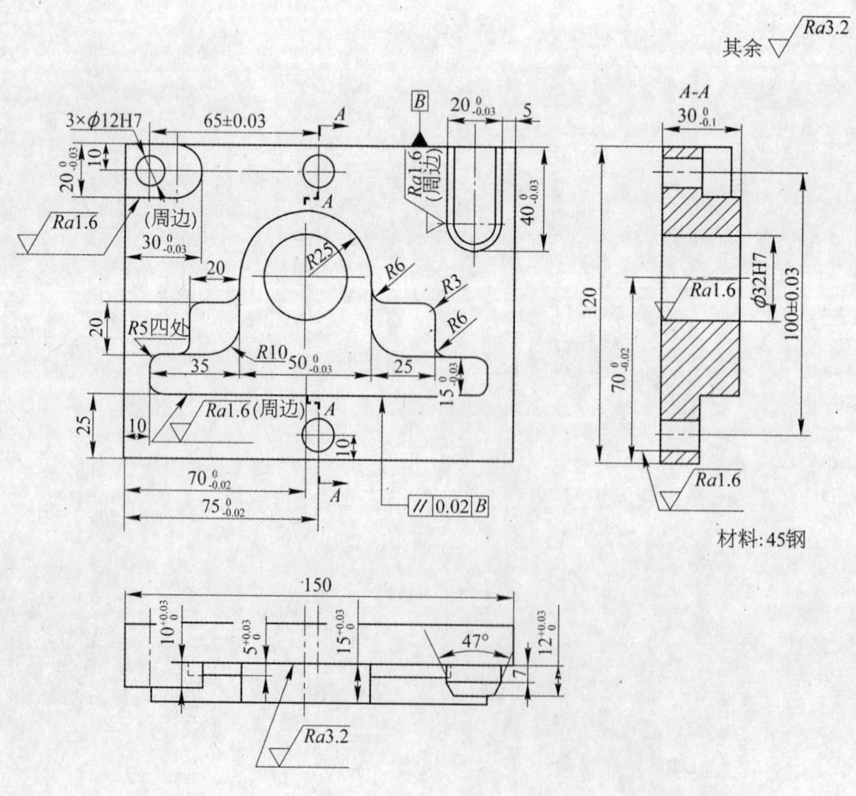

(a)

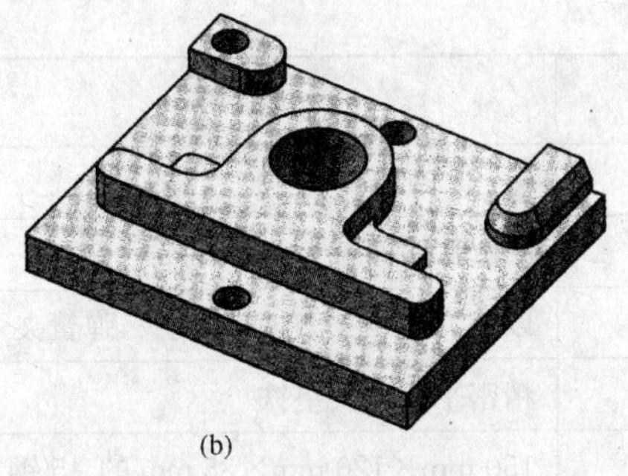

(b)

图 9-1　高级工零件

(a) 零件图；(b) 实体图

一、相关实践

(一) 数控加工工艺分析

1. 加工准备

(1) 选用机床：TK7650 型 FANUC 0iM 系统数控铣床；

(2) 选用夹具：精密平口钳；

(3) 使用毛坯：尺寸为 150 mm×120 mm×35 mm 的 45 钢，六面为已加工表面；

(4) 刀具、量具与工具：参照表 9-1 进行装配；

(5) 高级职业技能鉴定评分表，参见表 9-2 进行评分。

表 9-1　工具、量具、刀具及材料清单

	名　称	规　格	数量	备注
1	游标卡尺	0～150　0.02	1	
2	万能量角器	0～320°　2′	1	
3	千分尺	0～25，25～50，50～75，0.01	各 1	
4	内径量表	18～35　0.01	1	
5	内径千分尺	25～50　0.01	1	
6	止通规	ϕ12H8，ϕ32H8	各 1	
7	深度游标卡尺	0.02	1	
8	百分表、磁性表座	0～10　0.01	各 1	
9	*R* 规	*R*15～25	各 1	
10	塞尺	0.02～1	1 副	
11	钻头	中心钻，ϕ11.9、ϕ20 等	1	
12	机铰刀	ϕ12H8	各 1	
13	立铣刀	ϕ10、ϕ14、ϕ20	各 1	

(续表)

	名　称	规　格	数量	备注
14	深度千分尺	0～25　0.01	1	
15	面铣刀	ϕ60(R型面铣刀刀片)	1	
16	刀柄、夹头	以上刀具相关刀柄,钻夹头,弹簧夹	若干	
17	夹具	精密平口钳及垫铁	各1	
18	材料	150 mm×120 mm×35 mm的45钢	1	
19	其他	常用加工中心机床铺具	若干	

表9-2　高级职业技能鉴定评分表

工件编号			总得分				
项目与分配		序号	技术要求	配分	评分标准	检测记录	得分
工件加工评分(95%)	外形轮廓	1	$50_{-0.03}^{0}$	4	超差0.01扣1分		
		2	$15_{-0.03}^{0}$	4	超差0.01扣1分		
		3	$30_{-0.03}^{0}$	4	超差0.01扣1分		
		4	$20_{-0.03}^{0}$	4	超差0.01扣1分		
		5	$40_{-0.03}^{0}$	4	超差0.01扣1分		
		6	$15_{0}^{+0.03}$	4	超差0.01扣1分		
		7	$12_{0}^{+0.03}$	4	超差0.01扣1分		
		8	$10_{0}^{+0.03}$	4	超差0.01扣1分		
		9	$5_{0}^{+0.03}$	4	超差0.01扣1分		
		10	R25, R10, R6, R5, R3	5	每错一处扣1分		
		11	47°、35、25、20、10、7、5	5	每错一处扣1分		
		12	Ra1.6 μm	2	每错一处扣1分		
		13	Ra3.2 μm	2	每错一处扣1分		
	内轮廓与孔	14	孔径 ϕ32H7	5	超差0.01扣1分		
		15	孔距 65±0.03	5	超差0.01扣1分		
		16	孔距 $70_{-0.02}^{0}$	2×4	超差0.01扣1分		
		17	孔距 $75_{-0.02}^{0}$	5	超差0.01扣1分		
		18	孔距 100±0.03	5	超差0.01扣1分		
		19	ϕ12H7	3×3	超差全扣		
		20	Ra1.6 μm	2	超差0.01扣1分		
		21	Ra3.2 μm	1	每错一处扣1分		
	其他	22	工件按时完成	3	未按时完成全扣		
		23	工件无缺陷	2	缺陷一处扣3分		

（续表）

工件编号			总得分			
项目与分配	序号	技术要求	配分	评分标准	检测记录	得分
程序与工艺（5%）	24	程序正确合理	2	每错一处 0.01 扣 1分		
	25	加工工序卡	3	不合理每处扣 2 分		
机床操作（倒扣分）	26	机床操作规范	倒扣	出错一次扣 2 分		
	27	工件，刀具装夹	倒扣	出错一次扣 2 分		
安全文明生产（倒扣分）	28	安全操作	倒扣	安全事故停止操作或酌扣 5～30 分		
	29	机床整理	倒扣			

2. 工艺分析与知识积累

1）程序输入补偿值指令 G10　图样上的倒角一般有两种加工方法，其一是使用成型铣刀铣削，简单方便，但是同一把成型刀只能用于相同尺寸的工件倒角，使用范围窄，并且成型刀成本高，因此，在小批量的工件加工中较少使用。其二是使用球头铣刀或立铣刀，逐层拟合成型。显而易见，第二种方法适用范围广，同一把刀能用于不同形式的曲线曲面加工。在程序的编写中，常用指令 G10（刀具补偿指令）进行编写，见表 9-3。

表 9-3　刀具补偿赋值格式

刀具补偿存储器种类		格　式
刀具长度补偿（*H*）	几何补偿	G10L10P_R_;
	磨损补偿	G10L11P_R_;
刀具半径补偿（*D*）	几何补偿	G10L12P_R_;
	磨损补偿	G10L13P_R_;

指令格式中 P 为刀具补偿号，R 为刀具补偿值。当用 G90 绝对值指令方式时，R 后接的数值就是刀具的补偿值；当用 G91 增量值指令方式时，R 后接的数值和指定的刀具补偿值的和就是刀具的补偿值。

2）加工工艺分析　每一个工件的加工工艺方案，都是根据工件的类型、具体加工内容以及给定的加工约束条件进行分析后确立的，在清楚加工内容后，结合机床类型和夹具类型，制定工艺路线，确定每一工序所适用的刀具。具体的加工方案分析如下：

（1）确定工艺基准。从图样上分析，主要结构为单面结构，四周为四方形。适合采用平口钳装夹。为保证四边相互垂直，在实际加工前，必须对固定钳口进行调整；为保证工件的上下平面的平行度要求，必须对平口钳导轨以及垫铁进行调整。

（2）加工难点分析。从图样上分析，工件结构较简单，难点主要是 ϕ32H7 与凸件的倒角加工。

(3) 加工余量的去除。在加工条件允许的情况下，尽量采用较大的刀具进行加工，可以有效地提高加工效率。

(4) 基点计算问题。基点坐标的计算可采用 CAD、Pro/E 或 CAXA 软件找坐标。

(5) 特殊功能的掌握。倒角的加工在没有成型刀具的情况下，采用宏程序以及 G10 指令能较好地完成编程操作。

(二) 数控加工工序卡、刀具卡、工艺参数卡等的制定

根据零件图、工件材质、加工精度与要求，结合实际加工的条件，依据切削加工手册与实际加工经验，制定合理高效的数控加工工序卡、数控加工工艺参数卡及刀具调整卡。数控加工工件的加工质量在很大程度上是由数控加工工序卡、工艺过程卡、刀具调整卡决定的，具体参数见表 9-4～表 9-6。工艺制定的优劣直接影响着工件加工的合格与否。

表 9-4 数控加工工序卡

数控加工工序卡							
零件名称	件 1	零件图号		1	夹具名称		精密平口钳
设备名称及型号		TK7650 型 FANUC 0iM 系统数控铣床					
材料名称及牌号	45 钢	硬度		工序名称		工序号	

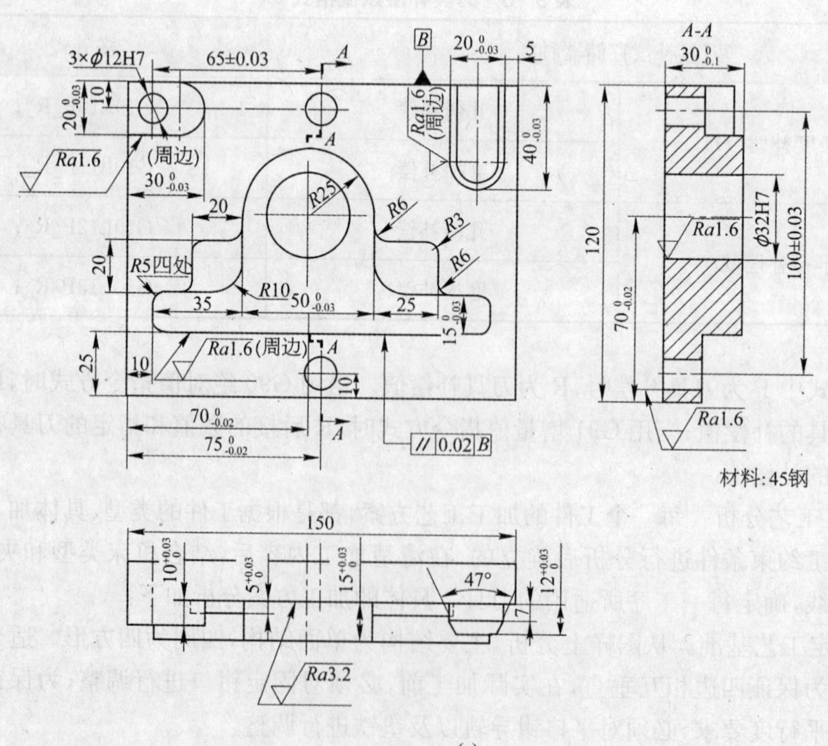

(a)

（续表）

工步号	工步内容	切削用量			刀具		量具	
		n/(r/min)	f/(mm/min)	a_p/mm	编号	名称	编号	名称
1	加工大轮廓	1 500	200	5	1	ϕ10 立铣刀		
2	加工两凸台	1 500	200	5	2	ϕ10 立铣刀		
3	去除余量	1 500	300	6	3	ϕ20 立铣刀		
4	凸台倒角	2 000	1 000	0.5	4	球头铣刀		
5	打中心孔	1 500			5	中心钻		
6	钻孔	600	60		6	ϕ11.9 钻头		
7	铰孔	1 500	50		7	ϕ12 铰刀		
8	钻孔	600	60		8	ϕ30 钻头		
9	镗孔（精镗）	1 500	150	1	9	镗刀		
设计者签名				共 页		第 页		

表 9-5 机械加工工艺过程卡

机械加工工艺过程卡				产品名称	零件名称	零件图号	
					件 1		
材料名称及牌号	45 钢	毛坯种类或材料规格		150 mm×120 mm×35 mm 的 45 钢		总工时	4
工序号	工序名称	工序简要内容		设备名称及型号	夹具	量具	工时
1	加工大轮廓	粗精加工大外轮廓		数控铣床	精密平口钳	0～200 游标卡尺	
2	加工两凸台	粗精加工两个凸台的外轮廓		数控铣床	精密平口钳	0～200 游标卡尺	
3	去除余量	去除工件余量		数控铣床	精密平口钳	0～200 游标卡尺	
4	凸台倒角	加工凸台的倒角		数控铣床	精密平口钳	0～200 游标卡尺	
5	打中心孔	打 4 个中心孔		数控铣床	精密平口钳		
6	钻孔	钻 3 个 ϕ11.9 的孔		数控铣床	精密平口钳	0～200 游标卡尺	
7	铰孔	用 ϕ12H7 铰刀铰孔		数控铣床	精密平口钳	止通规	
8	钻孔	钻 ϕ30 的孔		数控铣床	精密平口钳	0～200 游标卡尺	
9	镗孔	粗精镗 ϕ32H7 孔		数控铣床	精密平口钳	止通规	

表 9-6 数控铣刀具调整卡

<table>
<tr><td colspan="10">数控铣刀具调整卡</td></tr>
<tr><td colspan="3">零件名称</td><td colspan="2">工件 1</td><td colspan="2">零件图号</td><td colspan="3"></td></tr>
<tr><td colspan="2">设备名称</td><td colspan="2">数控铣床</td><td>设备型号</td><td colspan="2">TK7650 型
FANUC 0iM 系统</td><td colspan="2">材料名称
及牌号</td><td>45 钢</td></tr>
<tr><td rowspan="2">序号</td><td rowspan="2">工序号</td><td rowspan="2">刀具
编号</td><td rowspan="2">程序号</td><td rowspan="2">刀具名称</td><td rowspan="2">刀具材料</td><td colspan="2">刀具参数</td><td colspan="2">刀补地址</td></tr>
<tr><td>直径/mm</td><td>长度</td><td>直径</td><td>长度</td></tr>
<tr><td>1</td><td>1</td><td>T01</td><td>O0111</td><td>ϕ10 立铣刀</td><td>硬质合金</td><td>10</td><td></td><td>D01</td><td>H01</td></tr>
<tr><td>2</td><td>2</td><td>T01</td><td>O0222</td><td>ϕ10 立铣刀</td><td>硬质合金</td><td>10</td><td></td><td>D01</td><td>H01</td></tr>
<tr><td>3</td><td>3</td><td>T02</td><td>O0333</td><td>ϕ20 立铣刀</td><td>硬质合金</td><td>20</td><td></td><td>D02</td><td>H02</td></tr>
<tr><td>4</td><td>4</td><td>T03</td><td>O0444</td><td>ϕ10 球头铣刀</td><td>硬质合金</td><td>10</td><td></td><td>D03</td><td>H03</td></tr>
<tr><td>5</td><td>5</td><td>T04</td><td>O0555</td><td>中心钻</td><td>高速钢</td><td>2.4</td><td></td><td>D04</td><td>H04</td></tr>
<tr><td>6</td><td>6</td><td>T05</td><td>O0666</td><td>ϕ11.9 钻头</td><td>高速钢</td><td>11.9</td><td></td><td>D05</td><td>H05</td></tr>
<tr><td>7</td><td>7</td><td>T06</td><td>O0777</td><td>ϕ12 铰刀</td><td>硬质合金</td><td>12</td><td></td><td>D06</td><td>H06</td></tr>
<tr><td>8</td><td>8</td><td>T07</td><td>O0888</td><td>ϕ30 钻头</td><td>高速钢</td><td>30</td><td></td><td>D07</td><td>H07</td></tr>
<tr><td>9</td><td>9</td><td>T08</td><td>O0999</td><td>镗刀</td><td>硬质合金</td><td></td><td></td><td>D08</td><td>H08</td></tr>
</table>

(三) 编制数控铣加工的数控加工程序

1. 工件加工任务分解

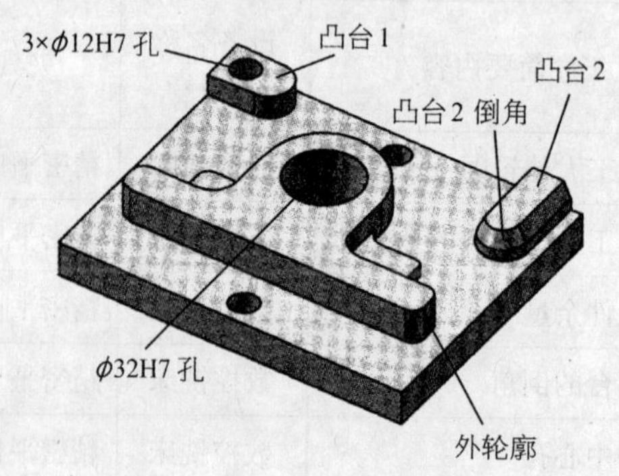

图 9-2 工件任务分解图

2. 数控加工程序与仿真结果

1) 外轮廓加工

(1) 外轮廓加工程序。

```
O0111;
G17G54G90;
M3S3000;
G0Z100;
```

```
X-70Y-70;
G0Z3;
#1=0;
IF[#1LT-10]GOTO20;
N10G01Z#1F50;
G41G01X-60Y-40D01F400;
Y-35;
G2X-55Y-30R5;
G1X-35;
G3X-25Y-20R10;
G1Y0;
G2X25R25;
G1Y-20;
G3X35Y-30R10;
G1X65;
G2X70Y-35R5;
G1Y-40;
G2X65Y-45R5;
G1X-55;
G2X-60Y-40R5;
G40X-70Y-70;
#1=#1-2;
IF[#1GE-10]GOTO10;
N20G1Z-15F40;
G41X-60Y-40D01F1000;
Y-35;
G2X-55Y-30R5;
G1X-51Y-30;
G3X-45Y-24R6;
G1Y-13;
G2X-42Y-10R3;
G1X-31;
G3X-25Y-4R6;
G1Y0;
G2X25R25;
G1Y-4;
G3X31Y-10R6;
G1X47;
G2X50Y-13R3;
```

```
G1Y-24;
G3X56Y-30R6;
G1X65;
G2X70Y-35R5;
G1Y-40;
G2X65Y-45R5;
G1X-55;
G2X-60Y-40R5;
G40X-70Y-70;
G0Z100;
M5;
M30;
```

(2) 斯沃仿真加工轨迹与结果,如图 9-3、图 9-4 所示。

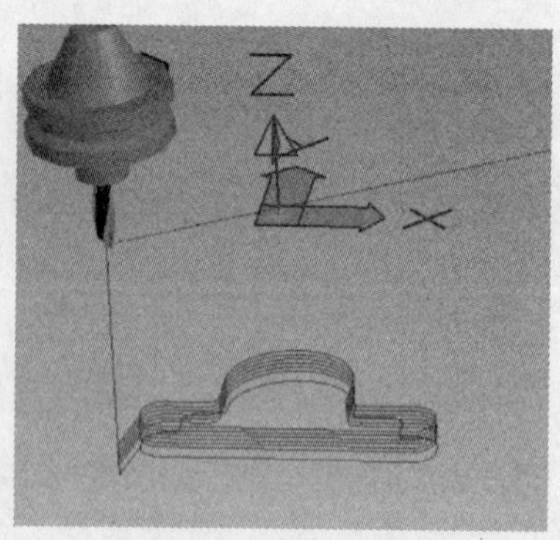

图 9-3 加工轨迹图

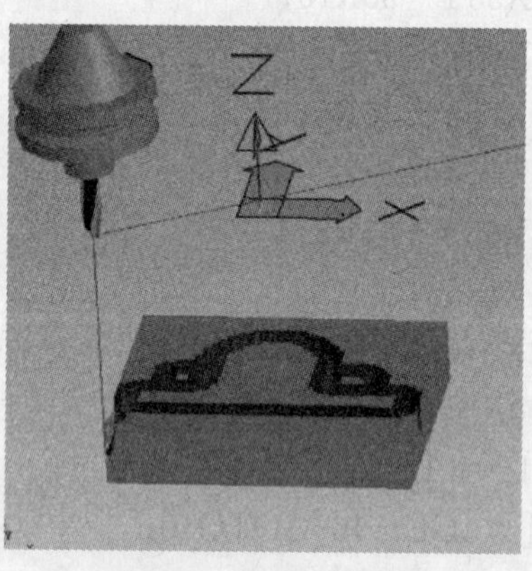

图 9-4 仿真加工图

2) 凸台 1 和凸台 2 的加工

(1) 凸台 1 和凸台 2 的加工程序。

```
O0222;
G40G80G49;
G54G0Z100;
M3S2000;
X-90Y70;
Z5;
#1=0;
IF[#1LT-15]GOTO20;
N10 G1Z#1F50;
G41X-70Y50D01F1000;
X-50Y50;
G2X-50Y30R10;
```

```
G1X－70；
Y50；
G40X－90Y60；
＃1＝＃1－1；
IF[＃1GE－15]GOTO10；
N20 G1Z100F2000；
Y150；
X100 Y60；
Z5；
＃1＝0；
IF[＃1LT－15]GOTO20；
N10 G1 Z＃1 F50；
G41 X75 Y50 D01 F400；
Y20；
G2 X55 R10；
G1 Y50；
X75；
G40 X100 Y60；
＃1＝＃1－2；
IF[＃1GE－15]GOTO10；
N20 G1 Z100 F2000；
Y150；
M5；
M30；
```

(2) 凸台1的斯沃仿真加工轨迹与结果，如图9－5、图9－6所示。

图9－5　凸台1加工轨迹图

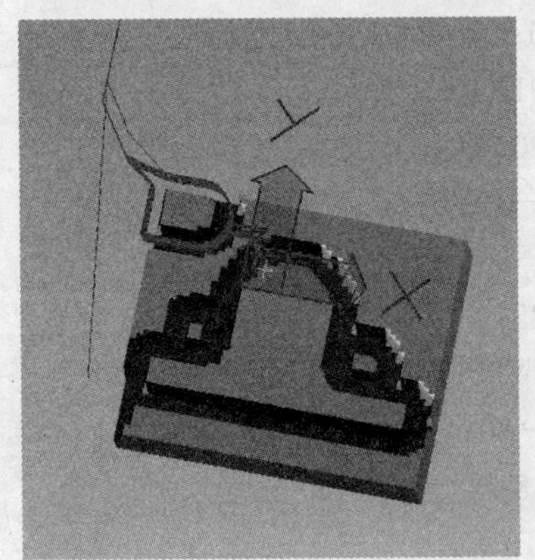

图9－6　凸台1仿真加工图

(3) 凸台2的斯沃仿真加工轨迹与结果，如图9－7、图9－8所示。

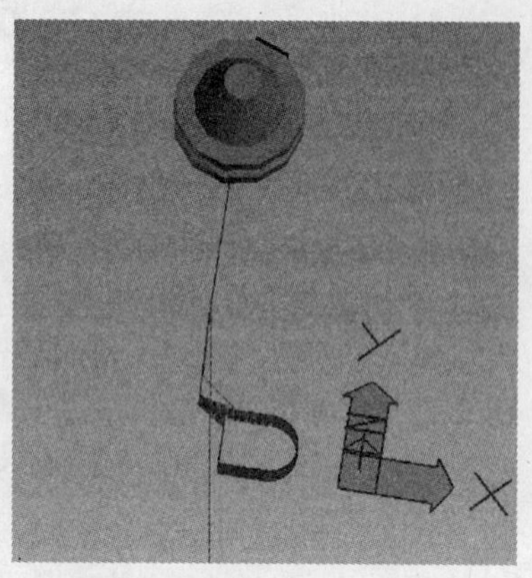

图 9-7　凸台 2 加工轨迹图

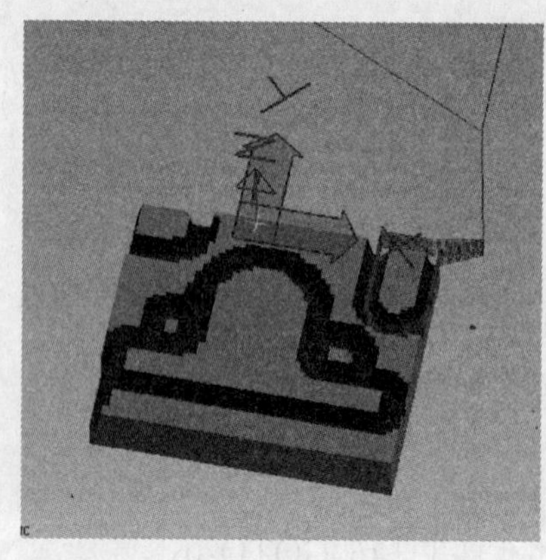

图 9-8　凸台 2 仿真加工图

3）去除加工余量

（1）去除加工余量加工程序。

```
O0333;
G40G80G49;
G54G90G0Z100;
M3S800;
X−85Y−20;
#1=0;
IF[#1LT−15]GOTO2;
N1G1Z#1F30;
X−70F200;
Y20;
X−59;
Y−20;
Y0;
G91X10;
G90Y20;
X−39Y0;
X−36;
Y25;
X0Y35;
X−30;
Y45;
X45;
Y35;
X0;
X35;
```

```
Y5;
X45;
Y25;
Y0;
X80;
Y-10;
X60;
X80;
X60Y-20;
X80;
Y-60;
X-70;
Y-20;
X-85;
#1=#1-3;
IF[#1GE-15]GOTO1;
N2G0Z-10;
Y-15;
X-60;
G1 X-37 F300;
G0 Z5;
X65;
Z-10;
G1 X35;
G0Z5;
X-85 Y45;
Z-5 F300;
X-35;
Y35;
X-85;
G0Z5;
X67 Y60;
Z-3  F300;
G1 Y10;
X52;
Y60;
G0 Z100;
M5;
M30;
```

(2) 余量切削的斯沃仿真加工轨迹与结果,如图 9-9、图 9-10 所示。

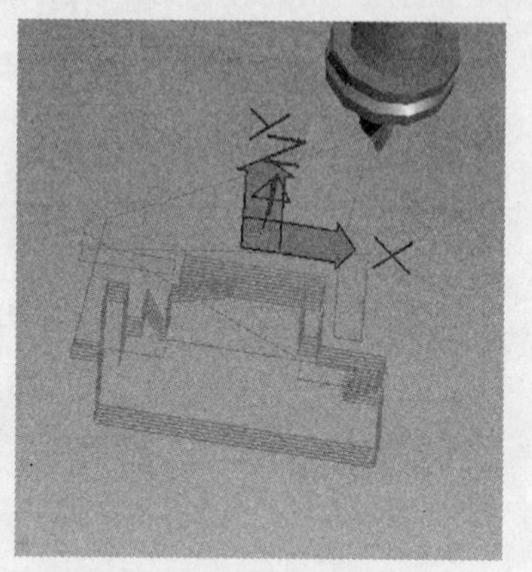

图 9-9 余量切削加工轨迹图

图 9-10 余量切削仿真加工图

4) 凸台 2 倒角

(1) 凸台 2 倒角的加工程序。

```
O0444;                                  (倒角程序)
G90 G94 G21 G40 G54 F100;               (程序初始化)
G91 G28 Z0;                             (程序开始部分)
M3S1000;
G90 G0 X30 Y70;
Z5 M8;
G1 Z0 F50;
#1=0;                                   (深度变量赋值)
#2=23.5;                                (倒角角度)
#3=5;                                   (刀具半径)
#6=7;                                   (倒角高度)
#4=#1;                                  (刀具到上表面距离)
#5=#3-[#6-#1]* TAN[#2];                 (补偿的刀具半径值)
G1 Z-#4 F80;                            (进刀所需深度)
G10 L12 P1 R#5;                         (输入刀具半径补偿)
G41 G1 X40 Y60 D01;                     (建立刀补)
N10 X70;                                (轮廓加工)
Y30;
G2 X50 R10;
G1 X70;
G40 M9;                                 (取消刀补)
#1=#1+0.1;                              (深度递增赋值)
IF [#1LE7]GOTO10;                       (条件判断)
G0Z20;                                  (Z 向抬刀)
```

G91 G28 Z0；

M30；　　　　　　　　　　　　　　　　(程序结束部分)

(2) 凸台 2 倒角的斯沃仿真加工轨迹与结果，如图 9-11、图 9-12 所示。

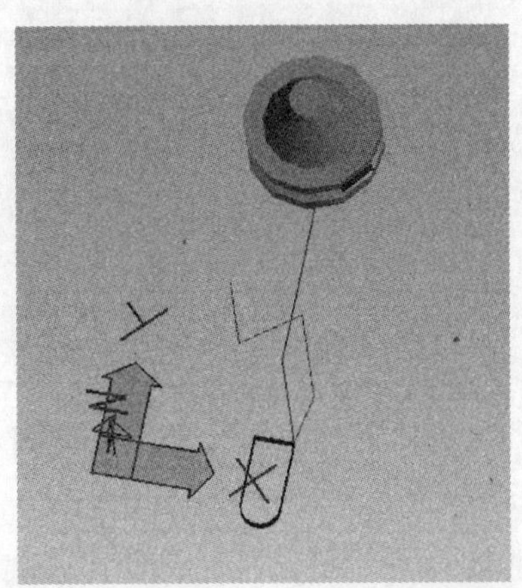

图 9-11　凸台 2 倒角加工轨迹图

图 9-12　凸台 2 倒角仿真加工图

5) 打中心孔

(1) 打中心孔的加工程序。

O0555；

G40 G80 G49；

G54 G0 Z100；

M3 S2000；

Z5；

G81 X0 Y0 Z－2 F50；

X－60 Y40 Z－3 F50；

X5 Z－17 F50；

Y－60；

G0 Z100；

M5；

M30；

(2) 打中心孔的斯沃仿真加工轨迹与结果，如图 9-13 所示。

图 9-13　打中心孔加工轨迹图

6) 钻 ϕ11.8 孔的加工

钻 ϕ11.8 孔的加工程序。

O0666；

G40G80G49；

G54G0Z100；

M3S2000；

X100Y60；

```
Z5;
G81X0Y0Z－36F50;
X－60Y40;
X－5;
Y－60;
G0Z100;
M5;
M30;
```

7）铰孔 $\phi12$ 的加工

铰孔 $\phi12$ 的加工程序。

```
O0777;
G40 G80 G49;
G54 G0 Z100;
M3 S200;
X0 Y0;
Z5;
G81 X－60 Y40 Z－2 F50;
X－5;
Y－60;
G0 Z100;
M5;
M30;
```

8）钻 $\phi30$ 孔的加工

(1) 钻 $\phi30$ 孔的加工程序。

```
O0888;
G40G80G49;
G54G0Z100;
M3S500;
X100Y60;
Z5;
G81 X0 Y0 Z－35 F30;
G0Z100;
M5;
M30;
```

(2) 钻 $\phi30$ 孔的斯沃仿真加工轨迹与结果，如图 9－14、图 9－15 所示。

9）半精镗孔和精镗孔

(1) 半精镗孔和精镗孔的加工程序。

```
O0999;
T01;
G40G80G49;
```

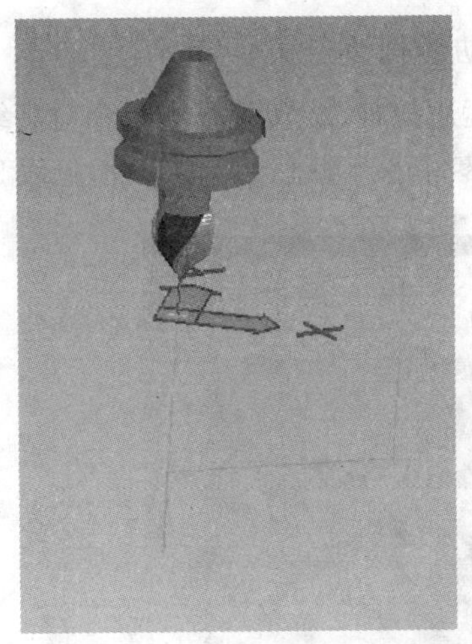

图 9 - 14　钻 ϕ30 孔加工轨迹图

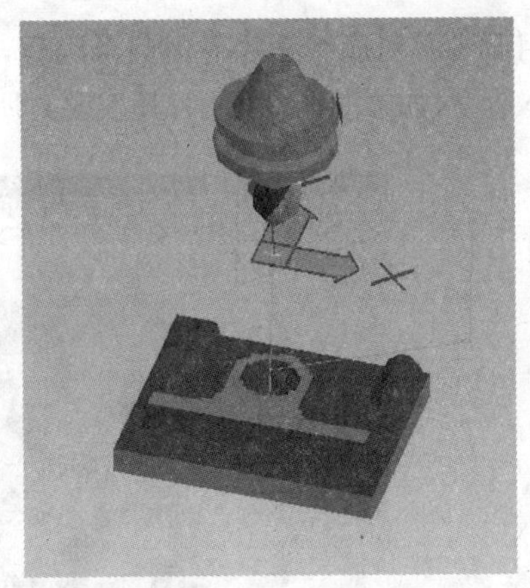

图 9 - 15　钻 ϕ30 孔仿真加工图

```
G54G0Z100;
M3S500;
Z5;
G86 X0 Y0 Z—31 R5 F30;
G0Z100;
M05;
T02;
G40G80G49;
G54G0Z100;
M3 S500;
G76 X0 Y0 Z—31 R5 P2 Q0.1F30;
G0Z100;
M5;
M30;
```

图 9 - 16　镗孔加工轨迹图

(2) 镗孔加工的斯沃仿真加工轨迹与结果，如图 9 - 16、图 9 - 17、图 9 - 18 所示。

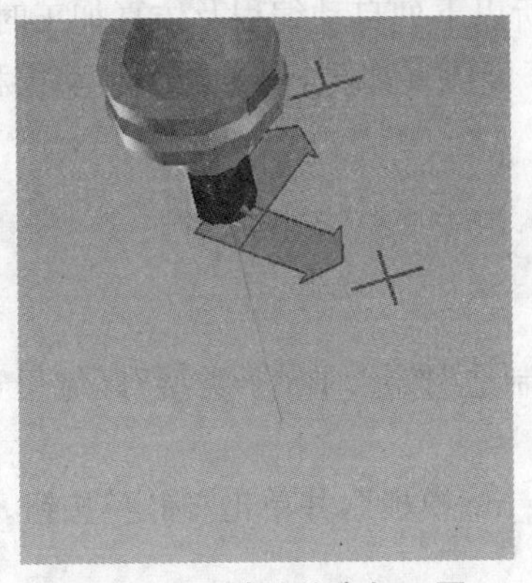

图 9 - 17　镗孔仿真加工图

图 9 - 18　零件仿真加工结果图

(四) 利用 Pro/E 软件对数控铣加工零件的自动编程

利用 Pro/E 对高级工零件的自动编程，首先必须运用拉伸、旋转等基本指令对高级工零件进行实体造型，如图 9－19 所示；其次要对所要加工的零件进行加工工步的设计，见表 9－7。

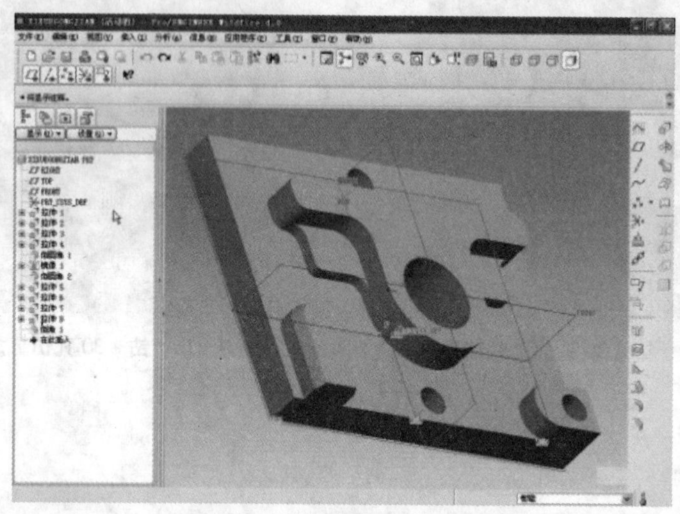

图 9－19 Pro/E 零件实体造型图

表 9－7 自动编程加工工步

序号	加工内容	加工方式	刀具	转速/(r/min)	进给/(mm/min)
1	整体粗加工	体积块—粗加工—螺旋切削	ϕ12 立铣刀	1 500	200
2	钻孔 ϕ30	孔加工	ϕ30 钻头	600	60
3	水平面精加工	曲面—直线切削铣削	ϕ10 立铣刀	3 000	400
4	侧面精加工	轮廓铣削	ϕ10 立铣刀	3 000	400
5	钻孔 ϕ12	孔加工	ϕ12 钻头	800	100
6	凸台倒角	轮廓铣削	ϕ3 球头铣刀	3 000	500

因为在安装 Pro/E 时，没有安装 Vericut 模块，所以下列自动编程及仿真加工时，仅仅对单个加工工序进行仿真加工，无法把所有工序一起综合仿真加工，但是整个自动编程过程及结果都是完全符合实际加工要求的。

1. 初始设置

1) 新建加工文件

(1) 设置工作目录，单击工具栏上的“新建”按钮。

(2) 弹出“新建”对话框，在“类型”区域里选择“制造”按钮，在“子类型”区域里选中“NC 组件”按钮，并输入名称，单击“确定”按钮。

(3) 在“新文件选项”对话框中，选择“mmns_mfg_nc 模板”，并单击“确定”按钮。

2) 导入参照模型

(1) 选择菜单管理器中的“制造模型→装配→参照模型”命令。

(2) 弹出“打开”对话框,选择造型好的零件,单击“打开”按钮。

(3) 弹出“装配设置”用户界面,选择装配约束条件为“缺省”,单击“√”按钮。

3) 创建工件模型

(1) 选择菜单管理器中的“制造模型→创建→工件”命令。

(2) 在消息栏里提示输入零件名称,单击“√”按钮。

(3) 系统便弹出“特征类”菜单,选择“实体→加材料”命令。

(4) 选择“拉伸→实体”命令,再选择“完成”命令。

(5) 在拉伸特征的用户界面下,进行工件的实体造型。

4) 操作设置

(1) 选择菜单管理器中的“制造设置”命令,系统弹出“操作设置”对话框。

(2) 工作机床设置:在“操作设置”对话框中,单击设置 NC 机床按钮,弹出“机床设置”对话框,单击“确定”按钮。

(3) 加工零点设置:在设置加工零点之前,首先创建零点坐标系,然后选择该坐标系为加工的坐标系。

(4) 安全平面设置:在“操作设置”对话框中,单击“设置退刀曲面”的按钮,弹出“退刀选取”对话框,在“退刀”选项卡中,单击“沿 Z 轴”按钮,就会激活“输入 Z 深度”文本框,输入数字,单击“确定”按钮。

2. 体积块—粗加工—螺旋切削方式进行整体粗加工

1) 创建铣削窗口

(1) 单击工具栏“铣削窗口”按钮,或者选择“插入→制造几何→铣削窗口”命令。

(2) 在窗口下方弹出“铣削窗口”的用户界面,选择“侧面影像窗口类型”,单击“放置”按钮,“窗口平面”选择安全平面,单击“选项”按钮,弹出“窗口设置”界面,选中“在窗口围线上”单选按钮,完成铣削窗口的创建。

2) 创建体积块铣削 NC 序列

(1) 选择菜单管理器中的“加工→NC 序列→体积块→3 轴→完成”命令。

(2) 弹出“序列设置”菜单,选中“名称”、“刀具”、“参数”、“退刀”、“窗口”复选框,选择完成。

(3) 在信息栏里输入 NC 序列名称 0001,单击“√”确定。

(4) 弹出“刀具设定”对话框,设定刀具参数为:名称 T001,类型端铣削,单位 mm,刀具直径 ϕ12。

(5) 弹出“制造参数”菜单,选择“设置”命令,设置参数如下:

进给速度:200,步长深度:2,跨度:8,PROF_STOCK_ALLOW:0.1,允许未加工毛坯:0.3,允许底部线框:0.3,扫描类型:类型螺旋,转速:1 500,间隙距离:2。

(6) 弹出“退刀选取”对话框,单击“沿 Z 轴”按钮,就会激活“输入 Z 深度”文本框,输入 10,单击“确定”按钮。

(7) 弹出“定义窗口”菜单,选择“选取窗口”命令,选择已创建的“铣削窗口”。

(8) 回到“NC 序列”菜单,选择“演示轨迹”命令,选择“屏幕演示”命令,将弹出“播放路径”控制器,可以看到生成的刀具轨迹,如图 9-20 所示。

图 9-20 整体粗加工轨迹图

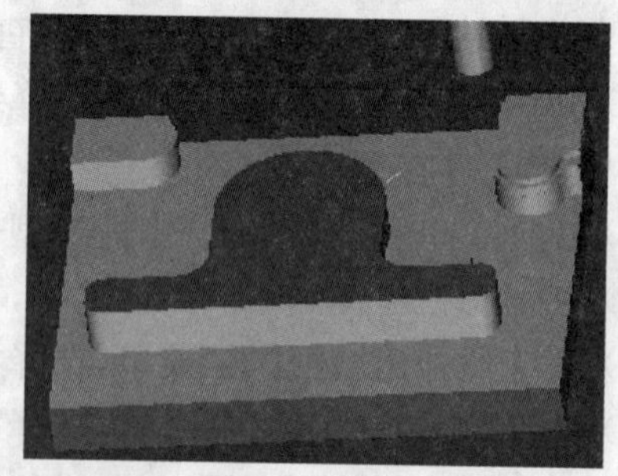

图 9-21 整体粗加工仿真加工图

(9) 回到"NC 序列"菜单，选择"演示轨迹"命令，选择"NC 检测"命令，单击"运行"菜单，显示模拟加工过程，如图 9-21 所示，如果不能显示需要选中主菜单"工具→选项"，弹出选项对话框，在选项中输入"nccheck_type"，该值选择"nccheck"，单击"添加/更改"，然后单击"确定"。

(10) 回到"NC 序列"菜单，选择"完成序列"命令。

3) 生成程序与后置处理　选择"CL 数据"命令，选中"输出"、"单一选取"、"NC 序列"，选择序列名称 0001，选择"文件"，复选"CL 文件"、"MCD 文件"、"交互"选项，单击"完成"，保存副本，单击"完成"，选择"UNCX01. P14"命令，将生成 0001. tap 文件，该文件可以用记事本打开，内容就是数控加工程序。

3. ϕ30 孔的钻孔加工

1) 创建孔加工 NC 序列

(1) 选择菜单管理器中的"加工→NC 序列→孔加工→3 轴→完成"命令。

(2) 弹出"孔加工"菜单，选择"钻孔→标准"命令，完成后，再选择"完成"命令。

(3) 弹出"序列设置"菜单，选中"名称"、"刀具"、"参数"、"孔"复选框，再选择"完成"命令。

(4) 在信息栏里输入 NC 序列名为 0002，再单击"√"按钮。

(5) 弹出"刀具设定"对话框，单击新建刀具按钮，并设定刀具各参数：

名称：T002，类型：基本钻头，单位：mm，刀具直径：ϕ30。

(6) 弹出"制造参数"菜单，选择"设置"命令。

(7) 弹出"参数树"对话框，设置参数为：

进给速度：60，破断线距离：0，扫描类型：最短，主轴转速：600，其他参数按默认值，完成后，可按 ALT+F4 键退出。

(8) 回到"制造参数"菜单，选择"完成"命令。

(9) 弹出"孔集"对话框，切换到"轴"选项卡，选择"单一"按钮，单击"添加"按钮，弹出"选取"对话框，在零件中选取所要加工的孔的曲面，单击"确定"。

(10) 回到"孔集"对话框，在"选项"栏里单击"深度"选项，弹出"孔集深度"对话框，在"孔深度"区域里选中"穿过所有"，在"刀具深度"区域里选中"肩"单选按钮，单击"确定"按钮，回到"孔集"对话框，单击"确定"按钮。

(11) 在"孔"菜单中，选择"完成/返回"命令。

(12) 弹出"NC 序列"菜单,选择"演示轨迹"命令,选择"屏幕演示"命令,将弹出"播放路径"控制器,可以看到生成的刀具轨迹,如图 9-22 所示。

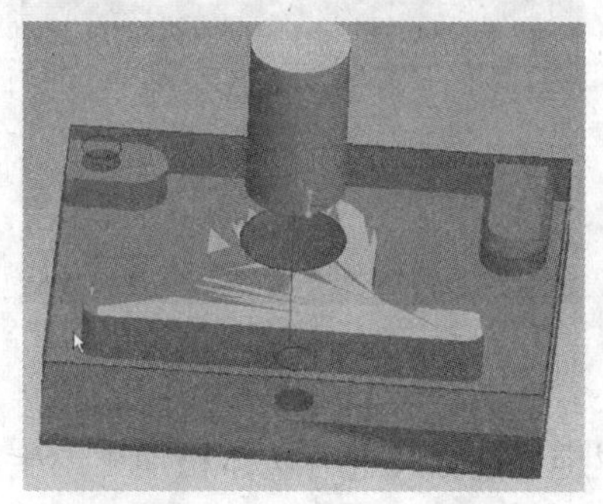

图 9-22　ϕ30 孔加工轨迹图

图 9-23　ϕ30 孔加工仿真加工图

(13) 回到"NC 序列"菜单,选择"演示轨迹"命令,选择"NC 检测"命令,单击"运行"菜单,显示模拟加工过程,如图 9-23 所示。

(14) 回到"NC 序列"菜单,选择"完成序列"命令。

2) 生成程序与后置处理　体积块—粗加工—螺旋切削方式进行整体粗加工的生成程序与后置处理相同步骤进行,生成 0002.tap 文件,并保存。

4. 曲面—直线切削铣削的水平面精加工

1) 创建曲面铣削 NC 序列

(1) 选择菜单管理器中的"加工→NC 序列→新序列→曲面铣削→3 轴→完成"命令。

(2) 弹出"序列设置"菜单,选中"名称"、"刀具"、"参数"、"退刀"、"窗口"复选框,再选择"完成"命令。

(3) 在信息栏里,输入 NC 序列名称:0003,单击"√"按钮。

(4) 弹出"刀具设定"对话框,新建刀具,刀具参数为:

名称:T003,类型:端铣削,单位:mm,刀具直径:ϕ10。

(5) 弹出"制造参数"菜单,选择"设置"命令,设置参数如下:

进给速度:400,步长深度:2,跨度:3,PROF_STOCK_ALLOW:0,允许未加工毛坯:0,允许底部线框:0,扫描类型:类型 3,转速:3000,间隙距离:2。

(6) 弹出"退刀选取"对话框,单击"沿 Z 轴"按钮,就会激活"输入 Z 深度"文本框,输入 10,单击"确定"按钮。

(7) 弹出"定义窗口"菜单,选择"选取窗口"命令,选择已创建的"铣削窗口"。

(8) 弹出"切削定义"对话框,选中"直线切削"单选按钮,在"切削角度参照"中选中"相对于 X 轴"单选按钮,并在"切削角度"文本框中输入 45°,单击"确定"按钮。

(9) 回到"NC 序列"菜单,选择"演示轨迹"命令,选择"屏幕演示"命令,将弹出"播放路径"控制器,可以看到生成的刀具轨迹,如图 9-24 所示。

(10) 回到"NC 序列"菜单,选择"演示轨迹"命令,选择"NC 检测"命令,单击"运行"菜单,显示模拟加工过程,如图 9-25 所示。

(11) 回到"NC 序列"菜单,选择"完成序列"命令。

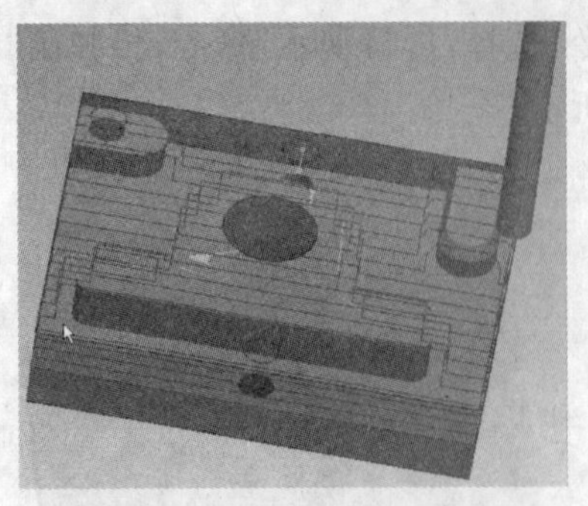

图 9-24 平面精加工轨迹图

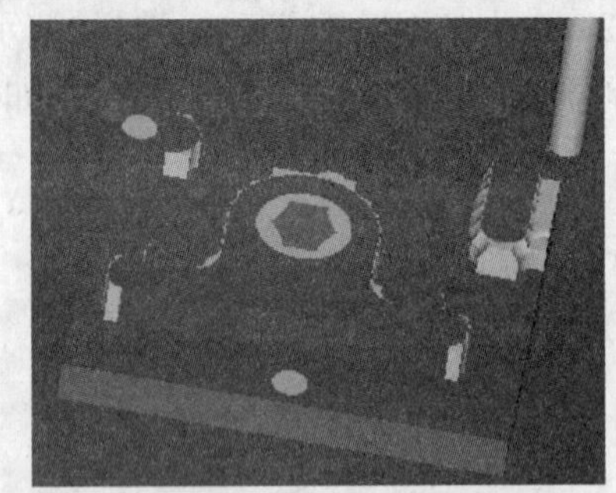

图 9-25 平面精加工仿真加工图

2) 生成程序与后置处理 体积块—粗加工—螺旋切削方式进行整体粗加工的生成程序与后置处理相同步骤进行,生成 0003.tap 文件,并保存。

5. 轮廓铣削的侧面精加工

1) 创建轮廓铣削 NC 序列

(1) 选择菜单管理器中的“加工→NC 序列→新序列→轮廓→3 轴→完成”命令。

(2) 弹出“序列设置”菜单,选中“名称”、“刀具”、“参数”、“退刀”、“曲面”复选框,再选择“完成”命令。

(3) 在信息栏里,输入 NC 序列名称:0004,单击“√”按钮。

(4) 弹出“刀具设定”对话框,选择现有刀具 T003。

(5) 弹出“制造参数”菜单,选择“设置”命令,设置参数如下:

进给速度:400,步长深度:0.2,跨度:3,PROF_STOCK_ALLOW:0,允许未加工毛坯:0,允许底部线框:0,扫描类型:类型 3,转速:3 000,间隙距离:2。

(6) 弹出“退刀选取”对话框,单击“沿 Z 轴”按钮,就会激活“输入 Z 深度”文本框,输入 10,单击“确定”按钮。

(7) 弹出“定义窗口”菜单,选择“选取窗口”命令,选择已创建的“铣削窗口”。

(8) 弹出“曲面拾取”对话框,选择“模型”命令,再选择“完成”命令,弹出“选取”对话框,选取模型上的曲面,多个曲面选取时,按住 CTRL 键进行选取,完成后,单击“确定”按钮。

(9) 回到“NC 序列”菜单,选择“演示轨迹”命令,选择“屏幕演示”命令,将弹出“播放路径”控制器,可以看到生成的刀具轨迹,如图 9-26 所示。

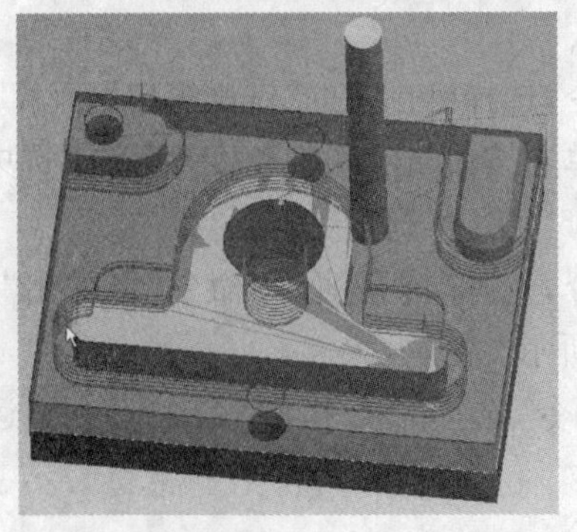

图 9-26 侧面精加工轨迹图

图 9-27 侧面精加工仿真加工图

(10) 回到“NC序列”菜单，选择“演示轨迹”命令，选择“NC检测”命令，单击“运行”菜单，显示模拟加工过程，如图9-27所示。

(11) 回到“NC序列”菜单，选择“完成序列”命令。

2) 生成程序与后置处理　体积块—粗加工—螺旋切削方式进行整体粗加工的生成程序与后置处理相同步骤进行，生成0004.tap文件，并保存。

6. ϕ12孔的钻孔加工

ϕ12孔的钻孔加工与上述ϕ30孔的钻孔加工的加工步骤基本一致，主要区别在于需要创建新刀具，创建与选用钻头不同，需要适当修改制造工艺参数，图9-28为自动编程加工轨迹，图9-29为制造仿真加工。

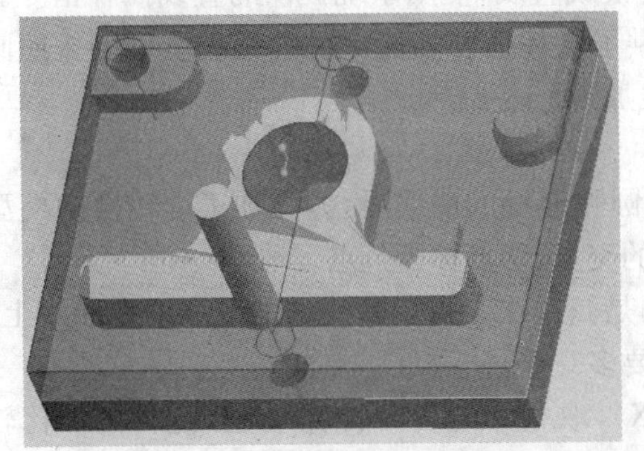

图9-28　ϕ12孔加工轨迹图

图9-29　ϕ12孔加工仿真加工图

7. 轮廓铣削加工凸台倒角

轮廓铣削加工凸台倒角的基本操作过程与轮廓铣削的侧面精加工基本一致，主要区别在于需要创建新刀具，创建与选用ϕ3球头铣刀，需要适当修改制造工艺参数，图9-30为自动编程加工轨迹，图9-31所示为制造仿真加工。

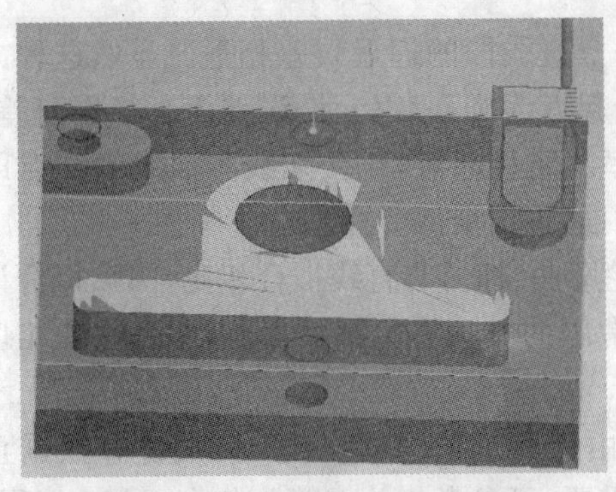

图9-30　凸台倒角加工轨迹图

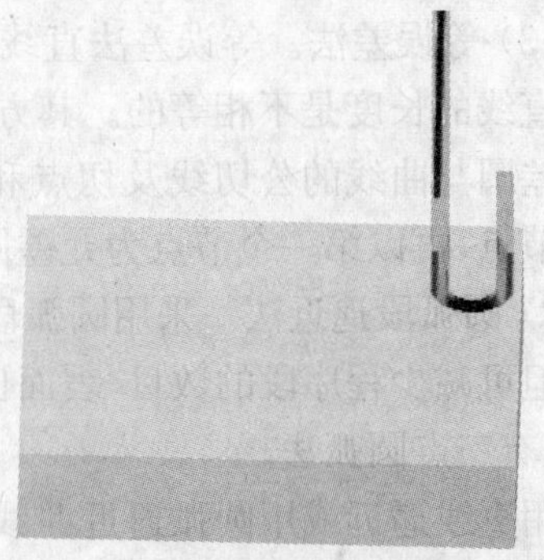

图9-31　凸台倒角仿真加工图

二、拓展提高

(一) 空间曲面的加工知识

空间曲面的加工要根据曲面的特点与描述来确定选择曲面编程的方式，如果要加工能用方程式表达曲面，用宏程序来编制比较方便，程序也是最短最具可读性；如果要加工的曲面是列表点描述的，那就需要对这些点进行拟合，计算出最优的数学表达式，最好选择宏程序来编程，或用CAM的方式进行自动编程；如果要加工的曲面没有用数学表达式，只是需要加工的曲面与现有的曲面配合好，或满足某种功能要求的曲面，最好选择用三坐标测量仪进行逆向工程，然后采用CAM自动编程及后置处理。

1. 带回转轴轮廓的编程

系统的插补指令有G00、G01、G02和G03，而G02和G03指令需设定插补平面，且回转轴和直线轴必须位于指定的插补平面内。带回转轴的轮廓图形，一般给出展开图，即使展开图形中的有圆弧。若回转轴与直线轴不能位于一个坐标平面内，则不能使用圆弧插补指令。此时，展开图中的圆弧，必须经直线逼近后，转换成直线，使用系统提供的直线插补指令。典型的零件是圆柱面凸轮槽，在有的系统中提供了圆柱插补功能，这时，编程员可以按照圆柱曲线中的圆弧指令，在系统的内部转换成直线加工。

2. 非圆曲线轮廓的编程

非圆曲线轮廓有时需要转换成由直线或圆弧逼近的曲线后，方能加工。转换的类型有直线逼近和圆弧逼近两种。逼近直线或圆弧的交点、切点称为节点。

1）直线逼近法　直线逼近中用得最多的是弦线法。由于弦线法的节点均在曲线上，容易计算，为满足逼近的要求，可能程序段数量要多一些。

(1) 等间距法。在被加工曲线为Y＝f(X)，取相等的ΔX，计算Y值，这种方法比较简单。但由于曲线上各点的曲率不同，当ΔX为一定值时，则各部分的误差不等，一般取其最大处的误差能满足要求即可。一般情况下，只需验算曲线的曲率半径比较小的逼近直线的逼近误差。如果这些地方的逼近误差小于允许差值，其他地方的逼近误差也一定小于允许误差值。

(2) 等弦长法。又称等步长法，即直线逼近线段相等。只要曲率半径最小处的逼近直线段满足逼近误差要求，则其余地方也必定满足要求。以弦长为半径的圆与曲线的交点即为逼近点。

(3) 等误差法。等误差法直线逼近是使每个直线段的逼近误差相等。显然这种方法各逼近直线的长度是不相等的。其方法是以曲线起点为圆心，以允许误差为半径作允差圆，求出允差圆与曲线的公切线及切点和公切线斜率。经过起点，作公切线与曲线的交点即为第一个节点，再以第一个节点为允差圆心，依次类推，求出全部节点。

2）圆弧段逼近法　采用圆弧段拟合非圆轮廓曲线时，与直线拟合相比，圆弧拟合计算烦琐。但可减少程序段的数目，表面比较光顺。常用的方法有单圆弧法、双圆弧法和相切圆弧法，还有三点圆弧法。

用直线逼近或用圆弧逼近曲线，其计算可由计算机来辅助完成。并用计算数据直接处理出加工程序。圆弧段逼近的其他算法，如若需要，可参考相关书籍。如有CAM编程软件，则可用其处理出加工程序。对非圆曲线轮廓，若用用户宏程序编程，可使程序简捷，使用方便。

3. 列表曲线轮廓的编程

有些工件的轮廓是用坐标点的形式给出的，俗称列表曲线轮廓。处理列表曲线轮廓的一般方法是：第一步是根据列表点求出插值方程式，该方程式描述的曲线应通过给定点，方程式的曲线与给出的曲线凹凸应一致,保持光滑性。第二步再以插值方程式曲线,用直线或圆弧逼近求出新的节点。

列表曲线的拟合方法较多,常用的有三次样条曲线拟合、圆弧样条曲线拟合、双圆弧样条曲线拟合和牛顿插值法等。

4. 曲面加工程序的编制

曲面一般分解析曲面和自由曲面两类。自由曲面拟合计算的工作量较大,一般由 CAM 辅助编程。有的系统提供了曲面片插补功能,也可以加工自由曲面。对解析曲面,因提供了计算公式,可用计算机计算出节点坐标。如系统提供用户宏程序功能,则用宏程序中提供的计算功能,加工解析曲面及其组合面是很方便的。

(二) 零件加工程序的评价与优化

数控机床是按照零件加工程序对工件进行加工的。一个好的加工程序不仅能保证加工出符合要求的工件,还应能充分发挥数控机床的功能,使其能安全、可靠、高效的运行。

1. 零件加工程序的评价

一个零件的加工程序决不是唯一的,在诸多程序中,肯定有最优的。可以从以下方面评价:

(1) 程序是正确的,零件加工质量稳定。

(2) 程序的调试和修改方便,可读性好。例如,要改变曲线的逼近间距或曲面加工的行距,只需要修改某个参数即可,而不必修改整个程序。

(3) 出现的稳定性好。当刀具变化,或零件安装位置改变时,不需要改变程序。

(4) 充分发挥系统功能,使程序最短。手动编程时,尽量使用宏程序或子程序,可以增加程序的可读性,并使程序最短。

(5) 程序的通用性好。若有系列零件,则只需编一种,其余的零件可以修改关键尺寸,程序仍可用。

(6) 编程成本低。为编出某程序所花的人工费用和机器费用要低。

(7) 运行成本要低。能用三轴机床,尽量不用四轴机床,能用四轴机床加一分度转台,尽量不用五轴机床,能用车削中心,尽量不用五轴镗铣加工中心。

(8) 总体成本低。如一模具型腔,用通用球头刀具整张曲面加工,刀具成本低,编程容易,但后序抛光成本高,且不易保证精度。若用专用刀具分型面加工,虽然编程要难一些,刀具贵一些,但后序抛光成本低,且极易保证精度。

总之,评价一个程序,可能还有很多其他指标,如自动化程度要高,生产效率要高,安全事项考虑的周到,对操作技能要求低等等。

具体的零件,究竟编什么样的加工程序,要根据实际情况确定。在实际编程中,要有优化意识。不要只编一个程序就用,要多几个方案,择优选用。

2. 用 CAM 编制的零件加工程序的优化

CAM 由于其有很强的图形数学处理功能,免去了编程员烦琐的数学计算,而且 CAM 源程序相对零件加工程序较短,因此很受欢迎。尽管有专用后置或万能后置,由于数控系统和机床各异,CAM 的后置处理与机床数控系统功能相比,仍有相当差距。在实际使用中,若能既充分发挥 CAM 的优点,又能避免其不足,还能充分发挥数控系统的功能和操作者的实践经验,就要对 CAM 编制的零件加工程序进行优化,使之编出一个高水准的零件加工程序。

优化可以从以下几方面考虑：

1）发挥系统刀具半径补偿功能　数控系统一般都具有刀具半径补偿功能，即以零件轮廓编程，刀具自动偏移一个半径矢量，刀具轨迹由系统自己计算。从上面CAM编的零件程序来看，其外拐角的刀心轨迹为围绕尖角的圆弧。数控系统一般为远离尖点的直线转接，对保持尖点有利。CAM编的零件程序包含外拐角的转接程序段，而数控系统的刀具半径补偿功能自动生成转接程序段，零件程序中不出现，这样，程序段数量减少，方便阅读。

若以轮廓编程，系统以刀具半径补偿功能控制刀心，则便于改变刀具尺寸，操作者只需要改变刀补值，不必改变程序。

CAM若要生成刀心轨迹沿零件轮廓的加工程序，只需将刀具半径设置为零。如果CAM不能生成刀具补偿的G代码，操作者可将刀补G代码加入程序中。此时的零件加工程序，既体现了CAM的数学处理的优势，编程员避免了烦琐的计算，又体现了带有刀具半径补偿程序的灵活性。

2）以圆弧插补功能代替直线逼近　在曲面加工中，CAM一般以直线逼近生成零件加工程序。如果是对称形状，则一般只编出第一象限的曲面加工程序，其余象限的加工，用系统的镜像功能解决。即便是第一象限的程序，有时也很长，超过了系统的内存。

3）利用系统的简化编程功能　系统提供了大量的简化编程功能，如固定循环，刀具补偿，轮廓直接编程，比例缩放和镜像，坐标旋转，典型形状孔位描述计算，规则形状挖腔，甚至不规则形状挖腔，带弧岛型腔挖腔等功能。若CAM的后置处理，能按这些功能处理出零件加工程序，则可大大缩短程序。

例如，曲面加工中，只编写出一个象限的加工程序，利用系统的镜像功能加工其余象限，则程序为原来的1/4。在链轮等重复形状的轮廓加工中，用CAM编出一个形状的轮廓，其余用旋转功能，程序缩短的数量更可观。又如矩形腔的挖腔程序，多刀多层切削，程序较长，若能处理成挖腔宏程序，则只需要一段程序便能完成整个挖腔加工。

4）发挥系统空间刀具半径补偿功能　对曲面，CAM一般生成刀心的直线运动的加工程序。曲面加工，一般用球头刀，若要改变刀具，则必须改变程序，给加工带来不便。如果系统有空间三维刀具半径补偿功能，则CAM可以按曲面生成程序，并同时生成刀心矢量，实际的刀心位置由系统按刀心矢量自己计算。这样，刀具半径大小在一定范围内可调，给加工带来方便。

5）利用系统的用户宏程序功能　这种方法能缩短非圆曲线轮廓，空间曲线，甚至曲面的加工程序。以非圆曲线轮廓为例，CAM一般生成直线逼近程序。在加工中，若要改变步长，则需重新编程，而且程序较长，成百上千段程序，对程序正确性的检验，只能靠图形显示，或实际切削，变化很不方便。

CAM若能按系统的宏程序格式生成系统的宏程序，加工程序由系统自动生成。例如，轮廓由二段摆线和一段包络线组成，用CAM编出的程序又是直线又是圆弧，而且很长。后改用宏程序编程，加工程序段约千段，而宏程序仅几十段，调整修改都非常方便。

6）利用子程序功能，简化编程　用CAM编制子程序加工程序，由数控系统编制主程序，利用子程序调用功能，可简化程序。子程序中有大量的数值计算工作量，由CAM来完成。主程序多用调用指令，直接用来编程，这样，程序灵活且编程工作量又不大。

综上所述，数控系统的编程功能，有基本指令，如轮廓描述的直线与圆弧指令，有简化指令，如固定循环，刀补功能，比例缩放与镜像，坐标旋转功能，宏指令等，还有用户宏程序功能。CAM一般按基本指令编程零件加工程序，有的有部分简化指令，如固定循环等，未能充分发挥数控系统的功能。如果使用者能对CAM编制的零件加工程序进行优化，将数控系统的高级功能与CAM的后置相结合，则可编制出优良的加工程序。

思考与练习

1. 试对下列高级工难度工件进行工艺分析、手动编程、自动编程与仿真加工(图9-32、图9-33)。

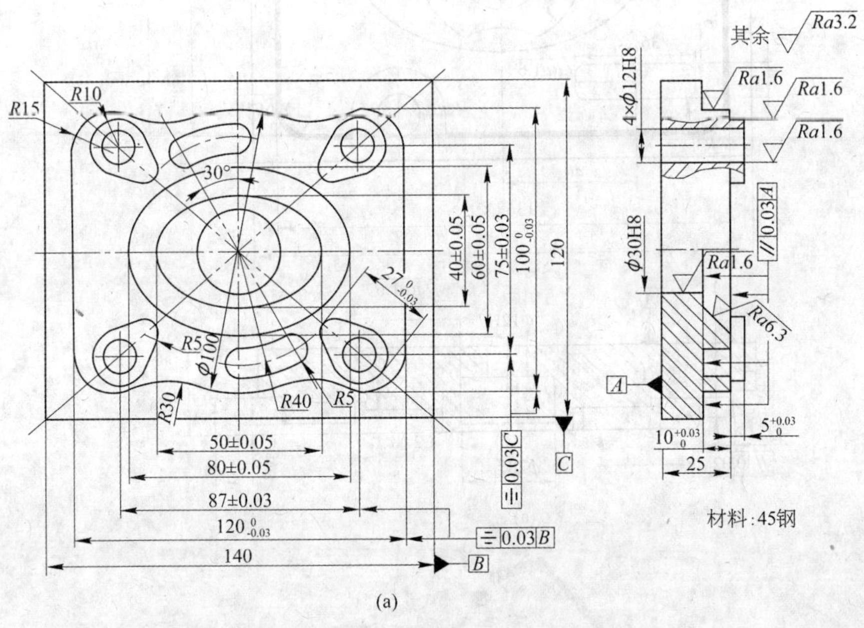

(a)

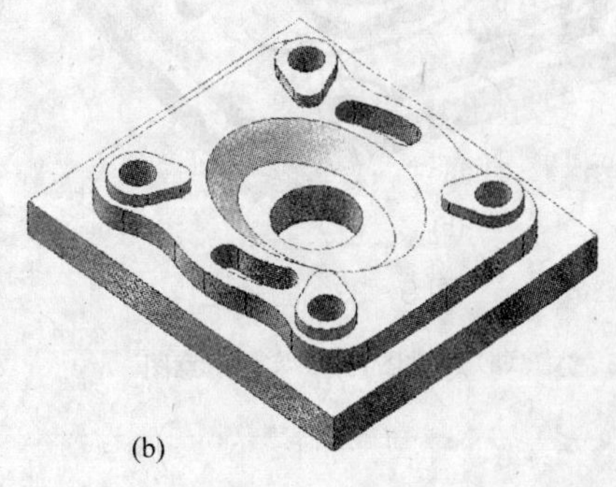

(b)

图9-32　工件一

(a) 零件图；(b) 实体示意图

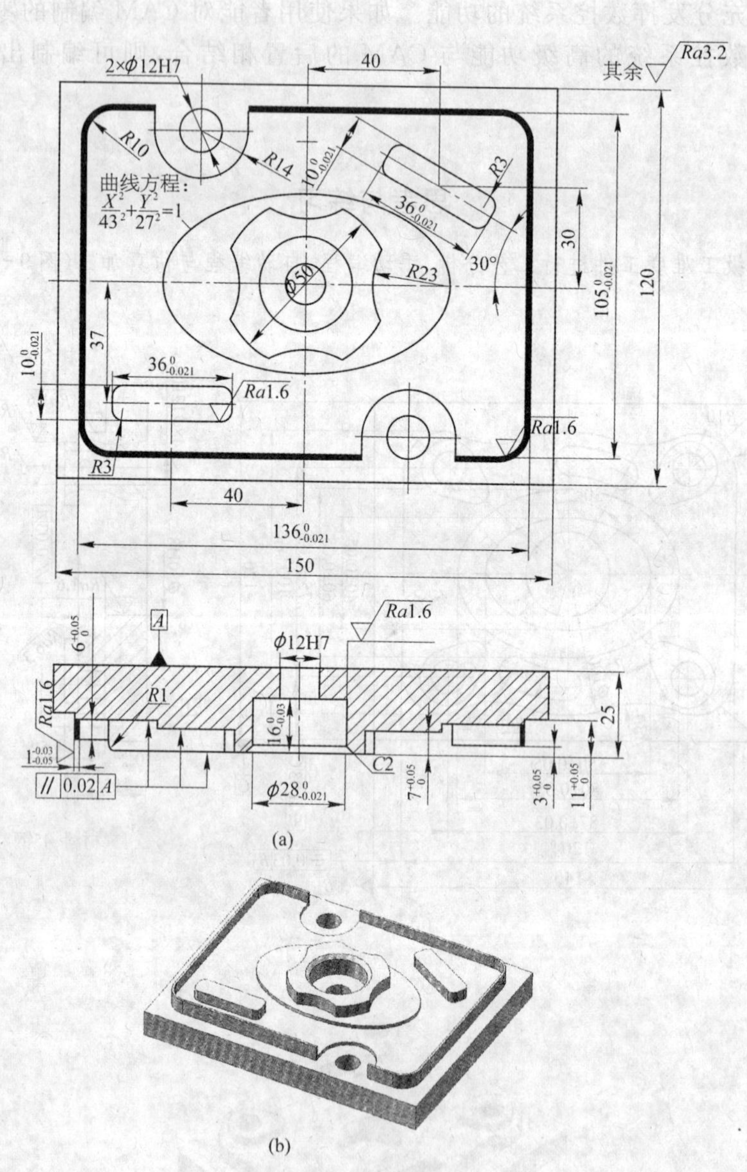

图 9-33 工件二

(a) 零件图；(b) 实体示意图

2. 试对下列技师难度工件进行工艺分析、手动编程、自动编程与仿真加工(图 9-34)。

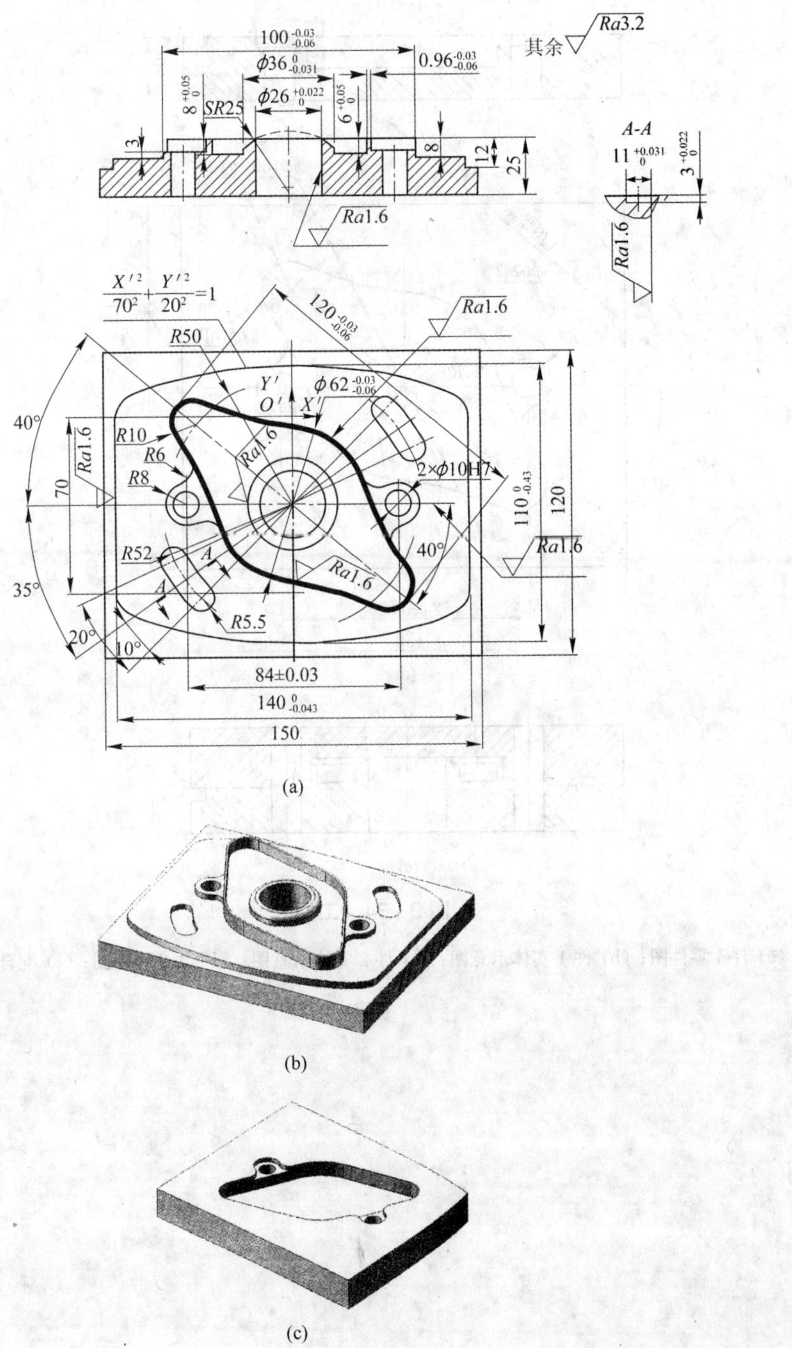

(a)

(b)

(c)

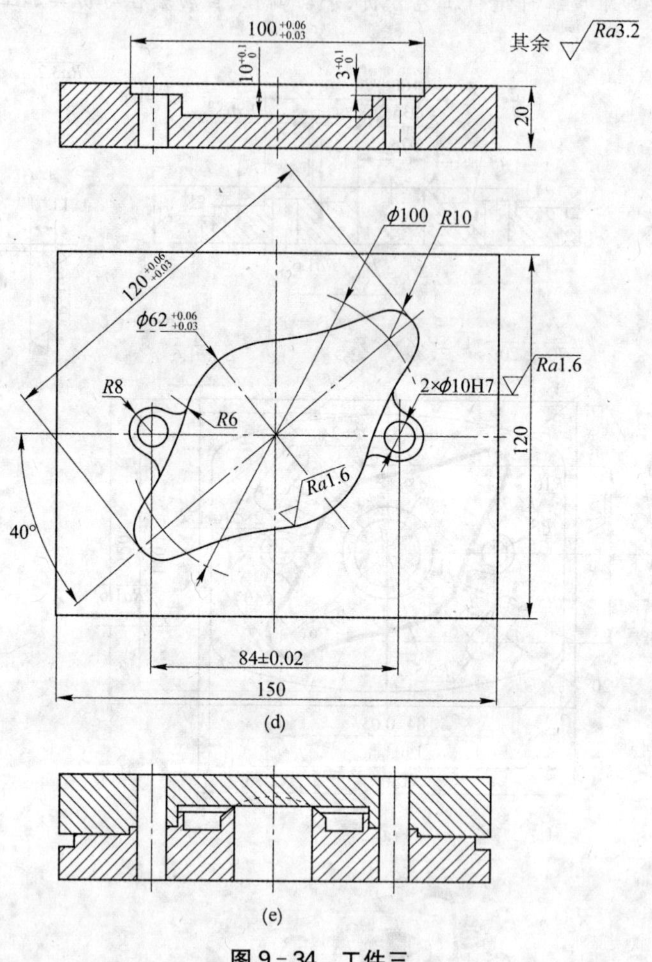

图 9－34　工件三

(a) 件 1 零件图；(b) 件 1 实体示意图；(c) 件 2 实体示意图；(d) 件 2 零件图；(e) 配合零件图

附　录

附录 1　FANUC 0iM 数控系统的常用代码

序号	M 代码	功　能	附注
1	M00	程序停止	非模态
2	M01	计划停止	非模态
3	M02	程序结束	非模态
4	M03	主轴顺时针旋转	模态
5	M04	主轴逆时针旋转	模态
6	M05	主轴停止	模态
7	M06	换刀	非模态
8	M08	切削液开	模态
9	M09	切削液关	模态
10	M30	程序结束并返回	非模态
11	M31	互锁旁路	非模态
12	M52	自动门打开	模态
13	M53	自动门关闭	模态
14	M74	错误检测功能打开	模态
15	M75	错误检测功能关闭	模态
16	M98	子程序调用	模态
17	M99	子程序调用返回	模态

序号	G代码	组别	功能	附注
	G00	01	快速定位	模态
	G01		直线插补	模态
	G02		顺时针方向圆弧插补	模态
	G03		逆时针方向圆弧插补	模态
	G04	00	暂停	非模态
	G05.1		AI先行控制	非模态
	G08		先行控制	非模态
	G09		准确停止	非模态
	G10		数据设置	模态
	G11		数据设置取消	模态
	G15	17	极坐标指令取消	模态
	G16		极坐标指令	模态
	G17	02	XY平面选择	模态
	G18		ZX平面选择	模态
	G19		YZ平面选择	模态
	G20	06	英制	模态
	G21		米制	模态
	G22	04	行程检查开关打开	模态
	G23		行程检查开关关闭	模态
	G25	20	主轴速度波动检查打开	模态
	G26		主轴速度波动检查关闭	模态
	G27	00	返回参考点检测	非模态
	G28		返回参考点	非模态
	G29		从参考点返回	非模态
	G30		返回第2、3、4参考点	非模态
	G31		跳步功能	非模态
	G33	01	螺纹切削	非模态
	G37	00	自动刀具长度测量	非模态
	G39		拐角偏置圆弧插补	非模态
	G40	07	刀具半径补偿取消	模态
	G41		刀具半径左补偿	模态
	G42		刀具半径右补偿	模态

（续表）

序号	G代码	组别	功能	附注
	G43	08	刀具长度正补偿	模态
	G44		刀具长度负补偿	模态
	G49		刀具长度补偿取消	模态
	G45	00	刀具偏置值增加	非模态
	G46		刀具偏置值减小	非模态
	G47		2倍刀具偏置值(增)	非模态
	G48		2倍刀具偏置值(减)	非模态
	G50	11	比例缩放取消	模态
	G51		比例缩放有效	模态
	G50.1	22	可编程镜像取消	模态
	G51.1		可编程镜像有效	模态
	G52	00	局部坐标系设置	非模态
	G53		机床坐标系设置	非模态
	G54	14	第1工件坐标系设置	模态
	G55		第2工件坐标系设置	模态
	G56		第3工件坐标系设置	模态
	G57		第4工件坐标系设置	模态
	G58		第5工件坐标系设置	模态
	G59		第6工件坐标系设置	模态
	G60	00/01	单方向定位	非模态
	G61	15	准确停止方式	模态
	G62		自动拐角倍率	模态
	G63		攻丝方式	模态
	G64		切削方式	模态
	G65	00	宏程序调用	非模态
	G66	12	宏程序模态调用	模态
	G67		宏程序模态调用取消	模态
	G68	16	坐标选择	模态
	G69		坐标旋转取消	模态
	G73	09	排屑钻孔循环	模态
	G74		左旋攻丝循环	模态
	G76		精镗循环	模态

（续表）

序号	G代码	组别	功能	附注
	G80	09	固定循环取消	模态
	G81		钻孔循环	模态
	G82		钻孔循环或反镗循环	模态
	G83		排屑钻孔循环	模态
	G84		攻丝循环	模态
	G85		镗孔循环	模态
	G86		镗孔循环	模态
	G87		背镗循环	模态
	G88		镗孔循环	模态
	G89		镗孔循环	模态
	G90	03	绝对值编程	模态
	G91		增量值编程	模态
	G92	00	设定工件坐标系	非模态
	G92.1		工件坐标系预置	非模态
	G94	05	每分钟进给	模态
	G95		每转进给	模态
	G96	13	恒表面速度控制	模态
	G97		恒表面速度控制取消	模态
	G98	10	固定循环返回到初始点	模态
	G99		固定循环返回到R点	模态

附录2 数控铣工国家职业标准

本标准对中级、高级、技师和高级技师的技能要求依次递进，高级别涵盖低级别的要求。

2.1 中级

职业功能	工作内容	技能要求	相关知识
一、加工准备	（一）读图与绘图	（1）能读懂中等复杂程度（如凸轮、壳体、板状、支架）的零件图 （2）能绘制有沟槽、台阶、斜面、曲面的简单零件图 （3）能读懂分度头、尾座、弹簧夹头套筒、可转位铣刀结构等简单机构装配图	（1）复杂零件的表达方法 （2）简单零件图的画法 （3）零件三视图、局部视图和剖视图的画法

（续表）

职业功能	工作内容	技能要求	相关知识
一、加工准备	（二）制定加工工艺	（1）能读懂复杂零件的铣削加工工艺文件 （2）能编制由直线、圆弧等构成的二维轮廓零件的铣削加工工艺文件	（1）数控加工工艺知识 （2）数控加工工艺文件的制定方法
	（三）零件定位与夹紧	（1）能使用铣削加工常用夹具(如压板、虎钳、平口钳等)装夹零件 （2）能够选择定位基准,并找正零件	（1）常用夹具的使用方法 （2）定位与夹紧的原理和方法 （3）零件找正的方法
	（四）刀具准备	（1）能够根据数控加工工艺文件选择、安装和调整数控铣床常用刀具 （2）能根据数控铣床特性、零件材料、加工精度、工作效率等选择刀具和刀具几何参数,并确定数控加工需要的切削参数和切削用量 （3）能够利用数控铣床的功能,借助通用量具或对刀仪测量刀具的半径及长度 （4）能选择、安装和使用刀柄 （5）能够刃磨常用刀具	（1）金属切削与刀具磨损知识 （2）数控铣床常用刀具的种类、结构、材料和特点 （3）数控铣床、零件材料、加工精度和工作效率对刀具的要求 （4）刀具长度补偿、半径补偿等刀具参数的设置知识 （5）刀柄的分类和使用方法 （6）刀具刃磨的方法
二、数控编程	（一）手工编程	（1）能编制由直线、圆弧组成的二维轮廓数控加工程序 （2）能够运用固定循环、子程序进行零件的加工程序编制	（1）数控编程知识 （2）直线插补和圆弧插补的原理 （3）节点的计算方法
	（二）计算机辅助编程	（1）能够使用 CAD/CAM 软件绘制简单零件图 （2）能够利用 CAD/CAM 软件完成简单平面轮廓的铣削程序	（1）CAD/CAM 软件的使用方法 （2）平面轮廓的绘图与加工代码生成方法
三、数控铣床操作	（一）操作面板	（1）能够按照操作规程启动及停止机床 （2）能使用操作面板上的常用功能键(如回零、手动、MDI、修调等)	（1）数控铣床操作说明书 （2）数控铣床操作面板的使用方法
	（二）程序输入与编辑	（1）能够通过各种途径(如 DNC、网络)输入加工程序 （2）能够通过操作面板输入和编辑加工程序	（1）数控加工程序的输入方法 （2）数控加工程序的编辑方法
	（三）对刀	（1）能进行对刀并确定相关坐标系 （2）能设置刀具参数	（1）对刀的方法 （2）坐标系的知识 （3）建立刀具参数表或文件的方法
	（四）程序调试与运行	能够进行程序检验、单步执行、空运行并完成零件试切	程序调试的方法
	（五）参数设置	能够通过操作面板输入有关参数	数控系统中相关参数的输入方法

（续表）

职业功能	工作内容	技能要求	相关知识
四、零件加工	（一）平面加工	能够运用数控加工程序进行平面、垂直面、斜面、阶梯面等的铣削加工，并达到如下要求： (1) 尺寸公差等级达 IT7 级 (2) 几何公差等级达 IT8 级 (3) 表面粗糙度达 $Ra3.2\ \mu m$	(1) 平面铣削的基本知识 (2) 刀具端刃的切削特点
	（二）轮廓加工	能够运用数控加工程序进行由直线、圆弧组成的平面轮廓铣削加工，并达到如下要求： (1) 尺寸公差等级达 IT8 (2) 几何公差等级达 IT8 级 (3) 表面粗糙度达 $Ra3.2\ \mu m$	(1) 平面轮廓铣削的基本知识 (2) 刀具侧刃的切削特点
	（三）曲面加工	能够运用数控加工程序进行圆锥面、圆柱面等简单曲面的铣削加工，并达到如下要求： (1) 尺寸公差等级达 IT8 (2) 几何公差等级达 IT8 级 (3) 表面粗糙度达 $Ra3.2\ \mu m$	(1) 曲面铣削的基本知识 (2) 球头刀具的切削特点
	（四）孔类加工	能够运用数控加工程序进行孔加工，并达到如下要求： (1) 尺寸公差等级达 IT7 (2) 几何公差等级达 IT8 级 (3) 表面粗糙度达 $Ra3.2\ \mu m$	麻花钻、扩孔钻、丝锥、镗刀及铰刀的加工方法
	（五）槽类加工	能够运用数控加工程序进行槽、键槽的加工，并达到如下要求： (1) 尺寸公差等级达 IT8 (2) 几何公差等级达 IT8 级 (3) 表面粗糙度达 $Ra3.2\ \mu m$	槽、键槽的加工方法
	（六）精度检验	能够使用常用量具进行零件的精度检验	(1) 常用量具的使用方法 (2) 零件精度检验及测量方法
五、维护与故障诊断	（一）机床日常维护	能够根据说明书完成数控铣床的定期及不定期维护，包括机械、电、气、液压、数控系统检查和日常维护等	(1) 数控铣床说明书 (2) 数控铣床日常维护方法 (3) 数控铣床操作规程 (4) 数控系统（进口、国产数控系统）说明书
	（二）机床故障诊断	(1) 能读懂数控系统的报警信息 (2) 能发现数控铣床的一般故障	(1) 数控系统的报警信息 (2) 机床的故障诊断方法
	（三）机床精度检查	能进行机床水平的检查	(1) 水平仪的使用方法 (2) 机床垫铁的调整方法

2.2 高级

职业功能	工作内容	技能要求	相关知识
一、加工准备	（一）读图与绘图	（1）能读懂装配图并拆画零件图 （2）能够测绘零件 （3）能够读懂数控铣床主轴系统、进给系统的机构装配图	（1）根据装配图拆画零件图的方法 （2）零件的测绘方法 （3）数控铣床主轴与进给系统基本构造知识
	（二）制定加工工艺	能编制二维、简单三维曲面零件的铣削加工工艺文件	复杂零件数控加工工艺的制定
	（三）零件定位与夹紧	（1）能选择和使用组合夹具和专用夹具 （2）能选择和使用专用夹具装夹异型零件 （3）能分析并计算夹具的定位误差 （4）能够设计与自制装夹辅具（如轴套、定位件等）	（1）数控铣床组合夹具和专用夹具的使用、调整方法 （2）专用夹具的使用方法 （3）夹具定位误差的分析与计算方法 （4）装夹辅具的设计与制造方法
	（四）刀具准备	（1）能够选用专用工具（刀具和其他） （2）能够根据难加工材料的特点，选择刀具的材料、结构和几何参数	（1）专用刀具的种类、用途、特点和刃磨方法 （2）切削难加工材料时的刀具材料和几何参数的确定方法
二、数控编程	（一）手工编程	（1）能够编制较复杂的二维轮廓铣削程序 （2）能够根据加工要求编制二次曲面的铣削程序 （3）能够运用固定循环、子程序进行零件的加工程序编制 （4）能够进行变量编程	（1）较复杂二维节点的计算方法 （2）二次曲面几何体外轮廓节点计算 （3）固定循环和子程序的编程方法 （4）变量编程的规则和方法
	（二）计算机辅助编程	（1）能够利用CAD/CAM软件进行中等复杂程度的实体造型（含曲面造型） （2）能够生成平面轮廓、平面区域、三维曲面、曲面轮廓、曲面区域、曲线的刀具轨迹 （3）能进行刀具参数的设定 （4）能进行加工参数的设置 （5）能确定刀具的切入切出位置与轨迹 （6）能够编辑刀具轨迹 （7）能够根据不同的数控系统生成G代码	（1）实体造型的方法 （2）曲面造型的方法 （3）刀具参数的设置方法 （4）刀具轨迹生成的方法 （5）各种材料切削用量的数据 （6）有关刀具切入切出的方法对加工质量影响的知识 （7）轨迹编辑的方法 （8）后置处理程序的设置和使用方法
	（三）数控加工仿真	能利用数控加工仿真软件实施加工过程仿真、加工代码检查与干涉检查	数控加工仿真软件的使用方法

（续表）

职业功能	工作内容	技能要求	相关知识
三、数控铣床操作	（一）程序调试与运行	能够在机床中断加工后正确恢复加工	程序的中断与恢复加工的方法
	（二）参数设置	能够依据零件特点设置相关参数进行加工	数控系统参数设置方法
四、零件加工	（一）平面铣削	能够编制数控加工程序铣削平面、垂直面、斜面、阶梯面等，并达到如下要求： (1) 尺寸公差等级达 IT7 (2) 几何公差等级达 IT8 级 (3) 表面粗糙度达 $Ra3.2\ \mu m$	(1) 平面铣削精度控制方法 (2) 刀具端刃几何形状的选择方法
	（二）轮廓加工	能够编制数控加工程序铣削较复杂的(如凸轮等)平面轮廓，并达到如下要求： (1) 尺寸公差等级达 IT8 (2) 几何公差等级达 IT8 级 (3) 表面粗糙度达 $Ra3.2\ \mu m$	(1) 平面轮廓铣削的精度控制方法 (2) 刀具侧刃几何形状的选择方法
	（三）曲面加工	能够编制数控加工程序铣削二次曲面，并达到如下要求： (1) 尺寸公差等级达 IT8 (2) 几何公差等级达 IT8 级 (3) 表面粗糙度达 $Ra3.2\ \mu m$	(1) 二次曲面的计算方法 (2) 刀具影响曲面加工精度的因素以及控制方法
	（四）孔系加工	能够编制数控加工程序对孔系进行切削加工，并达到如下要求： (1) 尺寸公差等级达 IT7 (2) 几何公差等级达 IT8 级 (3) 表面粗糙度达 $Ra3.2\ \mu m$	麻花钻、扩孔钻、丝锥、镗刀及铰刀的加工方法
	（五）深槽加工	能够编制数控加工程序进行深槽、三维槽的加工，并达到如下要求： (1) 尺寸公差等级达 IT8 (2) 几何公差等级达 IT8 级 (3) 表面粗糙度达 $Ra3.2\ \mu m$	深槽、三维槽的加工方法
	（六）配合件加工	能够编制数控加工程序进行配合件加工，尺寸配合公差等级达 IT8	(1) 配合件的加工方法 (2) 尺寸链换算的方法
	（七）精度检验	(1) 能够利用数控系统的功能使用百(千)分表测量零件的精度 (2) 能对复杂、异形零件进行精度检验 (3) 能够根据测量结果分析产生误差的原因 (4) 能够通过修正刀具补偿值和修正程序来减少加工误差	(1) 复杂、异形零件的精度检验方法 (2) 产生加工误差的主要原因及其消除方法

（续表）

职业功能	工作内容	技能要求	相关知识
五、维护与故障诊断	（一）日常维护	能完成数控铣床的定期维护	数控铣床定期维护手册
	（二）故障诊断	能排除数控铣床的常见机械故障	机床的常见机械故障诊断方法
	（三）机床精度检验	能协助检验机床的各种出厂精度	机床精度的基本知识

2.3 技师

职业功能	工作内容	技能要求	相关知识
一、加工准备	（一）读图与绘图	(1) 能绘制工装装配图 (2) 能读懂常用数控铣床的机械原理图及装配图	(1) 工装装配图的画法 (2) 常用数控铣床的机械原理图及装配图的画法
	（二）制定加工工艺	(1) 能编制高难度、精密、薄壁零件的数控加工工艺规程 (2) 能对零件的多工种数控加工工艺进行合理性分析，并提出改进建议 (3) 能够确定高速加工的工艺文件	(1) 精密零件的工艺分析方法 (2) 数控加工多工种工艺方案合理性的分析方法及改进措施 (3) 高速加工的原理
	（三）零件定位与夹紧	(1) 能设计与制作高精度箱体类，叶片、螺旋桨等复杂零件的专用夹具 (2) 能对现有的数控铣床夹具进行误差分析并提出改进建议	(1) 专用夹具的设计与制造方法 (2) 数控铣床夹具的误差分析及消减方法
	（四）刀具准备	(1) 能够依据切削条件和刀具条件估算刀具的使用寿命，并设置相关参数 (2) 能根据难加工材料合理选择刀具材料和切削参数 (3) 能推广使用新知识、新技术、新工艺、新材料、新型刀具 (4) 能进行刀具刀柄的优化使用，提高生产效率，降低成本 (5) 能选择和使用适合高速切削的工具系统	(1) 切削刀具的选用原则 (2) 延长刀具寿命的方法 (3) 刀具新材料、新技术知识 (4) 刀具使用寿命的参数设定方法 (5) 难切削材料的加工方法 (6) 高速加工的工具系统知识
二、数控编程	（一）手工编程	能够根据零件与加工要求编制具有指导性的变量编程程序	变量编程的概念及其编制方法
	（二）计算机辅助编程	(1) 能够利用计算机高级语言编制特殊曲线轮廓的铣削程序 (2) 能够利用计算机 CAD/CAM 软件对复杂零件进行实体或曲线曲面造型 (3) 能够编制复杂零件的三轴联动铣削程序	(1) 计算机高级语言知识 (2) CAD/CAM 软件的使用方法 (3) 三轴联动的加工方法

（续表）

职业功能	工作内容	技能要求	相关知识
二、数控编程	（三）数控加工仿真	能够利用数控加工仿真软件分析和优化数控加工工艺	数控加工工艺的优化方法
三、数控铣床操作	（一）程序调试与运行	能够操作立式、卧式以及高速铣床	立式、卧式以及高速铣床的操作方法
	（二）参数设置	能够针对机床现状调整数控系统相关参数	数控系统参数的调整方法
四、零件加工	（一）特殊材料加工	能够进行特殊材料零件的铣削加工，并达到如下要求： (1) 尺寸公差等级达 IT8 (2) 几何公差等级达 IT8 级 (3) 表面粗糙度达 $Ra3.2\ \mu m$	(1) 特殊材料的材料学知识 (2) 特殊材料零件的铣削加工方法
	（二）薄壁加工	能够进行带有薄壁的零件加工，并达到如下要求： (1) 尺寸公差等级达 IT8 (2) 几何公差等级达 IT8 级 (3) 表面粗糙度达 $Ra3.2\ \mu m$	薄壁零件的铣削方法
	（三）曲面加工	1. 能进行三轴联动曲面的加工，并达到如下要求： (1) 尺寸公差等级达 IT8 (2) 几何公差等级达 IT8 级 (3) 表面粗糙度达 $Ra3.2\ \mu m$ 2. 能够使用四轴以上铣床与加工中心进行对叶片、螺旋桨等复杂零件进行多轴铣削加工，并达到如下要求： (1) 尺寸公差等级达 IT8 (2) 几何公差等级达 IT8 级 (3) 表面粗糙度达 $Ra3.2\ \mu m$	(1) 三轴联动曲面的加工方法 (2) 四轴以上铣床/加工中心的使用方法
	（四）易变形件加工	能进行易变形零件的加工，并达到如下要求： (1) 尺寸公差等级达 IT8 (2) 几何公差等级达 IT8 级 (3) 表面粗糙度达 $Ra3.2\ \mu m$	易变形零件的加工方法
	（五）精度检验	能够进行大型、精密零件的精度检验	(1) 精密量具的使用方法 (2) 精密零件的精度检验方法
五、维护与故障诊断	（一）机床日常维护	能借助字典阅读数控设备的主要外文信息	数控铣床专业外文知识
	（二）机床故障诊断	能够分析和排除液压和机械故障	数控铣床常见故障诊断及排除方法
	（三）机床精度检验	能够进行机床定位精度、重复定位精度的检验	机床定位精度检验、重复定位精度检验的内容及方法

（续表）

职业功能	工作内容	技能要求	相关知识
六、培训与管理	（一）操作指导	能指导本职业中级、高级进行实际操作	操作指导书的编制方法
	（二）理论培训	能对本职业中级、高级进行理论培训	培训教材的编写方法
	（三）质量管理	能在本职工作中认真贯彻各项质量标准	相关质量标准
	（四）生产管理	能协助部门领导进行生产计划、调度及人员的管理	生产管理基本知识
	（五）技术改造与创新	能够进行加工工艺、夹具、刀具的改进	数控加工工艺综合知识

参考文献

[1] 沈建峰,黄俊刚.数控铣床/加工中心技能鉴定.北京:化学工业出版社,2007.

[2] 卫兵工作室.Pro/ENGINEER Wildfire 3.0 中文版数控加工实例教程.北京:清华大学出版社,2007.

[3] 闫华军,何涛.实战 Pro/ENGINEER Wildfire 4.0 数控加工.北京:电子工业出版社,2008.

[4] 滕宏春.机床数控技术应用.北京:机械工业出版社,2009.

[5] 孙德茂.数控机床铣削加工直接编程技术.北京:机械工业出版社,2004.

[6] CNC 初级教程.FANUC 学校讲义.B-10072/08, FANUC.

[7] 韩鸿鸾.数控铣工加工中心操作工(中级).北京:机械工业出版社, 2006.

[8] 施晓芳.数控铣工快速入门.北京:北京理工大学出版社, 2008.

[9] 胡细东.数控机床操作实训.北京:北京航空航天大学出版社, 2010.

[10] 吴明友.数控铣床(FANUC)考工实训教程.北京:化学工业出版社, 2004.

[11] 白晶,胡仁喜,陶春生,等.Pro/ENGINEER 野火版 3.0 数控加工——典型实例、专业精讲.北京:电子工业出版社,2007.

[12] 徐海军,张武军.Pro/ENGINEER Wildfire 4.0 中文版数控加工实例精解.北京:机械工业出版社,2007.

[13] 陈海舟.数控铣削加工宏程序及应用实例.北京:机械工业出版社,2007.

[14] 霍苏萍.数控铣削加工工艺编程与操作.北京:人民邮电出版社,2007.